建筑施工技术与项目管理研究

王学峰　刘素英　洪　伟　著

U0332403

吉林科学技术出版社

图书在版编目（CIP）数据

建筑施工技术与项目管理研究 / 王学峰，刘素英，
洪伟著. -- 长春 ：吉林科学技术出版社，2024.5
ISBN 978-7-5744-1293-4

I. ①建… II. ①王… ②刘… ③洪… III. ①建筑施
工－项目管理－研究 IV. ①TU712.1

中国国家版本馆 CIP 数据核字(2024)第 088065 号

建筑施工技术与项目管理研究
JIANZHU SHIGONG JISHU YU XIANGMU GUANLI YANJIU

著　　者　王学峰　刘素英　洪　伟
出 版 人　宛　霞
责任编辑　杨超然
封面设计　树人教育
制　　版　树人教育
幅面尺寸　185mm×260mm
开　　本　16
字　　数　380 千字
印　　张　17
印　　数　1-1500 册
版　　次　2024 年 5 月第 1 版
印　　次　2025 年 1 月第 1 次印刷
出　　版　吉林科学技术出版社
发　　行　吉林科学技术出版社
地　　址　长春市南关区福祉大路 5788 号出版大厦 A 座
邮　　编　130118
发行部电话/传真　0431—81629529　　81629530　　81629531
　　　　　　　　　　　　81629532　　81629533　　81629534
储运部电话　0431-86059116
编辑部电话　0431-81629510
印　　刷　长春市华远印务有限公司
书　　号　ISBN 978-7-5744-1293-4
定　　价　96.00 元
版权所有　翻印必究　举报电话：0431—81629508

前　　言

　　现如今，社会经济发展迅速，建筑工程也在不断发展。随着人们生活生产生活的需要不断增加，对于建筑工程安全性能以及质量要求的不断提升。因此，在建筑工程施工中，必须明确项目管理的重要性，在施工全过程中加强管理，这样才能保证建筑工程施工质量，促进建筑工程可持续发展。

　　通常情况下，建筑工程施工阶段的项目管理主要是指建筑企业在相关合同的约束条件下因受到业主的委托而有计划且有规律地对建筑工程进行有效的管理，并且服务于建筑工程的某个特定阶段或者整个过程。在这个管理过程中，建筑企业的具体管理团队对业主的工作有着一定的辅助性作用，尤其是对于建筑工程施工材料，建筑工程设计方案以及建筑工程规划这几个方面，建筑企业更应该加强管理工作。在建筑工程施工过程中，必须严格地遵守建筑工程项目的管理原则，并且严格地控制其质量水平，才能在一定程度上缩短建筑工程的工期，最终使建筑企业的经济效益得到有效的增强。因此，必须合理地利用建筑工程施工阶段项目管理的各种相关职能，对建筑工程的各种相关技术进行有效地计划、组织和控制，这样才能保证建筑工程施工能过顺利进行。

　　建筑行业竞争日益激烈，在这样的背景下，很多建筑施工企业为了获得更高的经济效益，往往会在施工技术以及施工设备方面增加投入，但是，却忽视可建筑工程施工项目管理的重要性。在建筑工程施工过程中，如果施工管理工作不到位，则会影响整个建筑工程施工质量以及施工进度。

　　在建筑工程施工方面，管理机制不健全的问题比较严重，是制约建筑施工管理水平提高的重要因素。在不健全的管理机制下，想要保证施工质量，明确相关责任是非常困难的。一个健全完善的管理机制，应该具备专门的管理机构，从实际需求出发，配备相应的管理人员，以确保施工管理的有效进行。但是当前许多企业为了减少成本投入，对工程管理部门进行削减，导致管理人员的质量和数量均无法达到施工管理的要求，影响了管理工作的有效落实。

　　在建筑工程施工中，安全问题至关重要，建筑施工安全管理是建筑施工项目管理的关键，与施工人员的生命财产安全息息相关。但是，现如今，有些施工企业依然没有意识到施工安全管理的重要性，而且没有建立并完善建筑工程施工安全监督管理体系。另外，很多施工单位对于施工人员并没有加强安全培训工作，这就会导致其安全施工意识薄弱，在施工过程中很容易出现安全事故，从而造成巨大损失。

建筑施工质量直接决定着整个建筑工程的使用性能。在整个建筑工程施工过程中，质量管理影响因素比较多，包括建筑施工材料，施工方案以及施工环境等等，而且在施工过程中，工序众多且相互之间存在着密切的联系，任何一道工序出现质量问题，就会影响下一道工序的展开，从而对整个建筑工程施工质量产生影响。不仅如此，考虑到全面质量检查的难度较大，一般情况下对于施工质量的检查都是采用抽查的方式，难以有效发现工程中存在的质量隐患和安全问题。

本书的章节布局，共分为十章。第一章是基础工程，介绍了土方工程、施工排水以及基坑支护等；第二章对砌筑工程做了相对详尽的介绍，介绍了运输设备、砌筑工程施工以及砌筑施工的质量和安全技术；第三章是钢筋混泥土工程，本章介绍了模板工程、钢筋工程以及预应力混凝土工程等；第四章是节能工程，介绍了墙体节能工程和门窗节能工程；第五章是装饰工程，介绍了墙体工程、饰面工程、地面工程和吊顶以及涂料和刷浆工程；第六章是建筑工程项目资源管理，本章主要讨论建筑工程项目资源管理概述、内容和优化；第七章是建筑工程项目进度管理，介绍了建筑工程项目进度管理概述、影响因素以及优化控制；第八章是建筑工程项目成本管理，重点介绍了建筑工程项目成本管理概述、问题以及控制；第九章是建筑工程项目安全管理，介绍了建筑工程项目安全管理概述、问题以及优化；第十章是建筑工程项目风险管理，介绍了建筑工程项目风险管理概述、技术以及风险评估控制。

本书在撰写过程中，参考、借鉴了大量著作与部分学者的理论研究成果，在此一一表示感谢。由于作者精力有限，加之行文仓促，书中难免存在疏漏与不足之处，望各位专家学者与广大读者批评指正，以使本书更加完善。

编委会

向　宇　邓晓丽　刘忠才

米　伟　李四中　王　棋

周德燕　吴向阳　吴　松

周殷勇　李传鹏　李思良

周　龙　潘盛达　陈力莅

程　橺　宋金松　王明华

内容简介

目前，随着我国建筑材料的不断更新以及建筑结构的愈加完善，我国建筑工程施工的技术也在随之不断地创新和发展，因此为现代建筑工程发展创造了有利条件。在此背景下，也逐步实现施工技术本身的现代化。另外，施工项目本身是施工生产要素和现实结合的场所，施工领域方面的问题也会反映在施工项目上。因此有效的施工项目管理有助于全面提高施工项目的综合效益。本文以建筑施工技术与项目管理研究为题，分别从建筑工程中的各种操作与项目管理工作展开论述，并对工程项目前中后期质量、安全、进度成本管控与协调等方面进行分析。

目　录

第一章 基础工程

第一节 土方工程

一、概述

（一）土方工程的内容及施工要求

1.内容

（1）场地平整：将天然地面改造成所要求的设计平面时所进行的土石方施工全过程。（厚度在 3m 以内的土方挖填和找平工作）

特点：工作量大，劳动繁重，施工条件复杂。

施工准备：详细分析、核对各种技术资料——实测地形图、工程地质及水文勘察资料；原有地下管道、电缆和地下构筑物资料；土石方施工图。

（2）地下工程的开挖：指开挖宽度在 3m 以内且长度大于（或等于）宽度 3 倍或开挖底面积在 20m² 且长为宽 3 倍以内的土石方工程，是为浅基础、桩承台及沟等施工而进行的土石方开挖。

特点：开挖的标高、断面、轴线要准确；土石方量少；受气候影响较大。

（3）大型地下工程的开挖：指人防工程、大型建筑物的地下室、深基础等施工时进行的地下大型土石方开挖。（宽度大于 3m；开挖底面积大于 20m²；场地平整土厚大于 3m）

特点：涉及降低地下水位、边坡稳定与支护、地面沉降与位移、邻近建筑物的安全与防护等一系列问题。

（4）土石方填筑：将低洼处用土石方分层填平。回填分为夯填和松填两种。

特点：要求严格选择土质，分层回填压实。

2.施工要求

标高、断面准确；土体有足够的强度和稳定性；工程量小；工期短；费用省。

3.资料准备

建设单位应向施工单位提供场地实测地形图，原有地下管线、构筑物竣工图，土石方施工图，工程地质、水文、气象等技术资料，以便编制施工组织设计（或施工方案），并应提供平面控制桩和水准点，作为工程测量和验收的依据。

4.施工方案

（1）根据工程条件，选择适宜的施工方案和效率高、费用低的机械。

（2）合理调配土石方，使工程量最小。

（3）合理组织机械施工，保证机械发挥最大的使用效率。

（4）安排好道路、排水、降水、土壁支撑等一切准备工作和辅助工作。

（5）合理安排施工计划，尽量避免雨季施工。

（6）保证工程质量，对施工中可能遇到的问题如流沙、边坡失稳等进行技术分析，并提出解决措施。

（7）有确保施工安全的措施。

（二）土的工程分类

土的分类方法较多，如根据土的颗粒级配或塑性指数、沉积年代和工程特点等分类。根据土的坚硬程度和开挖方法将土分为八类，依次为松软土、普通土、坚土、砂砾坚土、软石、次坚石、坚石、特坚石。前四类属一般土，后四类属岩石。

（三）土的基本性质

1.土的组成

土由土颗粒（固相）、水（液相）和空气（气相）三部分组成，可用三相图表示。（见图1-1）

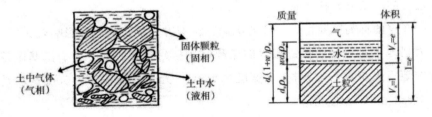

图1-1 土体三相图

2.土的物理性质

（1）土的可松性与可松性系数

天然土经开挖后，其体积因松散而增加，虽经振动夯实，仍不能完全恢复原状，这种现象称为土的可松性。

（2）土的天然含水量

在天然状态下，土中水的含水量指土中水的质量与固体颗粒的质量之比。

土的含水量测定方法：将土样称量后放入烘箱内进行烘干（100℃~105℃），直至重量不再减少时称量。

一般土的干湿程度用含水量表示：含水量<5%为干土；含水量在5%~30%之间为潮湿土；含水量>30%为湿土。

在一定含水量的条件下，用同样的机具，可使回填土达到最大的干密度，此含水量称为最佳含水量。一般砂土为8%~12%，粉土为9%~15%，粉质黏土为12%~15%，黏土为19%~23%。

（3）土的天然密度（ρ）和干密度（ρ_d）

土的天然密度指土在天然状态下单位体积的质量。

土的干密度是指土的固体颗粒质量与总体积的比值。

土的干密度愈大，表示土愈密实。工程上常把干密度作为评定土体密实程度的标准，以控制填土工程的质量。同类土在不同状态下（如不同的含水量、不同的压实程度等），其紧密程度也不同。

（4）土的孔隙比和孔隙率

土的孔隙比和孔隙率反映了土的密实程度。孔隙比和孔隙率越小，土越密实。

（5）土的渗透系数

土的渗透系数表示单位时间内水穿透土层的能力。

二、土方工程量计算

（一）基槽与基坑土方量计算

1.基槽（见图1-2，1-3）

沿长度方向分段计算 V_i，$V=\Sigma V_i$。

（1）断面尺寸不变的槽段：$V_i=A$（断面面积）$\times L_i$

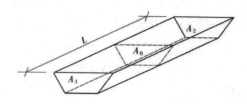

图1-2 基槽示意图

（2）断面尺寸变化的槽段：$V=H/6（A_1+4A_0+A_2）$

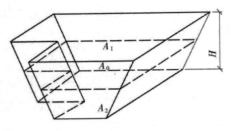

图 1-3　基槽示意图

2.基坑

【例题】如图所示，计算其工程量。

外墙基槽长度以外墙中心线计算，内墙基槽长度以内墙净长计算。

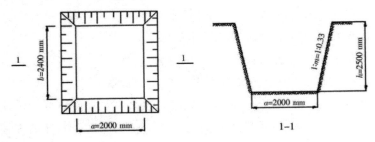

1-1

解：$V=H/6（A_1+4A_0+A_2）$

上口面积 $A_1=（a+2mh）（b+2mh）=（2+2×0.33×2.5）×（2.4+2×0.33×2.5）\approx$

14.78（m^2）

代入上式得：

$V=H/6（A_1+4A_0+A_2）=2.5/6×（14.78+4×9.11+4.80）\approx23.34（m^3）$

（二）场地平整土方量计算

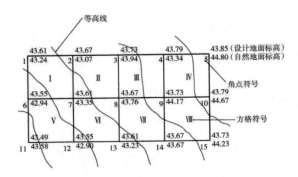

图 1-4　方格网示意图

1.确定场地设计标高

（1）确定原则

①充分利用地形（分区或分台阶布置），尽量使挖填方平衡，以减少土方量。

②要有一定的泄水坡度（≥2‰），使之能满足排水要求。

③应满足生产工艺和运输的要求。

④要考虑最高洪水位的影响。

（2）确定步骤

①初步确定场地设计标高 H_0。

②调整场地设计标高。

根据土的性质，考虑3个因素，即土的可松性、借土或弃土、泄水坡度对设计标高的影响。

2.计算施工高度

施工高度=设计地面标高-自然地面标高

3.计算零点、绘制零线

方格网一边相邻施工高度一正一负就有零点存在。相邻零点连接起来就是零线。

4.用平均高度法计算场地的挖、填土方量一点（三点）挖填；二点挖填；四点全挖全填。

5.计算场地边坡土方量（见图1-5）

（1）标出场地4个角点A、B、C、D的挖、填高度和零线位置。

（2）确定挖、填边坡坡率。

（3）算出4个角点的放坡宽度。

（4）绘出边坡图。

（5）计算边坡土方量。

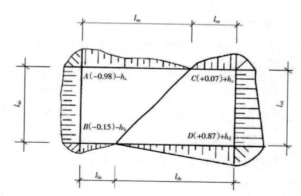

图1-5　场地边坡土方量计算示意图

6.土方调配（见图1-6，1-7）

确定挖、填区土方的调配方向和数量，使土方运输量（m³·m）或土方施工成本（元）最小。

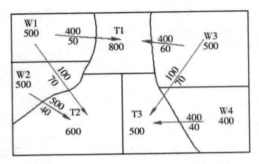

图 1-6　场地内挖填平衡调配图

箭头上面的数字表示土方量（m³）；

箭头下面的数字表示运距（m）

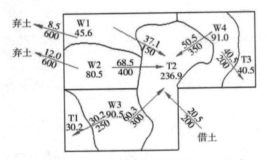

图 1-7　场地内有弃土和借土调配图

箭头上面的数字表示土方量（m³）；

箭头下面的数字表示运距（m）

土方调配原则：（经济）近期远期结合，场内挖填平衡，运距短，费用省，避免重复挖填和运输。

（1）调配区的划分

①调配区的划分应该与房屋和构筑物的平面位置相协调，并考虑其开工顺序、工程的分期施工顺序。

②调配区的大小应该满足土方施工主导机械的技术要求。

③调配区的范围应该与土方工程量计算用的方格网协调，通常可由若干个方格组成。

④当土方运距较大或场内土方不平衡时，可就近借土或弃土，借土区或弃土区可作为一个独立的调配区。

（2）调配区之间的平均运距

调配区的划分尽可能与大型地下建筑物的施工相结合，避免土方重复开挖。

平均运距：挖方区土方重心至填方区土方重心的距离。

为简化计算，可用作图法近似求出形心位置以代替重心位置。

重心位置求出后，标于相应的调配区图上，求出每对调配区的平均运距。

（3）最优调配方案的确定

对于土方运输问题，可以求出土方运输量最小值，此为最优调配方案。将最优方案绘成土方调配图，图上标明填方区、挖方区、调配区、调配方向、土方量及平均运距。

三、土方工程的机械化施工

土（石）方工程有人工开挖、机械开挖和爆破三种开挖方法。人工开挖只适用于小型基坑（槽）、管沟及土方量少的场所，土方量大时一般选择机械开挖。当开挖难度很大时，如冻土、岩石土的开挖，也可采用爆破技术进行爆破。土方工程的施工过程主要包括土方开挖、运输、填筑与压实等。常用的施工机械有推土机、铲运机、单斗挖掘机、装载机等，施工时应正确选用施工机械，加快施工进度。

（一）推土机施工

1.特点

推土机操纵灵活，运转方便，所需工作面较小，行驶速度快，易于转移，能爬30°左右的缓坡，因此应用较广。推土机多用于场地清理和平整，开挖深度1.5m以内的基坑，填平沟坑，配合铲运机、挖掘机工作等。此外，在推土机后面可安装松土装置，也可拖挂羊足辗进行土方压料工作。推土机可以推挖一至三类土，运距在100m以内的平土或移挖作填宜采用推土机，尤其是当运距在30~60m时效率最高。

2.作业方法

推土机可以完成铲土、运土和卸土三个工作行程和空载回驶行程。铲土时应根据土质情况，尽量采用最大切土深度并在最短距离（6~10m）内完成，以便缩短低速运行时间，然后直接推运到预定地点。回填土和填沟渠时，铲刀不得超出土坡边沿。上下坡坡度不得超过35°，横坡不得超过10°。几台推土机同时作业时，前后距离应大于8m。

（二）铲运机施工

1.特点

铲运机能综合完成铲土、运土、平土或填土等全部土方施工工序，对行驶道路要求较低，操纵灵活，运转方便，生产率高。铲运机常应用于大面积场地平整，开挖大基坑、沟槽以及填筑路基、堤坝等工程。铲运机适合铲运含水率不大于27%的松土和普通土，不适合在砾石层、冻土地带及沼泽区工作，当铲运三、四类较坚硬的土时，宜用推土机助铲或用松土机配合将土翻松 0.2~0.4m，以减少机械磨损，提高生产率。

2.开行路线

铲运机的基本作业是铲土、运土、卸土三个工作行程和一个空载回驶行程。在施工中，由于挖、填区的分布情况不同，为了提高生产效率，应根据不同的施工条件（工程大小、运距长短、土的性质和地形条件等），选择合理的开行路线和施工方法。铲运机的开行路线有环形路线、大环形路线、8字形路线等（见图1-8）。

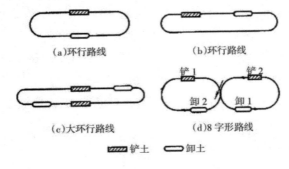

(a)环行路线   (b)环行路线

(c)大环行路线   (d)8字形路线

▨▨▨铲土   ◯卸土

图 1-8　铲运机运行路线

（三）单斗挖掘机施工

1.正铲挖掘机

挖掘能力强，生产率高，适用于开挖停机面以上的一至四类土，它与运输汽车配合能完成整个挖运任务，可用于开挖大型干燥基坑以及土丘等。

（1）适用范围

①含水率不大于27%的一至四类土和经爆破后的岩石与冻土碎块。

②大型场地整平土方。

③工作面狭小且较深的大型管沟和基槽、路堑。

④独立基坑。

⑤边坡开挖。

（2）开挖方式

正铲挖掘机的挖土特点是"前进向上，强制切土"。根据开挖路线与运输汽车相对位置的不同，一般有以下两种开挖方式。

①正向开挖，侧向卸土：正铲向前进方向挖土，汽车位于正铲的侧向装土。本法铲臂卸土回转角度小于90°，装车方便，循环时间短，生产效率高，用于开挖工作面较大、深度不大的边坡、基坑（槽）、沟渠和路堑等，为最常用的开挖方法。

②正向开挖，后方卸土：正铲向前进方向挖土，汽车停在正铲的后面。本法

开挖工作面较大，但铲臂卸土回转角度较大，约180°，且汽车要侧向行车，增加循环时间，降低生产效率（回转角度180°，效率降低约23%；回转角度130°，效率降低约13%），用于开挖工作面较大且较深的基坑（槽）、管沟和路堑等。

2.反铲挖掘机

特点：操作灵活，挖土、卸土均在地面作业，不用开运输道。

适用范围：

①含水率大的一至三类砂土或黏土。

②管沟和基槽。

③独立基坑。

④边坡开挖。

3.拉铲挖掘机

拉铲挖掘机的挖土特点是"后退向下，自重切土"。其挖土半径和挖土深度较大，能开挖停机面以下的一、二类土。工作时，利用惯性将铲斗甩出去，挖得比较远，但不如反铲灵活准确，宜用于开挖大而深的基坑或水下挖土。

4.抓铲挖掘机

抓铲挖掘机的挖土特点是直上直下，自重切土，挖掘力较小，适用于开挖停机面以下的一、二类土，如挖窄而深的基坑、疏通旧有渠道以及挖淤泥等，或用于装卸碎石、矿渣等松散材料。在软土地基的地区，常用于开挖基坑等。

5.选择机械原则

（1）土的含水率较小，可结合运距长短、挖掘深浅，分别采用推土机、铲运机或正铲挖掘机配合自卸汽车进行施工。当基坑深度在1~2m、基坑不太长时可采用推土机；深度在2m以内、长度较大的线状基坑，宜由铲运机开挖；当基坑较大、工程量集中时，可选用正铲挖掘机挖土。

（2）如地下水位较高，又不采用降水措施，或土质松软，可能造成正铲挖掘机和铲运机陷车时，则采用反铲、拉铲或抓铲挖掘机配合自卸汽车较为合适，挖掘深度见有关机械的性能表。

总之，土方工程综合机械化施工就是根据土方工程工期要求，适量选取完成该施工过程的土方机械，并以此为依据，合理配备完成其他辅助施工过程的机械，做到土方工程各施工过程均实现机械化施工。主导机械与所配备的辅助机械的数量及生产率应尽可能协调一致，以充分发挥施工机械的效能。

四、土方填筑与压实

(一) 土料的选择及填筑要求

一般设计要求素土夯实，当设计无要求时，应满足规范和施工工艺的要求：碎石类土、砂土和爆破石渣可用作表层以下的填料，当填方土料为黏土时，填筑前应检查其含水量是否在控制范围内。含水量大的黏土不宜作为填土。含有大量有机杂质的土，吸水后容易变形，承载能力降低；含水溶性硫酸盐大于5%的土，在地下水的作用下，硫酸盐会逐渐溶解消失，形成孔洞，影响土的密实度。这两种土以及淤泥、冻土、膨胀土等均不应作为填土。填土应分层进行，并尽量采用同类土填筑。如采用不同类土填筑时，应将透水性同较大的土层置于透水性较小的土层之下，不能将各种土混杂在一起使用，以免填方内形成水囊。

碎石类土或爆破石渣用作填料时，其最大粒径不得超过每层铺土厚度的2/3，使用振动碾时，不得超过每层铺土厚度的3/4；铺填时，大块料不应集中，且不得填在分段接头处或填方与山坡连接处。

填方基底处理应符合设计要求。当设计无要求时，应符合规范和施工工艺要求。

填方前，应根据工程特点、填料种类、设计压实系数、施工条件等合理选择压实机具，并确定填料含水量控制范围、铺土厚度和压实遍数等参数。对于重要的填方工程或采用新型压实机具时，上述参数应通过填土压实试验确定。

填土施工应接近水平状态，并分层填土、压实和测定压实后土的干密度，检验其压实系数和压实范围符合设计要求后，才能填筑上层。

在施工现场，土方一般分层回填，机械为蛙式打夯机，铺土厚度控制在250mm以内。分段填筑时，每层接缝处应做成斜坡形，碾迹重叠0.5~1m。上下层错缝距离不应小于1m。

(二) 填土压实方法

填土压实方法有碾压、夯实和振动三种，此外还可利用运土工具压实。

1. 碾压法

碾压法是由沿着表面滚动的鼓筒或轮子的压力压实土壤。一切拖动和自动的碾压机具，如平碾、羊足碾和气胎碾等都属于同一工作原理。

适用范围：主要用于大面积填土。

（1）平碾：适用于碾压黏性土和非黏性土。平碾机又叫压路机，是一种以内燃机为动力的自行式压路机。

平碾的运行速度决定其生产率，在压实填方时，碾压速度不宜过快，一般不超过2km/h。

（2）羊足碾：羊足碾和平碾不同，其碾轮表面装有许多羊蹄形的碾压凸脚，一般用拖拉机牵引作业。

羊足碾有单筒和双筒之分，筒内根据要求可分为空筒、装水筒、装砂筒，以提高单位面积的压力，增强压实效果。由于羊足碾单位面积压力较大，压实效果、压实深度均较同重量的光面压路机高，但工作时羊足碾的羊蹄压入土中，又从土中拔出，致使上部土翻松，不宜用于非黏性土、砂及面层的压实。一般羊足碾适用于压实中等深度的粉质黏土、粉土、黄土等。

2.夯实法

夯实法是利用夯锤自由下落的冲击力来夯实土壤，主要用于压实小面积的回填土。夯实机具类型较多，有木夯、石夯、蛙式打夯机以及利用挖土机或起重机装上夯板后的夯土机等。其中蛙式打夯机轻巧灵活，构造简单，在小型土方工程中应用最广。

夯实法的优点是可以夯实较厚的土层。采用重型夯土机（如1t以上的重锤）时，其夯实厚度可达1~1.5m。但木夯、石夯或蛙式打夯机等夯土工具，夯实厚度较小，一般均在200mm以内。

人力打夯前应将填土初步整平，打夯要按一定方向进行，一夯压半夯，夯夯相接，行行相连，两边纵横交叉，分层夯打。夯实基槽及地坪时，行夯路线应由四边开始，然后再夯向中间。

用蛙式打夯机等小型机具夯实时，一般填土厚度不宜大于25cm，打夯之前应将填土初步整平，打夯机应依次夯打，均匀分布，不留间隙。

基槽（坑）应在两侧或四周同时回填与夯实。

3.振动法

振动法是将重锤放在土层表面或内部，借助振动设备使重锤振动，土壤颗粒即发生相对位移从而达到紧密状态。此法用于振实非黏性土效果较好。

近年来，又将碾压和振动结合而设计和制造出振动平碾、振动凸块碾等新型压实机械，振动平碾适用于填料为爆破碎石渣、碎石类土、杂填土或粉土的大型填方，振动凸块碾则适用于粉质黏土或黏土的大型填方。当压实爆破石渣或碎石类土时，可选用8~15t重的振动平碾，铺土厚度为0.6~1.5m，宜先静压、后振压，碾压遍数应由现场试验确定，一般为6~8遍。

（三）影响填土压实质量的因素

1.压实功

填土压实后的密度与压实机械在其上所施加的功有一定的关系。土的密度与所消耗的功的关系见图1-9。当土的含水量一定，在开始压实时，土的密度急剧增加，待接近土的最大密度时，压实功虽然增加许多，但土的密度变化甚小。在实际施工中，砂土只需碾压2~3遍，亚砂土只需3~4遍，亚黏土或黏土只需5~6遍。

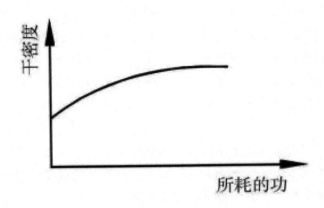

图1-9 土的密度与压实功的关系

2.土的含水量

当土具有适当含水量时，水起润滑作用，土颗粒之间的摩阻力减少，易压实。

压实过程中土应处于最佳含水量状态，当土过湿时，应预先翻松晾干，也可掺入同类干土或吸水性材料；当土过干时，则应预先洒水润湿。各种土的最佳含水量和最大干密度可参考表1-1。

表1-1 土的最佳含水量和最大干密度参考表

土的种类	变动范围	
	最佳含水量（质量比）/%	最大干密度/（kN·m⁻³）
砂土	8~12	18.0~18.8
黏土	19~23	15.8~17.0
粉质黏土	12~15	18.5~19.5
粉土	16~22	16.1~18.0

注：表中土的最大干密度应以现场实际达到的数字为准，一般性的回填可不作此项测定。

3.铺土厚度

土在压实功的作用下，其应力随深度增加而逐渐减小，其影响深度与压实机械、土的性质和含水量等有关。

填方每层铺土厚度和压实遍数见表1-2。

表 1-2 填方每层铺土厚度和压实遍数

压实机具	每层铺土厚度/mm	每层压实遍数/遍
平碾	200~300	6~8
羊足碾	200~350	8~16
蛙式打夯机	200~250	3~4
推土机	200~300	6~8
拖拉机	200~300	8~16
人工打夯	不大于200	3~4

注：人工打夯时，土块的粒径不应大于30mm。

五、基坑（槽）施工

（一）放线

分基槽放线和柱基放线。主要控制开挖边界线，定轴线，设龙门板，用石灰撒开挖边界线。

（二）基坑（槽）开挖

建筑物基坑面积较大及较深时，如地下室、人防防空洞等，在施工中会涉及边坡稳定、基坑稳定、基坑支护、防止流砂、降低地下水位、土方开挖方案等一系列问题。

1.基坑边坡极其稳定

基坑（土方）边坡坡度=H：B=1/（B/H）=1：m

式中，m指坡度系数。

边坡可做成直线形、折线形、阶梯形。当地质条件良好、土质均匀且地下水位低于基坑底面标高时，挖方边坡可做成直立壁而不加支撑，但深度不超过下列规定：

密实、中密的砂土和碎石类土1m；硬塑、可塑的粉土及粉质黏土1.25m；硬塑、可塑的黏土及碎石类土（填充物为黏性土）1.5m；坚硬的黏土2m。

挖土深度超过上述规定时，应考虑放坡或做成直立壁加支撑。

当地质条件良好、土质均匀且地下水位低于基坑（槽）或管沟底面标高时，挖方深度在5m以内不加支撑的边坡的最陡坡度应符合表1-3的规定。

表1-3　深度在5m内的基坑（槽）、管沟边坡的最陡坡度（不加支撑）

土的类别	边坡坡度（高：宽）		
	坡顶无荷载	坡顶有静载	坡顶有动载
中密的砂土	1：1.00	1：1.25	1：1.50
中密的碎石类土（填充物为砂土）	1：0.75	1：1.00	1：1.25
硬塑的粉土	1：0.67	1：0.75	1：1.00
中密的碎石类土（填充物为黏性土）	1：0.50	1：0.67	1：0.75
硬塑的粉质黏土、黏土	1：0.33	1：0.50	1：0.67
老黄土	1：0.10	1：0.25	1：0.33
软土（经井点降水后）	1：1.00	-	-

注：静载指堆土或堆放材料等，动载指机械挖土或汽车运输作业等。静载或动载距挖方边缘的距离应保证边坡和直立壁的稳定，应距挖方边缘0.8m以外，且高度不超过1.5m。

2.边坡稳定分析

边坡的滑动一般是指土方边坡在一定范围内整体沿某一滑动面向下或向外移动而丧失稳定性，主要原因是土体剪应力增加或抗剪强度降低。

引起土体剪应力增加的主要因素有：坡顶堆物、行车；基坑边坡太陡；开挖深度过大；雨水或地面水渗入土中，使土的含水量增加而造成土的自重增加，地下水的渗流产生一定的动水压力，土体竖向裂缝中的积水产生侧向静水压力等。

引起土体抗剪强度降低的主要因素有：土质本身较差或因气候影响使土质变软；土体内含水量增加而产生润滑作用；饱和细砂、粉砂受振动而液化等。

3.深基坑支护结构

（1）重力式支护结构：通过加固基坑周边土形成一定厚度的重力式墙，以达到挡土目的。宜用于场地开阔、挖深不大于7m、土质承载力标准值小于140kPa的软土或较软土中

（2）桩墙式支护结构：由围护墙和支撑系统组成。

采用支护结构的基坑开挖的原则：开槽支撑，先撑后挖，分层开挖，严禁超挖，并作好监测，对出现的异常情况，要采取针对性措施。

第二节　施工排水

为了保持基坑干燥，防止由于水浸泡发生边坡塌方和地基承载力下降问题，必须做好基坑的排水、降水工作，常采用的方法是明沟排水法和井点降水法。

一、施工排水

在基坑开挖过程中，当基底低于地下水位时，由于土的含水层被切断，地下水会不断渗入坑内。雨期施工时，地面水也会不断流入坑内。如果不采取降水措施，把流入基坑内的水及时排出或降低地下水位，不仅施工条件会恶化，而且地基土被水泡软后，容易造成边坡塌方并使地基的承载力下降。另外，当基坑下遇有承压含水层时，若不降水减压，则基底可能被冲溃破坏。因此，为了保证工程质量和施工安全，在基坑开挖前或开挖过程中，必须采取措施，控制地下水位，使地基土在开挖及基础施工时保持干燥。

影响：地下水渗入基坑，挖土困难；边坡塌方；地基浸水，影响承载力。

方法：集水井降水，轻型井点降水。

（一）集水井降水（见图 1-10）

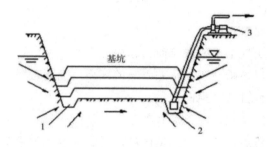

1.排水沟；2.集水井；3.水泵

图 1-10　集水井降水

1.水坑设置

平面：设在基础范围外，地下水上游。

排水沟：宽 0.2~0.3m，深 0.3~0.6m，沟底设纵坡 0.2%~0.5%，始终比挖土面低 0.4-0.5m。

集水井：宽径 0.6~0.8m，低于挖土面 0.7~1m，每隔 20~40m 设置一个；当基坑挖至设计标高后，集水井底应低于基坑底面 1~2m，并铺设碎石滤水层（0.2~0.3m 厚），或下部砾石（0.05~0.1m 厚）、上部粗砂（0.05~0.1m 厚）的双层滤水层，以免由于抽水时间过长而将泥沙抽出，并防止坑底土被扰动。

2.泵的选用

（1）离心泵：离心泵依靠叶轮在高速旋转时产生的离心力将叶轮内的水甩出，形成真空状态，河水或井水在大气压力下被压入叶轮，如此循环往复，水源源不断地被甩出去。离心泵的叶轮分为封闭式、半封闭式和敞开式 3 种。封闭式叶轮的相邻叶片和前后轮盖的内壁构成一系列弯曲的叶槽，其抽水效率高，多用于抽送清水。半封闭式叶轮没有前盖板，目前较少使用。敞开式叶轮没有轮盘，叶片数目亦少，多用于抽送浆类液体或污水。

（2）潜水泵：潜水泵是一种将立式电动机和水泵直接装在一起的配套水泵，具有防水密封装置，可以在水下工作，故称为潜水泵。按所采用的防水技术措施，潜水泵分为干式、充油式和湿式3种。潜水泵由于体积小、质量轻、移动方便和安装简便，在农村井水灌溉、牧场和渔场输送液体饲料、建筑施工等方面得到广泛应用。

（二）井点降水

1.原理

基坑开挖前，在基坑四周预先埋设一定数量的滤水管（井），在基坑开挖前和开挖过程中，利用抽水设备不断抽出地下水，使地下水位降到坑底以下，直至土方和基础工程施工结束。

2.作用（见图1-11）

（1）防止地下水涌入坑内；

（2）防止边坡由于地下水的渗流而引起塌方；

（3）使坑底的土层消除地下水位差引起的压力，因而可防止坑底管涌现象；

（4）降水后，使板桩减少横向荷载；

（5）消除地下水的渗流，防止流砂现象；

（6）降低地下水位后，还能使土壤固结，增加地基土的承载能力。

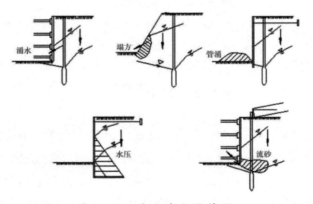

图1-11　井点降水的作用

3.分类

降水井点有两大类：轻型井点和管井类。一般根据土的渗透系数、降水深度、设备条件及经济条件等因素确定，可参照表1-4选择。

表1-4　各种井点的适用范围

类型	适用范围	
	土的渗透系数/（cm·s⁻¹）	可能降低的水位深度/m
一级轻型井点	$10^{-2}\sim10^{-5}$	3~6
多级轻型井点	$10^{-2}\sim10^{-5}$	6~12
喷射井点	$10^{-3}\sim10^{-6}$	8~20
电渗井点	$<10^{-6}$	宜配合其他类型降水井点使用
井管井点	$\geqslant10^{-5}$	>10

（1）轻型井点：轻型井点就是沿基坑周围或一侧以一定间距将井点管埋入蓄水层内，将井点管上部与总管连接，利用抽水设备使地下水经滤管进入井管，经总管不断抽出，从而将地下水位降至坑底以下。

轻型井点适用于土壤渗透系数为0.1~50m/d的土层中。降低水位深度：一级轻型井点3-6m，二级轻型井点可达6~9m。

①轻型井点设备：轻型井点设备由管路系统和抽水设备组成。管路系统包括滤管、井点管、弯联管及总管（见图1-12）。

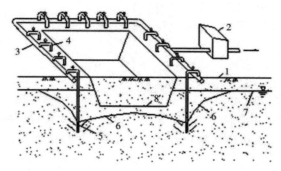

1.地面；2.水泵；3.总管；4.井点管；5.滤管；6.降落后的水位；7.原地下水位；

8.基坑底

图1-12　轻型井点设备

A.管路系统：滤管为进水设备，通常采用长 1~1.5m、直径 38mm 或 51mm 的无缝钢管，管壁钻有直径为 12~19mm 的滤孔。骨架管外面包以两层孔径不同的生丝布或塑料布滤网。为使流水畅通，在骨架管与滤网之间用塑料管或梯形铅丝隔开，塑料管沿骨架绕成螺旋形。滤网外面再绕一层粗铁丝保护网，滤管下端为一铸铁塞头，滤管上端与井点管连接（见图1-13）。

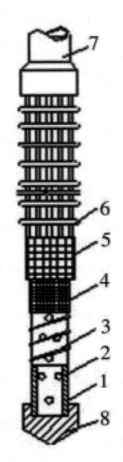

1.钢管；2.管壁上的孔；3.塑料管；4.细滤网；5.粗滤网；
6.粗铁丝保护网；7.井点管；8.铸铁塞头
图1-13 滤管构造

井点管为直径38mm和51mm、长5~7m的钢管。井点管的上端用弯联管与总管相连。

总管为直径100~127mm的无缝钢管，每段长4m，其上端有与井点管连接的短接头，间距0.8m或1.2m。

B.抽水设备：常用的抽水设备有干式真空泵、射流泵等。

干式真空泵由真空泵、离心泵和水汽分离器（又叫集水箱）等组成。抽水时先开动真空泵，将水汽分离器内部抽成一定程度的真空，使土中的水分和空气受真空吸力作用而被吸出，进入水气分离器。当进入水气分离器内的水达一定高度后，即可开动离心泵。水气分离器内水和空气向两个方向流去：水经离心泵排出；空气集中在上部由真空泵排出，少量由空气中带来的水从放水口排出（见图1-14）。

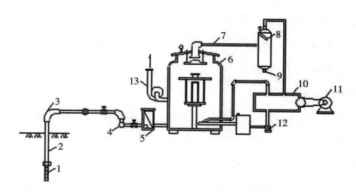

1.滤管；2.井点管；3.弯联管；4.集水总管；5.过滤室；
6.水气分离器；7.进水管；8.副水气分离器；9.放水口；10.真空泵；
11.电动机；12.循环水泵；13.离心水泵

图 1-14　干式真空泵构造

一套抽水设备的负荷长度（即集水总管长度）为 100m 左右常用的 W5、W6型干式真空泵，最大负荷长度分别为 80m 和 100m，有效负荷长度为 60m 和 80m。

②轻型井点设计。

A.平面布置：根据基坑（槽）形状，轻型井点可采用单排布置、双排布置、环形布置，当土方施工机械需进出基坑时，也可采用 U 形布置（见图1-15）。

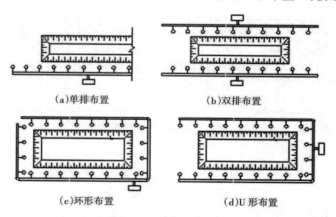

(a)单排布置　　　　　　(b)双排布置

(c)环形布置　　　　　　(d)U 形布置

图 1-15　轻型井点的平面布置

单排布置适用于基坑（槽）宽度小于 6m，且降水深度不超过 5m 的情况，井点管应布置在地下水的上游一侧，两端的延伸长度不宜小于基坑（槽）的宽度。

双排布置适用于基坑宽度大于 6m 或土质不良的情况。

环形布置适用于大面积基坑，如采用 U 形布置，则井点管不封闭的一段应在地下水的下游方向。

B.高程布置：高程布置要确定井点管埋深，即滤管上口至总管埋设面的距离，主要考虑降低后的水位应控制在基坑底面标高以下，保证坑底干燥。

C.涌水量计算：确定井点管数量时，需要知道井点管系统的涌水量。根据地下水有无压力，水井分为无压井和承压井。当水井布置在具有潜水自由面的含水层中时（即地下水面为自由面），称为无压井；当水井布置在承压含水层中时（含水层中的水在两层

不透水层间，含水层中的地下水面具有一定水压），称为承压井。根据水井底部是否达到不透水层，水井分为完整井和非完整井（见图1-16）。当水井底部达到不透水层时称为完整井，否则称为非完整井。因此，井分为无压完整井、无压非完整井、承压完整井、承压非完整井四大类。各类井的涌水量计算方法不同，实际工程中应分清水井类型，采用相应的计算方法。

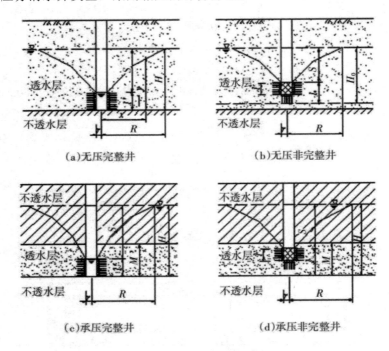

(a)无压完整井　　　　　　(b)无压非完整井

(c)承压完整井　　　　　　(d)承压非完整井

图1-16　水井的分类

（2）喷射井点：当基坑较深而地下水位又较高时，采用轻型井点要用多级井点，这样会增加基坑挖土量、延长工期并增加设备数量，显然不经济。因此，当降水深度超过8m时，宜采用喷射井点，降水深度可达8~20m。喷射井点的设备主要由喷射井管、高压水泵和管路系统组成。

（3）电渗井点：电渗井点是将井点管作为阴极，在其内侧相应地插入钢筋或钢管作为阳极，通入直流电后，在电场的作用下，土中的水流加速向阴极渗透，流向井点管。这种方法适用于渗透系数很小的土，但耗电多，只在特殊情况下使用（见图1-17）。

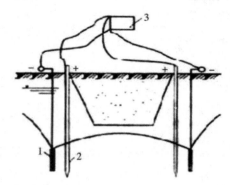

1.井点管；2.电极；3.<60V 的直流电源

图 1-17 电渗井点

（4）管井井点。

原理：基坑每隔 20~50m 设一个管井，每个管井单独用一台水泵不断抽水，从而降低地下水位。

适用于 K=20~200m/d、地下水量大的土层。当降水深度较大，在管井井点内采用一般离心泵或潜水泵不能满足要求时，可采用特制的深井泵，其降水深度大于 15m，故又称深井泵法。

二、流砂的防止

（一）流砂现象及其危害

1.流砂现象：指粒径很小、无塑性的土壤，在动水压力推动下，极易失去稳定，而随地下水流动的现象。

2.流砂的危害：土完全丧失承载能力，土边挖边冒，且施工条件恶劣，难以达到设计深度，严重时会造成边坡塌方及附近建筑物下沉、倾斜、倒塌。

（二）产生流砂的原因

流砂是水在土中渗流所产生的动水压力对土体作用的结果。动水压力 G_D 的大小与水力坡度成正比，即水位差愈大，渗透路径愈短，G_D 愈大。当动水压力大于土的浮重度时，土颗粒处于悬浮状态，往往会随渗流的水一起流动，涌入基坑内，形成流砂。细颗粒、松散、饱和的非黏性土特别容易发生流砂现象。

（三）管涌冒砂现象

基坑底位于不透水层，不透水层下为承压蓄水层，基坑底不透水层的重量小于承压水的顶托力时，基坑底部会发生管涌冒砂现象。

（四）防止流砂的方法

1.途径：减小、平衡动水压力；截住地下水流（消除动水压力）；改变动水压力的方向。

2.具体措施。

①枯水期施工法：枯水期地下水位较低，基坑内外水位差小，动水压力小，不易产生流砂。

②抢挖土方并抛大石块法：分段抢挖土方，使挖土速度超过冒砂速度，在挖至标高后立即铺竹席、芦席，并抛大石块，以平衡动水压力，将流砂压住。此法适用于治理局部的或轻微的流砂。

③设止水帷幕法：将连续的止水支护结构（如连续板桩、深层搅拌桩、密排灌筑桩等）打入基坑底面以下一定深度，形成封闭的止水帷幕，从而使地下水只能从支护结构下端向基坑渗流，增加地下水从坑外流入基坑内的渗流路径，减小水力坡度，从而减小动水压力，防止流砂产生。

④冻结法：将出现流砂区域的土进行冻结，阻止地下水渗流，从而防止流砂产生。

⑤人工降低地下水位法：采用井点降水法（如轻型井点、管井井点、喷射井点等），使地下水位降低至基坑底面以下，地下水的渗流向下，则动水压力的方向也向下，水不渗入基坑内，可有效防止流砂产生。

第三节　基坑支护

当基础工程施工需要开挖较深的基坑时，常常需要采用各种办法对坑壁进行加固，这些办法统称为基坑支护。当地下水位面在基础开挖底面以上时，还要对基坑进行降水和排水处理。随着高大建筑物在现代工程中越来越多，深基坑支护技术不断发展，基坑支护问题在现代土建工程中出现得也越来越多。

深基坑支护结构包括围护挡墙和支撑（拉锚）两部分，挡墙和支撑共同组成一个整体，共同承受土体的压力及其他荷载的作用。支护结构按受力不同可分为重力式支护结构、非重力式支护结构及边坡稳定式支护结构。非重力式支护结构按支护支撑不同可分为悬壁式支护结构、内撑式支护结构和坑外拉锚支护结构。按挡墙所选用的材料不同，支护结构可分为排桩墙、板桩墙、土钉墙、地下连续墙等。支撑结构按材料不同分为钢管支撑、型钢支撑、钢筋混凝土支撑等。

一、降水与排水

降水与排水是配合基坑开挖的安全措施，施工前应有降水与排水设计。地下水控制的方法有集水明排、降水、截水、回灌等形式，可单独或组合使用。当基坑外降水时，应有降水范围的估算，并在降水过程中对周围建筑物加以监控。

（一）集水井（坑）降水法

集水井降水法又称为明沟排水法，是在基坑开挖过程中，沿坑底周围或中央开挖排水沟，设置集水井，使水通过排水沟流入集水井，然后用水泵抽走的一种降水与排水方法，如图1-18所示。抽出的水应及时引开，防止倒流。

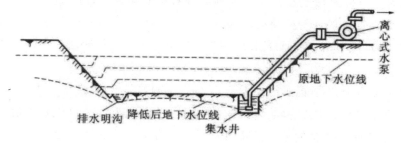

图1-18　集水井降水法

集水井应设置在基础范围以外，且为地下水流的上游。根据地下水量大小、基坑平面形状及水泵能力，应每隔20~40m设置一个集水井。集水井的直径或宽度一般为0.6~1.0m，深度随着开挖的加深而加深，要保持低于挖土面0.7~1.0m，井壁可用竹、木等简易加固。当基坑挖至设计标高后，井底应保持低于坑底1~2m，并铺设碎石滤水层，以免抽水时间较长而将泥沙抽出，同时防止井底的土被扰动。采用集水井降水时，应根据现场土质条件保持开挖边坡的稳定。边坡坡面上如有局部渗出地下水时，应在渗水处设置过滤层，防止土粒流失，并设置排水沟，将水引出坡面。

建筑工程中用于排水的水泵主要有离心泵、潜水泵和软轴水泵等。水泵的主要性能指标包括流量、总扬程、吸水扬程和功率等。选择水泵时应结合降水情况及水泵的指标参数综合确定。

集水井降水法由于设备简单和排水方便，采用较为普遍，适用于粗粒土层（因为土料不易于被水流带走）和渗水量小的黏性土。当土为细砂和粉砂时，地下水渗出，会带走细粒，发生流沙现象，导致边坡坍塌、坑底突起，给施工造成困难，此时应采用井点降水法。

（二）井点降水法

井点降水法就是在基坑开挖前，预先在基坑四周埋设一定数量的滤水管（井），利用抽水设备从中抽水，使地下水位降到坑底以下；在基坑开挖过程中不断抽水，使所挖的土始终保持干燥状态，从根本上防止流沙现象发生。通过井点降水，将土内水分排出，可以改变边坡坡度，减少挖土量。此外，还可以防止基底隆起和加速地基固结，有利于提高工程质量。

井点降水法常用的有轻型井点、喷射井点、电渗井点、管井井点、深井井点等降水法，具体介绍如下。

1.轻型井点降水法是沿基坑四周每隔一定间距布设井点管，井点管底部设置滤水管插入透水层，上端通过连接弯管与集水总管连接，然后通过真空泵等抽水设备将地下水从管内抽出，以降低地下水位的一种降水方法。

2.喷射井点降水法是在井点管内部装设特制的喷射器，用高压水泵或空气压缩机通过井点管中的内管向喷射器输入高压水（喷水井点）或压缩空气（喷气井点），并形成水汽射流，将地下水经井点外管与内管之间的间隙抽出排走的一种降水方法。

3.电渗井点降水法是在渗透系数很小的饱和黏性土或淤泥、淤泥质土层中，利用黏性土中的电渗现象和电泳特性，以轻型井点或喷射井点作为阴极，以钢管或钢筋作为阳极，埋设在井点管环圈内侧，当通电后，黏性土空隙中的水流动加快，起到一定的疏干作用，从而使软土地基排水效率提高的一种降水方法。

4.管井井点降水法是沿基坑每隔一定距离设置一个管井，每个管井单独用一台水泵不断抽水来降低地下水位法的一种降水方法。

5.深井井点降水法是在深基坑的周围埋置深于基底的井管，使地下水通过设置在井管内的潜水泵将地下水抽出，使地下水位低于基坑底的一种降水方法。

各井点的适用范围见表1-5。

表1-5　各种井点的适用范围

井点类型	土层渗透系数/（m·d^{-1}）	降低水位深度/m
单层轻型井点	0.1~50	3~6
双层轻型井点	0.1~50	6~12
喷射井点	0.1~5	8~20
电渗井点	<0.1	根据选用的井点确定
管井井点	20~200	3~5
深井井点	10~250	>15

二、排桩墙支护

排桩墙支护结构是指钢筋混凝土预制桩和灌注桩、板桩（可采用钢板桩、预制钢筋混凝土板桩）等类型桩以一定的排列方式组成的基坑支护结构。排桩墙支护按受力特点又可分为悬臂式、拉锚式和内撑式。

（一）钢筋混凝土排桩墙

钢筋混凝土排桩墙支护结构常采用灌注桩，其具有施工无噪声、无振动、无挤土、刚度大、抗弯能力强、变形较小等特点，应用范围较广。它多用于基坑侧面安全等级为一级、二级、三级，基坑深 7~15m 的工程。例如，在土质较好地区已有 8~9m 的悬臂桩，软土地区多加设内支撑（或锚杆）。

排桩墙常用的布置排列形式有：柱列式排桩支护［图 1-19a)］、连续排桩支护［图 1-19（b）、（c）］和组合式排桩支护［图 1-19（d）］。

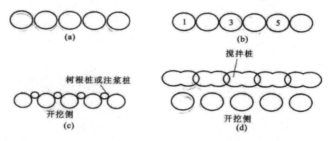

（a）柱列式排桩支护；（b），（c）连续排桩支护；（d）组合式排桩支护

图 1-19　排桩墙排列形式

（二）板桩墙

板桩墙支护结构中，常采用的类型有预制钢筋混凝土板桩和钢板桩。预制钢筋混凝土板桩常用矩形槽榫结合形式，如图 1-20 所示。

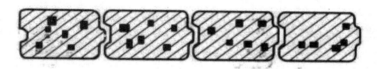

图 1-20　预制钢筋混凝土板桩

钢板桩常用的类型有型钢桩加挡板、槽钢钢板桩和热轧锁口钢板桩。

型钢桩加挡板的围护结构由工字钢（或 H 型钢）桩和横挡板组成，再加上围檩、支撑等形成支护体系，如图 1-21 所示。

槽钢钢板桩（图 1-22）是一种简易的钢板桩围护墙，不能防渗，由槽钢并排或正反扣搭接组成，槽钢长 6~8m，多用于深度不超过 4m 的基坑。

钢板桩的施工程序为：建筑物定位→板桩定位放线→挖沟槽→安装导向架→沉打钢板桩→拆除导向架支架→第一层支撑位置处开沟槽→安装第一层支架及围檩→挖第一层土→安装第二层支撑及围檩→挖第二层土→重复上述过程→安装最后一层支撑及围檩→挖最后一层土（至设计标高）→基础及地下室施工→逐层拆除支撑→回填土→拆除钢板桩。

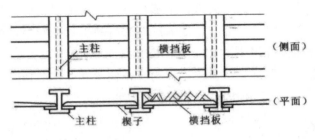

图 1-21 型钢桩加挡板

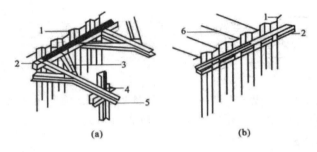

图 1-22 槽钢钢板桩

（a）内撑式；（b）外锚拉式

1-钢板桩；2-型钢腰梁；3-斜撑；4-支柱；5-水平支撑；6-锚拉筋

三、重力式支护墙

重力式支护墙按墙体材料分为深层搅拌水泥土桩墙和高压喷射桩挡墙等。

（一）深层搅拌水泥土桩墙

水泥土桩墙支护结构利用水泥等材料作为固化剂，通过特殊的拌和机械深层搅拌，在地基土中就地将原状土和固化剂（粉体、浆液）强制拌和，经过土与固化剂或掺和料产生一系列物理化学反应，形成具有一定强度、整体性和水稳定性的桩体。深层搅拌桩支护墙在基坑深度大时可在水泥土中插入加筋杆件，形成加筋土挡墙，必要时还可以辅以内支撑等。

水泥土桩墙支护结构适用于加固淤泥、淤泥质土和含水量高的黏土、粉质黏土、粉土等土层。其直接作为基坑开挖重力式围护结构，用于较软土的基坑支护时，支护深度不宜大于 6m；作为非软土的基坑支护时，支护深度不宜大于 10m。

搅拌桩成桩工艺可采用"一次喷浆、二次搅拌"或"二次喷浆、三次搅拌"工艺，主要视水泥掺入比及土质情况而定。水泥掺量较小、土质较松时，可采用前者，反之可用后者。深层搅拌桩的施工工艺流程为：深层搅拌机就位→预埋下沉→提升喷浆搅拌→重复下沉搅拌→重复提升搅拌→成桩结束，如图 1-23 所示。

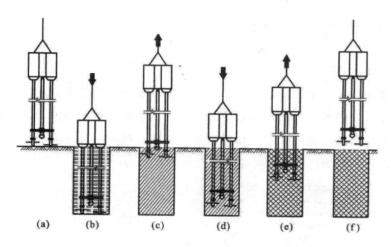

图 1-23 深层搅拌桩施工

（a）深层搅拌机就位；（b）预埋下沉；（c）提升喷浆搅拌；
（d）重复下沉搅拌；（e）重复提升搅拌；（f）成桩结束

（二） 高压喷射桩挡墙

高压喷射桩挡墙是钻孔后将钻杆从地基土深处逐渐上提，同时使用插入钻杆端部的旋转喷嘴，将水泥浆固化剂高压喷入地基土中形成水泥土桩，桩体相连成帷幕墙。其可用作支护结构挡墙，同时可加固地基，提高地基承载力，改善土的物理力学性能，适用于砂土、黏性土、湿陷性黄土、淤泥质土的地基。高压喷射桩挡墙与深层搅拌桩墙一样，属于重力式挡墙，只是形成水泥土桩的工艺不同。旋喷桩施工时，要控制好上提速度、喷射压力和喷射量，否则难以保证质量。高压喷射桩按施工时的喷射方法不同，可分为旋转喷射注浆法（旋喷法）、定向喷射注浆法（定喷法）和摆动喷射注浆法（摆喷法），如图1-24所示。

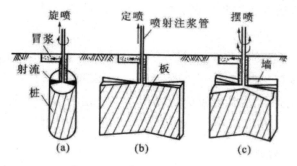

图 1-24 高压喷射注浆方法

四、土钉墙与复合土钉墙

（一）土钉墙

土钉墙支护技术是一种原位土体加固技术，是一种采用土钉加固的基坑侧壁土体与护面等组成的结构，由被加固的原位土体、放置在土中的土钉体和喷射的钢筋网混凝土面层组成。天然土体通过土钉加固与喷射混凝土面板相结合，形成一个类似重力式墙的挡土墙，如图 1-25 所示。

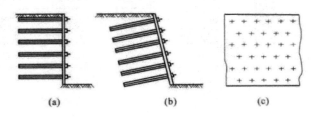

图 1-25 土钉墙挡土墙

（a）垂直开挖基坑；（b）放坡开挖基坑；（c）基坑边壁立面

土钉墙本身变形很小，对邻近建筑影响不大。其施工不需单独占用场地，与原位土体形成土钉墙复合体，显著提高了边坡整体稳定性和承受坡顶超载的能力；随着基坑开挖逐次分段实施作业，其不占或少占单独作业时间，施工效率高；一旦开挖完成，土钉墙也就建好了，这一点对膨胀土的边坡尤其重要。

土钉墙适用于地下水位以上或经排降水处理后的杂填土、普通黏性土和弱胶结砂土的基坑支护或边坡加固。一般认为，土钉墙适用于开挖深度不超过 12m 的基坑支护或边坡加固。当土钉墙与有限放坡、预应力锚杆联合作用时，其深度可增加。土钉墙不宜用于含水丰富的粉细砂层、砂砾卵石层和淤泥质土，也不得用于没有自稳能力的淤泥及饱和软弱土层。土钉墙不仅用于临时构筑物，也用于永久性构筑物。

土钉墙的施工工艺流程为：按线开挖工作面→按设计要求开挖、修整边坡→埋设喷射混凝土厚度控制标志→安设土钉（包括定位、钻孔、安设土钉、注浆、垫板等）→绑扎钢筋网→喷射面层混凝土→下一层施工→设置坡顶和坡脚排水措施。

（二）复合土钉墙

复合土钉墙是由土钉墙和止水帷幕、微型桩、预应力锚杆等组合形成的基坑支护技术。复合土钉墙常用类型有三种：①由土钉墙和止水帷幕及预应力锚杆组合而成；②由土钉墙和微型桩及预应力锚杆组合而成；③由土钉墙、止水帷幕、微型桩和预应力锚杆组合而成。复合土钉墙适用于各种施工环境和多种地质条件的基坑支护。复合土钉墙若要用于对变形有严格要求的深基坑支护，则应进行变形预测分析，并经专门论证后方可采用。

五、地下连续墙

地下连续墙是在挖基槽前先做保护基槽上口的导墙，用泥浆护壁，按设计的墙宽与深度分段挖槽，并放置钢筋骨架，然后用导管灌注混凝土置换出护壁泥浆，形成一段钢筋混凝土墙，逐段连续施工后形成连续墙。其墙体既可作为深基坑支护的墙体，也可作为房屋结构的基础部分。

地下连续墙施工的主要工艺为开挖导墙沟槽、制备泥浆护壁、沟槽开挖施工、水下灌注混凝土、墙段接头处理等，如图1-26所示。

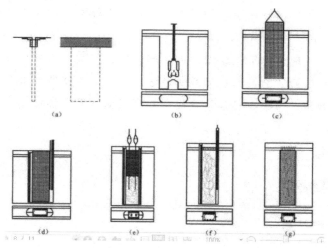

图1-26 地下连续墙施工工艺

（a）开挖导槽并制备泥浆；（b）成槽机沟槽开挖；（c）安放钢筋笼；
（d）安放接口管；（e）水下混凝土浇筑；（f）拔出接口管；（g）已完槽段

①导墙通常为就地灌注的钢筋混凝土结构，其主要作用是保证地下连续墙设计的几何尺寸和形状；存蓄部分泥浆，保证成槽施工时液面稳定；承受挖槽机械的荷载，保护槽口土壁不被破坏，并作为安装钢筋骨架的基准。导墙深度一般为1.2~1.5m。墙顶高出地面10~15cm，以防止地表水流入而影响泥浆质量。导墙底不能设在松散的土层或地下水位波动的部位。

②泥浆护壁通过泥浆对槽壁施加压力，以保持挖成的深槽形状不变，之后灌注混凝土把泥浆置换出来。泥浆通常由膨润土、水、化学处理剂和一些惰性物质组成。泥浆的作用是在槽壁上形成不透水的泥皮，从而使泥浆的静水压力有效地作用在槽壁上，防止地下水的渗水和槽壁的剥落，保持壁面的稳定，同时泥浆还有悬浮土渣和将土渣携带出地面的作用。泥浆使用方法分为静止式和循环式两种。

泥浆在循环式使用时，应用振动筛、旋流器等净化装置。泥浆在指标恶化后要考虑采用化学方法处理或废弃旧浆，换用新浆。

③成槽施工中使用的专用机械有旋转切削多头钻、导板抓斗、冲击钻等，施工时应视地质条件和筑墙深度选用。一般土质较软，深度在15m左右时，可选用普通导板抓斗；对于密实的砂层或含砾土层，可选用多头钻或加重型液压导板抓斗；在含有大颗粒卵砾石或岩基中成槽时，以选用冲击钻为宜。槽段的单元长度一般为6~8m，通常结合土质情况、钢筋骨架质量及结构尺寸、划分段落等确定。成槽后需静置4h，并使槽内泥浆比重小于1.3。

④水下灌注混凝土采用导管法按水下混凝土灌注法施工，但在用导管开始灌注混凝土前，为防止泥浆混入混凝土，可在导管内吊放一管塞，依靠灌入混凝土的压力将管内泥浆挤出。所溢出的泥浆送回泥浆沉淀池。混凝土要连续灌注，并测量混凝土灌注量及上升高度。

⑤墙段接头处理。地下连续墙由许多墙段拼组而成，为保持墙段之间连续施工，接头采用锁口管工艺，即在灌注槽段混凝土前，在槽段的端部预插一根直径和槽宽相等的钢管，即锁口管，待混凝土初凝后将钢管徐徐拔出，使端部形成半凹榫状接头。有的连续墙由于墙体结构受力需要而设置刚性接头，以使先、后两个墙段连成整体。

六、支撑结构

（一）支撑材料

1.钢结构支撑

钢结构支撑自重小、装拆方便、施工速度快，能快速发挥支撑作用，减小围护结构因时间效应而增加的变形。由于钢支撑能够重复使用，多为租赁方式，故便于专业化施工。同时，其在开挖中可以做到随挖随撑，并可施加预紧力，还能根据围护结构变形情况及时调整预紧力值，以限制围护结构变形的发展。其缺点是整体刚度相对较弱，支撑的间距相对较小，安装节点相对较多；当节点构造不合理或施工方法不当时，往往容易造成节点变形与钢支撑变形，进而造成基坑边坡过大的水平位移。

2.现浇钢筋混凝土支撑

现浇钢筋混凝土支撑是随着挖土的加深，根据设计规定的位置现场支模浇筑而成的一种支撑结构。其优点是可根据基坑平面形状浇筑成直线、曲线等最优布置形式；支撑结构整体刚度大，安全、可靠，可使围护墙变形小，有利于保护周围环境；能够方便地变化构件的截面和配筋，以适应其内力的变化。其缺点是自重大，属于一次支护，不可重复使用；支撑成形和发挥作用的时间较长，使围护结构因时间效应而产生的变形增大；拆除相对困难，如用控制爆破拆除，有时周围环境不允许，如用人工拆除，则时间较长、劳动强度大。

（二）支撑体系

水平支撑体系由围檩（布置在围护墙内侧，并沿水平方向向四周连接的腰梁）、水平支撑和立柱等组成，如图1-27所示。

水平支撑体系的平面布置形式如图1-28所示。

竖向支撑体系如图1-29所示，主要由围檩、竖向斜撑、斜撑基础、水平连系杆和立柱等组成。

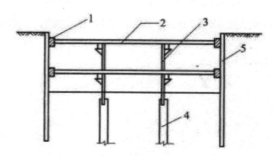

图1-27 水平支撑体系

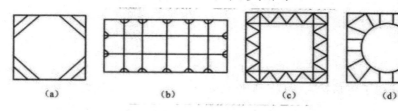

图1-28 水平支撑体系的平面布置形式

（a）角撑；（b）对撑；（c）桁架式支撑；（d）圆形支撑

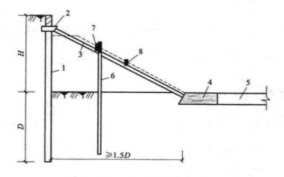

图1-29 竖向支撑体系

1-板桩墙；2-围檩；3-竖向斜撑；4-斜撑基础；5-斜撑基础加固；

6-立桩；7-紧固件；8-纵向水平联系杆

七、锚杆

锚杆是一种受拉杆件，一端（锚固端）锚固在的土层或岩石中，另一端与支护结构的挡墙相连，支护结构和其他结构所承受的荷载（土压力、水压力等）通过拉杆传递到锚固体上，再由锚固体将传来的荷载分散到周围稳定的地层中去。

利用土层锚杆支撑支护结构（钢板桩、灌注桩、地下连续墙等）的最大优点是在基坑施工时坑内无支撑，开挖土方和地下结构施工不受支撑干扰，施工作业面宽敞，目前在高层建筑深基坑工程中应用广泛。

锚杆支护主要由支护挡墙、腰梁（围檩）及托架、锚杆三部分组成，如图1-30所示。其中，腰梁的目的是将作用于支护挡墙上的水、土压力传递给锚杆，并使各杆的应力通过腰梁得到均匀分配。锚杆由锚头、拉杆和锚固体三部分组成。

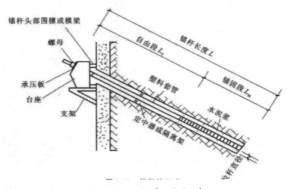

图1-30 锚杆的组成

土层锚杆施工包括钻孔、拉杆制作与安装、灌浆、张拉锁定等工作。

第四节 地基处理和加固

地基是指建筑物荷载作用下的土体或岩体。常用人工地基的处理方法有换土、重锤夯实、强夯、振冲、砂桩挤密、深层搅拌、堆载预压、化学加固等。

一、换土地基

当建筑物基础下的地基比较软弱，不能满足上部荷载对地基的要求时，常用换土地基来处理。具体方法是挖去弱土，分层回填好土夯实。按回填材料不同分砂地基、碎（砂）石地基、灰土地基等。

（一）砂地基和碎（砂）石地基

这种地基承载力强，可减少沉降，加速软弱土排水固结，防止冻胀，消除膨胀土的胀缩等。常用于处理透水性强的软弱黏性土，但不适用于湿陷性黄土地基和不透水的黏性土地基。

1. 构造要求

其尺寸按计算确定，厚度 0.5~3m，比基础宽 200~300mm。

2. 材料要求

土料宜用级配良好、质地坚硬的中砂、粗砂、砂砾、碎石等。

3. 施工要点

（1）验槽处理。

（2）分层回填，应先深后浅，保证质量。

（3）降水及冬期施工。

4. 质量检查

方法有环刀取样法、贯入测定法。

（二）灰土地基

灰土地基是将软土挖去，用一定体积比的石灰和黏性土拌和均匀，在最佳含水量情况下分层回填夯实或压实而成的处理地基。灰土最小干密度一般为：黏土 $1.45t/m^3$，粉质黏土 $1.50t/m^3$，粉土 $1.55t/m^3$。

1. 构造要求其尺寸按计算确定。

2. 材料要求

配合比一般为 2：8 或 3：7，土质良好，级配均匀，颗粒直径符合要求等。

3. 施工要点

（1）验槽处理。

（2）材料准备，控制好含水量。

（3）控制每层铺土厚度。

（4）采用防冻措施。

4. 质量检查

用环刀法检查土的干密度。质量标准用压实系数鉴定。

二、重锤夯实地基

重锤夯实地基是用起重机械将重锤提升到一定高度后，利用自由下落时的冲击力来夯实地基，适用于地下水位以上稍湿的黏性土、砂土、湿陷性黄土、杂填土等地基的加固处理。

（一）机具设备

起重机械和夯锤。

（二）施工要点

1.试夯确定夯锤重量、底面积、最后下沉量、遍数、总下沉量、落距等。

2.每层铺土厚度以锤底直径为宜，一般铺设不少于两层。

3.土以最佳含水量为准，且夯扩面积比基础底面均大300mm²以上。

4.夯扩方法：基坑或条形基础应一夯接一夯进行；独基应先周边后中间进行；当底面不同高时应先深后浅；最后进行表面处理。

（三）质量检查

检查施工记录应符合最后下沉量、总下沉量（以不小于试夯总下沉量90%为合格）。

三、强夯地基

强夯地基是用起重机械将重锤（8~30t）吊起使其从高处（6~30m）自由落下，给地基以冲击和振动，从而提高地基土的强度并降低其压缩性，适用于碎石土、砂土、黏性土、湿陷性黄土及填土地基的加固处理。

（一）机具设备

主要有起重机械、夯锤、脱钩装置。

（二）施工要点

1.试夯确定技术参数。

2.场地平整、排水，布置夯点、测量定位。

3.按试夯确定的技术参数进行。

4.注意排水与防冻，作好施工记录等。

（三）质量检查

采用标准贯入、静力触探等方法。

四、振冲地基

振冲地基可采用振冲置换法和振冲密实法两类。

（一）机具设备

主要有振冲器、起重机械、水泵及供水管道、加料设备、控制设备等。

（二）施工要点

1.振冲试验确定水压、水量、成孔速度、填料方法、密实电流、填料量和留振时间。

2.确定冲孔位置并编号。

3.振冲、排渣、留振、填料等。

（三）质量检查

1.位置准确，允许偏差符合有关规定。

2.在规定的时间内进行试验检验。

五、地基局部处理及其他加固方法

（一）地基局部处理

1.松土坑的处理

（1）当松土坑的范围在基槽范围内时，挖除坑中松软土，使坑底及坑壁均见天然土为止，然后用与天然土压缩性相近的材料回填。

当天然土为砂土时，用砂或级配砂石分层回填夯实；当天然土为较密实的黏性土时，用3∶7灰土分层回填夯实；如为中密可塑的黏性土或新近沉积的黏性土时，可用1∶9或2∶8灰土分层回填夯实。每层回填厚度不大于200mm。

（2）当松土坑的范围超过基槽边沿时，将该范围内的基槽适当加宽，采用与天然土压缩性相近的材料回填；用砂土或砂石回填时，基槽每边均应按1∶1坡度放宽；用1∶9或2∶8灰土回填时，基槽每边均应按0.5∶1坡度放宽。

（3）较深的松土坑（如深度大于槽宽或大于1.5m时），槽底处理后，还应适当考虑加强上部结构的强度和刚度。

处理方法：在灰土基础上1~2皮砖处（或混凝土基础内）、防潮层下1~2皮砖处及首层顶板处各配置3~4根直径为8~12mm的钢筋，跨过该松土坑两端各1m；或改变基础形式，如采用梁板式跨越松土坑、桩基础穿透松土坑等方法。

2.砖井或土井的处理

当井在基槽范围内时，应将井的井圈拆至地槽下1m以上，井内用中砂、砂卵石分层夯填处理，在拆除范围内用2∶8或3∶7灰土分层回填夯实至槽底。

3.局部软硬土的处理

尽可能挖除，采用与其他部分压缩性相近的材料分层回填夯实，或将坚硬物凿去300~500mm，再回填土砂混合物并夯实。

将基础以下基岩或硬土层挖去300~500mm，填以中砂、粗砂或土砂混合物做垫层，或加强基础和上部结构的刚度来克服地基的不均匀变形。

（二）地基其他加固方法

1.砂桩法

砂桩法是利用振动或冲击荷载，在软弱地基中成孔后，填入砂并将其挤压入土中，形成较大直径的密实砂桩的地基处理方法，主要包括砂桩置换法、挤密砂桩法等。

2.水泥土搅拌法

水泥土搅拌法是一种用于加固饱和黏土地基的常用软基处理技术。该法将水泥作为固化剂与软土在地基深处强制搅拌，固化剂和软土产生一系列物理化学反应，使软土硬结成一定强度的水泥加固体，从而提高地基土承载力并增大变形模量。水泥土搅拌法从施工工艺上可分为湿法和干法两种。

3.预压法

预压法指的是为提高软土地基的承载力和减少构造物建成后的沉降量，预先在拟建构造物的地基上施加一定静荷载，使地基土压密后再将荷载卸除的压实方法。该法对软土地基预先加压，使大部分沉降在预压过程中完成，相应地提高了地基强度。预压法适用于淤泥质黏土、淤泥与人工冲填土等软弱地基。预压的方法有堆载预压和真空预压两种

4.注浆法

注浆法指用气压、液压或电化学原理把某些能固化的浆液通过压浆泵、灌浆管均匀地注入各种裂缝或孔隙中，以填充、渗进和挤密等方式驱除裂缝、孔隙中的水分和气体，并填充其位置，硬化后将土体胶结成一个整体，形成一个强度大、压缩性低、抗渗性高和稳定性良好的新的整体，从而改善地基的物理化学性质，主要用于截水、堵漏和加固地基。

第五节　桩基础施工

桩基础是一种高层建筑物和重要建筑物工程中广泛采用的基础形式。桩基础的作用是将上部结构较大的荷载通过桩穿过软弱土层传递到较深的坚硬土层上，以解决浅基础承载力不足和变形较大的问题。

桩基础具有承载力高、沉降量小而均匀、沉降速率缓慢等特点。它能承受垂直荷载、水平荷载、上拔力以及机器的振动或动力作用，广泛应用于房屋地基、桥梁、水利等工程中。

一、桩基础的作用和分类

（一）作用

可以将上部荷载直接传递到下部较好持力层上。

（二）分类

1. 按承台位置高低分类

①高承台桩基础。承台底面高于地面，一般用在桥梁、码头工程中。

②低承台桩基础。承台底面低于地面，一般用于房屋建筑工程中。

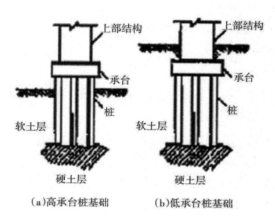

图 1-31 桩基础

2. 按承载性质分类

①端承桩。指穿过软弱土层并将建筑物的荷载通过桩传递到桩端坚硬土层或岩层上。桩侧较软弱土对桩身的摩擦作用很小，其摩擦力可忽略不计。

②摩擦桩。指沉入软弱土层一定深度后通过桩侧土的摩擦作用，将上部荷载传递扩散于桩周围土中，桩端土也起一定的支承作用，桩尖支承的土不甚密实，桩相对于土有一定的相对位移时，即具有摩擦桩的作用。

3. 按桩身材料分类

①钢筋混凝土桩。可以预制，也可以现浇。根据设计，桩的长度和截面尺寸可任意选择。

②钢桩。常用的有直径250~1200mm的钢管桩和宽翼工字形钢桩。钢桩的承载力较大，起吊、运输、沉桩、接桩都较方便，但消耗钢材多，造价高。我国目前只在少数重点工程中使用。

③木桩。目前已很少使用，只在某些加固工程或能就地取材的临时工程中使用。在地下水位以下时，木材有很好的耐久性，而在干湿交替的环境下，极易腐蚀。

④砂石桩。主要用于地基加固，挤密土壤。

⑤灰土桩。主要用于地基加固。

4. 按桩的使用功能分类

①竖向抗压桩。

②竖向抗拔桩。

③水平荷载桩。

④复合受力桩。

5.按桩直径大小分类

①小直径桩，d≤250mm。

②中等直径桩，250mm<d<800mm。

③大直径桩 d≥800mm。

6.按成孔方法分类

①非挤土桩：泥浆护壁灌注桩、人工挖孔灌注桩，应用较广。

②部分挤土桩：先钻孔后打入。

③挤土桩：打入桩。

7.按制作工艺分类

①预制桩。钢筋混凝土预制桩是在工厂或施工现场预制，用锤击打入、振动沉入等方法，使桩沉入地下。

②灌注桩。又叫现浇桩，直接在设计桩位的地基上成孔，在孔内放置钢筋笼或不放钢筋，后在孔内灌注混凝土而成桩。

与预制桩相比，灌注桩可节省钢材，在持力层起伏不平时，桩长可根据实际情况设计。

8.按截面形式分类

①方形截面桩。制作、运输和堆放比较方便，截面边长一般为250~550mm。

②圆形空心桩。用离心旋转法在工厂中预制，具有用料省、自重轻、表面积大等特点。国内铁道部门已有定型产品，直径有300、450和550mm，管壁厚80mm，每节长度2-12m不等。

二、静力压桩施工工艺

（一）特点及原理

静力压桩法是在软土地基上，利用静力压桩机以无振动的静压力（自重和配重）将预制桩压入土中的一种沉桩工艺。

（二）机械设备

主要有机械压桩机、液压静力压桩机两种。

（三）施工工艺

静力压桩施工采取分段压入、逐段接长的方法。施工程序为：施工准备→测量定位→压桩机就位→吊桩、插桩→桩身对中调直→静压沉桩→接桩→再静压沉桩→送桩→终止压桩→切割桩头。

整平场地，清除作业范围内的高空、地面、地下障碍物；架空高压线距离压桩机不得小于10m；修设桩机进出行走道路，做好排水设施。

按照图纸布置测量放线，定出桩基轴线（先定出中心，再引出两侧），并将桩的准确位置测设到地面上，每个桩位打一个小木桩；测出每个桩位的实际标高，场地外设2~3个水准点，以便随时检查用。

检查桩的质量，将需要的桩按平面布置图堆放在压桩机附近，不合格的桩不能运至压桩现场。

检查压桩机设备及起重机械；铺设水电管网，进行设备架立组装并试压桩。

准备好桩基工程沉降记录和隐蔽工程验收记录表格，作好记录。

（四）施工要点

压桩时，应始终保持桩轴心受压，若有偏移应立即纠正。接桩应保证上下节桩轴线一致，并应尽量减少每根桩的接头个数，一般不宜超过4个接头。施工中，若压阻力超过压桩能力，使桩架上抬倾斜时，应立即停压，查明原因。

当桩压至接近设计标高时，不可过早停压，应使压桩一次成功，以免发生压不下或超压现象。工程中有少数桩不能压至设计标高，此时可将桩顶截去。

三、现浇混凝土灌注桩施工工艺

灌注桩按成孔方法分为泥浆护壁成孔灌注桩、沉管灌注桩、干作业成孔灌注桩、爆破成孔灌注桩和人工挖孔灌注桩。

灌注桩施工准备工作一般包括以下几点。

（1）确定成孔施工顺序。一般结合现场条件，采用下列方法确定成孔顺序：间隔1个或2个桩位成孔；在相邻混凝土初凝前或终凝后成孔；一个承台下桩数在5根以上时，中间的桩先成孔，外围的桩后成孔。

（2）成孔深度的控制。

摩擦桩：桩管入土深度以标高控制为主，以贯入度控制为辅。

端承桩：沉管深度以贯入度控制为主，以设计持力层标高对照为辅。

（3）钢筋笼的制作。主筋和箍筋直径及间距、主筋保护层、加筋箍的间距等应符合设计要求和规范要求。分段制作接头采用焊接法并使接头错开50%，放置时不得碰撞孔壁。

（4）混凝土的配制。粗骨料可选用卵石或碎石，其最大粒径不得大于钢筋净距的1/3，其他类型的灌注桩或素混凝土见相关规定。混凝土强度等级不小于C15。

（一）钻孔灌注桩

钻孔灌注桩是先成孔，然后吊放钢筋笼，再浇灌混凝土。依据地质条件不同，分为干作业成孔和泥浆护壁（湿作业）成孔两类。

1.干作业成孔灌注桩施工

成孔时若无地下水或地下水很少，基本上不影响工程施工，称为干作业成孔。主要适用于北方地区和地下水位低的土层。

（1）施工工艺流程。场地清理→测量放线，定桩位→桩机就位→钻孔，取土成孔→清除孔底沉渣→成孔质量检查验收→吊放钢筋笼→浇筑孔内混凝土。

（2）施工注意事项。干作业成孔一般采用螺旋钻成孔，还可采用机扩法扩底。为了确保成桩后的质量，施工中应注意以下几点：

①开始钻孔时，应保持钻杆垂直、位置正确，防止因钻杆晃动导致孔径扩大及孔底虚土增多。

②发现钻杆摇晃、移动、偏斜或难以钻进时，应提钻检查，排除地下障碍物，避免桩孔偏斜和钻具损坏。

③钻进过程中应随时清理孔口黏土，遇到地下水、塌孔、缩孔等异常情况，应停止钻孔，同有关单位研究处理。

④钻头进入硬土层时易造成钻孔偏斜，可提起钻头上下反复扫钻几次，以便削去硬土。若纠正无效，可在孔中局部回填黏土至偏孔处0.5m以上，再重新钻进。

⑤成孔达到设计深度后，应保护好孔口，按规定验收，并作好施工记录。

⑥孔底虚土尽可能清除干净，可用夯锤夯击孔底虚土或进行压注水泥浆处理，然后吊放钢筋笼，并浇筑混凝土。混凝土应分层浇筑，每层高度不大于1.5m。

2.泥浆护壁成孔灌注桩施工

泥浆护壁成孔灌注桩是利用泥浆护壁，钻孔时通过循环泥浆将钻头切削下的土渣排出孔外而成孔，后吊放钢筋笼，水下灌注混凝土而成桩。成孔方式有正（反）循环回转钻成孔、正（反）循环潜水钻成孔、冲击钻成孔、冲抓锥成孔、钻斗钻成孔等。

泥浆护壁成孔灌注桩施工工艺流程如下：

（1）测定桩位。平整清理好施工场地后，设置桩基轴线定位点和水准点，根据桩位平面布置施工图，确定每根桩的位置，并做好标记。施工前，桩位要检查复核，以防受外界因素影响而造成偏移。

（2）埋设护筒。护筒的作用是：固定桩孔位置，防止地面水流入，保护孔口，提高桩孔内水压力，防止塌孔，成孔时引导钻头方向。护筒用4~8mm厚的钢板制成，内径比钻头直径大100~200mm，顶面高出地面0.4~0.6m，上部开1~2个溢浆孔。埋设护筒时，先挖去桩孔处表土，将护筒埋入土中，其埋设深度在黏土中不宜小于1m，在砂土中不宜小于1.5m。其高度要满足孔内泥浆面高度的要求，孔内泥浆面应保持高出地下水位1m以上。挖坑埋设时，坑的直径应比护筒外径大0.8~1m。护筒中心与桩位中心线偏差不应大于50mm，对位后应在护筒外侧填入黏土并分层夯实。

（3）泥浆制备。泥浆的作用是护壁、携砂排土、切土润滑、冷却钻头等，其中以护壁为主。泥浆制备方法应根据土质条件确定：在黏土和粉质黏土中成孔时，可注入清水，以原土造浆，排渣泥浆的密度应控制在1.1~1.3g/cm³；在其他土层中成孔时，泥浆可选用高塑性的黏土或膨润土；在砂土和较厚夹砂层中成孔时，泥浆密度应控制在1.1-1.3g/cm³；在穿过砂夹卵石层或容易塌孔的土层中成孔时，泥浆密度应控制在1.3~1.5g/cm³。施工中应经常测定泥浆密度，并定期测定黏度、含砂率和胶体率。泥浆的控制指标为黏度18~22s、含砂率不大于8%、胶体率不小于90%。为了提高泥浆质量，可加入外掺料，如增重剂、增黏剂、分散剂等。施工中废弃的泥浆、泥渣应按环保有关规定处理。

（4）成孔方法。

①回转钻成孔。回转钻成孔是国内灌注桩施工中最常用的方法之一。按排渣方式不同分为正循环回转钻成孔和反循环回转钻成孔两种。

正循环回转钻成孔由钻机回转装置带动钻杆和钻头回转切削破碎岩土，由泥浆泵往钻杆输送泥浆，泥浆沿孔壁上升，从溢浆孔溢出流入泥浆池，经沉淀处理返回循环池（图1-33）。正循环成孔泥浆的上返速度低，携带土粒直径小，排渣能力差，岩土重复破碎现象严重，适用于填土、淤泥、黏土、粉土、砂土等地层，卵砾石含量不大于15%、粒径小于10mm的部分砂卵砾石层、软质基岩及较硬基岩也可使用。桩孔直径不宜大于1000mm，钻孔深度不宜超过40m。正循环钻进主要参数有冲洗液量、转速和钻压，保持足够的冲洗液（指泥浆或水）量是提高正循环钻进效率的关键。一般砂土层用硬质合金钻头钻进时，转速取40~80r/min，较硬或非均质地层中转速可适当调慢；用钢粒钻头钻进时，转速取50-120r/min，大桩取小值，小桩取大值；用牙轮钻头钻进时，转速一般取60~180r/min。在松散地层中钻进时，应以冲洗液畅通和钻渣清除及时为前提，灵活确定钻压；在基岩中钻进时，可以通过配置加重铤或重块来提高钻压；对于硬质合金钻钻进成孔，钻压应根据地质条件、钻杆与桩孔的直径差、钻头形式、切削具数目、设备能力和钻具强度等因素综合确定。

反循环回转钻成孔是指由钻机回转装置带动钻杆和钻头回转切削破碎岩土，利用泵吸、气举、喷射等措施抽吸循环护壁泥浆，挟带钻渣从钻杆内腔抽吸出孔外（图1-34）。根据抽吸原理可分为泵吸反循环、气举反循环和喷射（射流）反循环三种施工工艺。泵吸反循环是直接利用砂石泵的抽吸作用使钻杆的水流上升而形成反循环；喷射反循环是利用射流泵射出的高速水流产生的负压使钻杆内的水流上升而形成反循环；气举反循环是利用送入压缩空气使水循环。钻杆内水流上升速度与钻杆内外液柱高度差有关，随孔深增大，效率提高。当孔深小于50m时，宜选用泵吸或射流反循环；当孔深大于50m时，宜选用气举反循环。

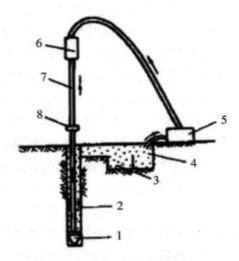

1.钻头；2.泥浆循环方向；3.沉淀池；4.泥浆池；5.泥浆泵；

6.水龙头；7.钻杆；8.钻机回转装置

图1-32 正循环回转钻成孔工艺原理图

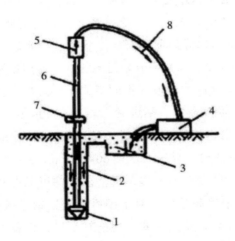

1.钻头；2.新泥浆流向；3.沉淀池；4.砂石泵；5.水龙头；

6.钻杆；7.钻机回转装置；8.混合液流向

图1-33 反循环回转钻成孔工艺原理图

②潜水钻成孔。潜水电钻同样使用泥浆护壁成孔。其排渣方式也分为正循环

和反循环两种

潜水钻正循环是利用泥浆泵将泥浆压入空心钻杆并通过中空的电动机和钻头等射入孔底，然后携带钻头切削下的钻渣在钻孔中上浮，由溢浆孔溢出进入泥浆沉淀池，经沉淀处理后返回循环池。

潜水钻反循环有泵吸法、泵举法和气举法三种。若为气举法出渣，则只能用正循环或泵吸式开孔，钻孔有6~7m深时，才可改用反循环气举法出渣。反循环泵吸法出渣时，吸浆泵可潜入泥浆下工作，因而出渣效率高。

③冲击钻成孔。冲孔是用冲击钻机把带钻刃的重钻头（又称冲击锤）提高，靠自由下落的冲击力来削切岩层，排出碎渣成孔。冲击钻机有钻杆式和钢丝绳式两种。前者钻孔直径较小，效率低，应用较少。后者钻孔直径大，有800、1000、1200mm几种。钻头可锻制或用铸钢制造，钻刃用T18号钢制造，与钻头焊接。钻头有十字钻头及三翼钻头等。锤重500~3000kg。冲孔施工时，首先准备好护壁料，若表层为软土，则在护筒内加片石、砂砾和黏土（比例为3∶1∶1）；若表层为砂砾卵石，则在护筒内加小石子和黏土（比例为1∶1）。冲孔时，开始低锤密击，落距为0.4~0.6m，直至开孔深度达护筒底以下3~4m时，将落距提高至1.5~2m。掏渣采用抽筒，用以掏取孔内岩屑和石渣，也可进入稀软土、流砂、松散土层排土和修平孔壁。掏渣每台班1次，每次4~5桶。用冲击钻冲孔，冲程为0.5-1m，冲击次数为40~50次/min，孔深可达300m。冲击钻成孔适用于风化岩及各种软土层成孔。但由于冲击锤自由下落时导向不严格，扩孔率大，实际成孔直径比设计桩径要增大10%~20%。若扩孔率增大，应查明原因后再成孔。

④抓孔。抓孔即用冲抓锥成孔机将冲抓锥斗提升到一定高度，锥斗内有压重铁块和活动抓片，松开卷扬机刹车时，抓片张开，钻头便以自由落体冲入土中，然后开动卷扬机提升钻头，这时抓片闭合抓土，冲抓锥整体被提升到地面上将土渣卸去，如此循环抓孔。该法成孔直径为450~600mm，成孔深度为10m左右，适用于有坚硬夹杂物的黏土、砂卵石土和碎石类土。

（5）清孔。当钻孔达到设计要求深度并经检查合格后，应立即清孔，目的是清除孔底沉渣以减少桩基的沉降量，提高桩基承载能力，确保桩基质量。清孔方法有真空吸泥渣法、射水法、换装法和掏淹法。

（6）吊放钢筋笼。清孔后应立即安放钢筋笼，浇混凝土。钢筋笼一般都在工地制作，制作时要求主筋环向均匀布置，箍筋直径及间距、主筋保护层、加筋箍的间距等均符合设计要求。分段制作的钢筋笼，其接头采用焊接法且应符合施工及验收规范的规定。钢筋笼主筋净距必须大于3倍的骨料粒径，加筋箍宜设在主筋外侧，钢筋保护层厚度不应小于35mm（水下混凝土不得小于50mm）。可在主筋外侧安设钢筋定位器，以确保钢筋保护层厚度。为了防止钢筋笼变形，可在钢筋笼上每隔2m设置一道加强箍，并在钢筋笼内每隔3~4m装一个可拆卸的十字形临时加筋架，在吊放入孔后拆除。吊放钢筋笼时应垂直，缓缓放入，防止碰撞孔壁。

若造成塌孔或安放钢筋笼时间太长，应进行二次清孔后再浇筑混凝土。

（7）水下浇筑混凝土。泥浆护壁成孔灌注桩的水下混凝土浇筑常用导管法，混凝土强度等级不低于C20，坍落度为18~22cm，所用设备有金属导管、承料漏斗和提升机具等。

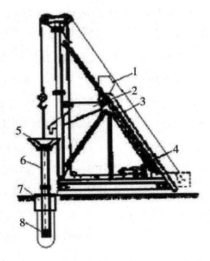

1.上料斗；2.储料斗；3.滑道；4.卷扬机；
5.漏斗；6.导管；7.护筒；8.隔水栓
图1-34　水下浇筑混凝土

导管一般用无缝钢管制作，直径为200~300mm，每节长度为2~3m，最下一节为脚管，长度不小于4m，各节管用法兰盘和螺栓连接。承料漏斗利用法兰盘安装在导管顶端，其容积应大于保证管内混凝土必须保持的高度和开始浇筑时导管埋置深度所要求的混凝土的体积。

隔水栓（球塞）用来隔开混凝土与泥浆（或水），可用木球或混凝土圆柱塞等，其直径宜比导管内径小20~25mm。用3~5mm厚的橡胶圈密封，其直径宜比导管内径大5~6mm。

导管使用前应试拼装、过球和进行封闭水压试验，试验压力为0.6~1MPa，不漏水者方可使用。浇筑时，用提升机具将承料漏斗和导管悬吊起来后，沉至孔底，往导管中放隔水栓，隔水栓用绳子或铁丝吊挂，然后向导管内灌一定数量的混凝土，并使其下口距地基面约300mm，迅速剪断吊绳（水深在10m以内可用此法），或让球塞下滑至管的中部或接近底部再剪断吊绳，使混凝土靠自重推动球塞下落，冲向基底，并向四周扩散。球塞被推出导管后，混凝土则在导管下部包围住导管，形成混凝土堆，这时可将导管再下降至基底100~200mm处，使导管下部能有更多的部分埋入首批浇筑的混凝土中。然后将混凝土通过承料漏斗浇入导管内，管外混凝土面不断被挤压上升。随着管外混凝土面的上升，相应地逐渐提升导管。导管应缓缓提升，每次200mm左右，严防提升过度，务必保证导管下端埋入混凝土中的深度不小于规定的最小埋置深度。一般情况下，在泥浆中浇混凝土时，导管最小埋置深度不能小于1m，适宜的埋置深度为2~4m，但也不宜过深，以免混凝土的流动阻力太大，造成堵管。混凝土浇筑过程应连续进行，不得中断。混凝土浇筑的最终标局应比设计标局高出0.5m。

（8）常见工程质量事故及处理方法。泥浆护壁成孔灌注桩施工时常易发生孔壁坍塌、偏孔、孔底隔层、夹泥、流砂等问题。水下混凝土浇筑属隐蔽工程，一旦发生质量事故难以观察和补救，所以应严格遵守操作规程，在有经验的工程技术人员指导下认真施工，并作好隐蔽工程记录，以确工程质量。

（二）沉管灌注桩

施工方法：锤击沉管灌注桩、振动沉管灌注桩、静压沉管灌注桩、沉管夯扩灌注桩和振动冲击沉管灌注桩等。

施工工艺：使用锤击式桩锤或振动式桩锤将一定直径的钢管沉入土中，形成桩孔，然后放入钢筋笼，浇筑混凝土，最后拔出钢管，形成所需要的灌注桩。

1.锤击沉管灌注桩

锤击沉管灌注桩适用于一般黏性土、淤泥质土、砂土和人工填土地基。

（1）施工设备：桩架、桩锤及动力设备等。

（2）施工方法：有单打法和复打法两种。

①桩管上端扣上桩帽，检查桩管与桩锤是否在同一垂直线上，桩管偏斜≤0.5%时，可锤击桩管。

②拔管要均匀，第一次拔管不宜过高，应保持桩管内有不少于2m高的混凝土，然后灌注混凝土。

③拔管时应保持连续密锤低击不停，并控制拔出速度，对一般土层，以不大于1m/min为宜，在软弱土层及软硬土层交界处，应控制在0.8m/min。

（3）质量要求：成孔、下钢筋笼和灌注混凝土是灌注桩质量的关键工序，每一道工序完成时，均应进行质量检查，上道工序不合格，严禁下道工序施工。

2.振动沉管灌注桩

（1）施工设备：桩架、激振器、动力设备等。

（2）施工方法：有单振法和复振法两种。

①单振法施工：在沉入土中的桩管内灌满混凝土，开动激振器，振动5~10s，

开始拔管，边振边拔。

②复振法施工：施工方法与单振法相同，施工时要注意前后两次沉管的轴线应重合，复振施工必须在第一次灌注的混凝土初凝之前进行，钢筋笼应在第二次沉管后放入；混凝土强度不低于C20，坍落度、钢筋保护层厚度、桩位允许偏差等见混凝土结构规范。

振动沉管灌注桩适用于砂土、稍密及中密的碎石土地基，边振边拔是其主要特征。

3.施工中常见问题及处理

（1）断桩：桩距小，受施工时的挤压影响，软硬土层间传递水平力大小不同。

处理：将断桩拔去，增大桩截面积或加筋后重新浇筑。

（2）瓶颈桩：在含水量较大的软弱土层中沉管时，土受挤压产生很高的孔隙水压，拔管后挤向新灌的混凝土，产生缩颈。

处理：施工时应保持管内混凝土略高于地面，拔管时采用复打法或反插法。

（3）吊脚桩：桩身刚度不够，沉管被破坏变形，造成水或泥沙进入桩管。

处理：拔出桩管，填砂后重打，或密振慢拔。

（4）桩尖进水进泥。

处理：可将桩管拔出，修复改正桩靴缝隙或将桩管与预制桩尖接合处用草绳、麻袋垫紧后，用砂回填桩孔后重打；如果只受地下水的影响，则当桩管沉至接近地下水位时，将水泥砂浆灌入管内约0.5m做封底，并再灌1m高的混凝土，然后继续沉桩。若管内进水不多（小于200mm），可不作处理，只在灌第一槽混凝土时酌情减少用水量即可。

（三）人工挖孔灌注桩

人工挖孔灌注桩是指采用人工挖掘方法进行成孔，然后安放钢筋笼，浇筑混凝土而成的桩。人工挖孔灌注桩结构上的特点是单桩的承载能力高，受力性能好，既能承受垂直荷载，又能承受水平荷载。人工挖孔灌注桩具有设备简单、施工操作方便、占用施工场地小、无噪声、无振动、不污染环境、对周围建筑物影响小、施工质量可靠、可全面施工、工期短、造价低等优点，因此得到广泛应用。

适用范围：人工挖孔灌注桩适用于土质较好、地下水位较低的黏土、亚黏土及含少量砂卵石的黏土层等地质条件。可用于高层建筑、公用建筑、水工结构（如泵站、桥墩）做桩基，起支承、抗滑、挡土作用。软土、流砂及地下水位较高、涌水量大的土层不宜采用。

1.施工机具

（1）电动葫芦或手动卷扬机，提土桶及三脚支架。

（2）潜水泵：用于抽出孔中积水。

（3）鼓风机和输风管：用于向桩孔中强制送入新鲜空气。

（4）镐、锹等挖土工具，若遇坚硬土层或岩石还应配风镐等。

（5）照明灯、对讲机、电铃等。

2. 一般构造要求

桩直径一般为800~2000mm，最大直径可达3500mm。桩埋置深度一般在20m左右，最大可达40m。底部采取不扩底和扩底两种方式，扩底直径1.3~3d，最大扩底直径可达4500mm。一般采用一柱一桩，如采用一柱两桩，两桩中心距不应小于3d，两桩扩大头净距不小于1（图1-35），上下设置不小于0.5m，桩底宜挖成锅底形，锅底中心比四周低200mm，根据试验，它比平底桩可提高承载力20%以上。桩底应支承在可靠的持力层上。支承桩大多采用构造配筋，配筋率0.4%为宜，配筋长度一般为1/2桩长，且不小于10m；用作抗滑、锚固、挡土桩的配筋，按全长或2/3桩长配置，由计算确定。箍筋采用螺旋箍筋或封闭箍筋，不小于$\phi 8@200mm$，在桩顶1m范围内间距加密一倍，以提高桩的抗剪强度。当钢筋笼长度超过4m时，为加强其刚度和整体性，可每隔2m设一道$\phi 16 \sim 20mm$焊接加强筋。钢筋笼长度超过10m时需分段焊接。

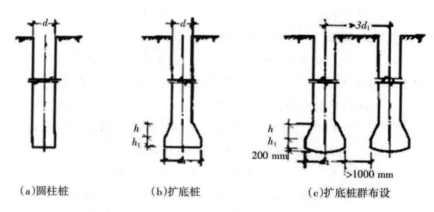

（a）圆柱桩   （b）扩底桩   （c）扩底桩群布设

图 1-35 人工挖孔和挖孔扩底灌注桩

3. 施工工艺

人工挖孔灌注桩的护壁常采用现浇混凝土护壁，也可采用钢护筒或沉井护壁等。采用现浇混凝土护壁时的施工工艺如下。

（1）测定桩位，放线。

（2）开挖土方。分段开挖，每段高度取决于土壁保持直立状态的能力，一般为0.5~1m，开挖直径为设计桩径加两倍护壁厚度。挖土顺序是自上而下，先中间，后孔边。

（3）支撑护壁模板。模板高度取决于开挖土方每段的高度，一般为1m，由4~

8块活动模板组合而成。护壁厚度不宜小于100mm，一般取D/（10+5）cm（D为桩径），且第一段井圈的护壁厚度应比以下各段增加100~150mm，上下节护壁可用长1m左右φ6-8mm的钢筋进行拉结。

（4）在模板顶放置操作平台。平台可用角钢和钢板制成半圆形，两个合起来即为一个整圆，用来临时放置混凝土和浇筑混凝土。

（5）浇筑护壁混凝土。护壁混凝土的强度等级不得低于桩身混凝土强度等级，应注意浇捣密实。根据土层渗水情况，可考虑使用速凝剂。不得在桩孔水淹没模板的情况下浇筑护壁混凝土。每节护壁均应在当日连续施工完毕。上下节护壁搭接长度不小于50mm。

（6）拆除模板，继续下一段的施工。一般在浇筑混凝土24h之后便可拆模。若发现护壁有蜂窝、孔洞、漏水现象时，应及时补强、堵塞，防止孔外水通过护壁流入桩孔内。当护壁符合质量要求后，便可开挖下一段土方，再支模浇筑护壁混凝土，如此循环，直至挖到设计要求的深度并按设计进行扩底。

（7）安放钢筋笼、浇筑混凝土。孔底有积水时应先排除积水再浇混凝土，当混凝土浇至钢筋的底面设计标高时再安放钢筋笼，后继续浇筑桩身混凝土。

4.施工注意事项

（1）桩孔开挖，当桩净距小于2倍桩径且小于2.5m时，应间隔开挖。排桩跳挖的最小施工净距不得小于4.5m，孔深不宜大于40m。

（2）每段挖土后必须吊线检查中心线位置是否正确，桩孔中心线平面位置偏差不宜超过50mm，桩的垂直度偏差不得超过1%，桩径不得小于设计直径。

（3）防止土壁坍塌及流砂。挖土如遇到松散或流砂土层，可减少每段开挖深度（取0.3-0.5m）或采用钢护筒、预制混凝土沉井等做护壁，待穿过此土层后再按一般方法施工，流砂现象严重时，应采用井点降水处理。

（4）浇筑桩身混凝土时，应注意清孔及防止积水，桩身混凝土应一次连续浇筑完毕，不留施工缝。为防止混凝土离析，宜采用串筒来浇筑混凝土。如果地下水穿过护壁流入量较大且无法抽干时，则应采用导管法浇筑水下混凝土。

（5）必须制定好安全措施。

①施工人员进入孔内必须戴安全帽，孔内有人作业时，孔上必须有人监督防护。

②孔内必须设置应急软爬梯供人员上下井；使用的电动葫芦、吊笼等应安全可靠并配有自动卡紧保险装置；不得用麻绳和尼龙绳吊挂或脚踏井壁凸缘上下；电动葫芦使用前必须检验其安全起吊能力。

③每日开工前必须检测井下的有毒有害气体，并有足够的安全防护措施。桩孔开挖深度超过10m时，应有专门向井下送风的设备，风量不宜少于25L/s。

④护壁应高出地面200~300mm，以防杂物滚入孔内；孔周围要设0.8m高的护栏。

⑤孔内照明要用12V以下的安全灯或安全矿灯。使用的电器必须有严格的接地、接零和漏电保护器（如潜水泵等）。

（四）爆破灌注桩

爆破灌注桩是以爆破方法成孔后再浇筑混凝土的桩基。

1.施工方法

（1）成孔：先用洛阳铲或钢钎打出一个直径为40~70mm的直孔，然后在孔内吊入玻璃管装的炸药条，管内放置雷管，爆破形成桩孔。

（2）扩大头：宜采用硝铵炸药和电雷管进行，在孔底放入炸药包，上面填盖150~200mm厚的砂子，再灌入一定量的混凝土，进行扩大头引爆。

2.质量要求

（1）桩孔偏差：人工钻机成孔不大于50mm，爆扩成孔不大于100mm。

（2）垂直度偏差：长度3m以内桩2%，长度3m以上桩1%。

（3）桩身直径允许偏差±20mm，桩孔底标高允许低于设计标高150mm，扩大头直径允许偏差±50mm。

3.施工中常见质量问题

主要有拒爆、拒落、回落土、偏头等。

四、桩基础的检测与验收

成桩质量检查包括成孔与清孔、钢筋笼的制作与安放、混凝土搅拌及灌注三道工序的质量检查。

成孔与清孔时，主要检查已成桩孔的中心位置、孔深、孔径、垂直度、孔底虚土厚度。制作、安放钢筋笼时，主要检查钢筋规格和数量、焊条规格和品种、焊口规格、焊缝长度、焊缝外观质量、主筋和箍筋的制作偏差及安放的实际位置等。

搅拌和灌注混凝土时，主要检查原材料质量和计量、混凝土配合比、坍落度、混凝土强度等。

（一）桩基的检测

1.静力试验法

（1）试验目的：通过静力试验确定单桩极限承载力，为设计提供依据。

（2）试验方法：通过静力加压确定桩的极限承载力。

（3）试验要求：当桩混凝土达到一定强度后进行，按试验规程的方法、数量试验。

2.动测法（又称无损检测）

（1）特点：设备少，轻便，简洁，成本低。

（2）试验方法：动力参数法、锤击贯入法、水电效应法、共振法等。

（3）桩身质量检验：确定桩身的完整性。

（二） 桩基的验收

1.桩基验收规定

依桩顶标高与施工场地标高是否在同一标高而定，分为一次验收和分阶段验收。

2.桩基验收资料

图纸、变更单、施工方案、测量放线记录及单桩承载力试验报告等。

（三） 桩基工程的安全技术措施

施工现场是一个固定"产品"，人员流动较大，作业环境多变，多工种立体交叉作业，机械设备流动性大，因此存在许多不安全因素，是事故易发场所。人、机、料、法、环五个方面是施工安全管理的重点。

1.人

人是安全生产的核心。通过对施工现场的实际勘察，结合工程特点，根据国家法律、法规、标准、规范合理编制施工组织设计（安全方案），坚持以人为本，按照工程部位识别出重大危险源，制定出对每个危险源的各种安全防护措施和安全注意事项。选择有资质的作业队伍，对他们进行安全技术交底和培训教育，为他们提供防护用品，让他们自觉遵章守纪。

2.机

机是安全生产的关键。随着建筑业的发展，建筑施工机械化程度逐步提高。由于建筑施工条件差，环境多变，机械容易磨损，维修不便，不安全因素增多，再加上操作和使用人员变化频繁，如果不按照要求正确使用，不仅会缩短设备使用寿命，降低效率，而且容易发生设备事故和人身伤亡事故，所以在使用各类机械之前，必须正确、全面地了解其性能和安全操作规程，按照原设计和制造要求使用。当在施工现场消除危险、危害、事故隐患因素确有困难时，可以采取预防措施，应经常检查并及时维修更换，做到安全第一、预防为主。

3.料

料是质量安全的保证。料是施工现场必备和必用的建筑材料，材料质量直接影响工程质量和施工人员安全。为此，建设工程所采购的各种材料必须符合国家出厂使用的材质技术标准要求，有出厂合格证、材质测试报告、使用说明书、危险化学品的安全技术说明；设备装置及危险化学用品的包装物的材质符合要求；材料采取了防腐措施；检测检验数据完整，满足施工现场使用的安全要求；入库、出库、运输、保管、领取都符合要求；施工现场的材料必须按照施工总平面布置图规定的位置放置。

4.法

法是安全生产的保障。严格认真地贯彻执行法律、法规、标准、规范、操作规程、工艺要求、施工方法，能有效预防管理失误和操作失误，是预防事故的重要手段。要求每个施工管理人员和施工操作人员在施工过程中不违章指挥，不违章操作，熟悉操作规程，从而减少失误，预防事故发生。

5.环

环是安全生产的重要组成部分。环指的是施工现场作业环境、生产条件。施工现场作业环境不卫生，废气、扬尘、噪声控制不当，采光照明不良，通风不良，作业场地道路狭窄，道路设置不合理、不安全，地面不平坦和打滑，环境温度、湿度不当，储存方法不安全，建筑物或构筑物处于危险状态，都是施工生产的不安全因素。如果不及时检查整改，就不能给施工人员创造一个安全的工作环境。

第二章 砌筑工程

第一节 运输设备

一、运输设备的种类

塔式起重机：可以完成所有建筑材料的水平、垂直和楼面运输工作，起重量大，范围广，优先选用。

井架、龙门架：起重量大，搭设简单，用途广，多用于主体、装饰工程中材料的运输。

施工电梯。

齿条驱动电梯：分单吊箱、双吊箱两种，装有限速装置，适用于20层以上的建筑工程。绳轮驱动电梯：单吊箱，无限速装置，适用于20层以下的建筑工程。

灰浆泵：完成砂浆、混凝土等的水平、垂直运输，速度快，容易保证施工质量。

二、垂直运输设备的设置要求

覆盖面和供应面：建筑工程的全部作业面应处于垂直运输设备的覆盖面和供应面范围之内。

供应能力：塔吊供应能力=吊次×吊量，其他垂直运输设备=运次×运量×折减系数。

提升高度：设备提升高度应比实际需要升运高度高不少于3m。

装设条件：比如可靠的基础与结构拉结，水平运输通道条件。

设备效能的发挥：考虑满足施工需要和充分发挥设备效能。

设备自身条件和今后利用问题。

安全保障。

第二节 砌筑工程施工

一、砌体的一般要求

砌体可分为：砖砌体，主要有墙和柱；砌块砌体，多用于定型设计的民用房屋及工业厂房的墙体；石材砌体，多用于带形基础、挡土墙及某些墙体结构；配筋砌体，在砌体水平灰缝中配置钢筋网片或在墙体外部的预留沟槽内设置竖向粗钢筋的组合砌体。

砌体除应采用符合质量要求的原材料外，还必须有良好的砌筑质量，以使砌体有良好的整体性、稳定性和良好的受力性能，一般要求灰缝横平竖直，砂浆饱满，厚薄均匀，砌块应上下错缝，内外搭砌，接槎牢固，墙面垂直；要预防不均匀沉降引起开裂；要注意施工中墙、柱的稳定性；冬期施工时还要采取相应的措施。

二、毛石基础与砖基础砌筑

（一）毛石基础

1.毛石基础构造

毛石基础是用毛石与水泥砂浆或水泥混合砂浆砌成。所用毛石应质地坚硬、无裂纹，强度等级一般为 MU20 以上，砂浆宜用水泥砂浆，强度等级应不低于 M5。

毛石基础可作墙下条形基础或柱下独立基础。按其断面形状有矩形、阶梯形和梯形等。基础顶面宽度比墙基底面宽度要大于 200mm；基础底面宽度依设计计算而定。梯形基础坡角应大于 60°。阶梯形基础每阶高不小于 300mm，每阶挑出宽度不大于 200mm（图 2-1）。

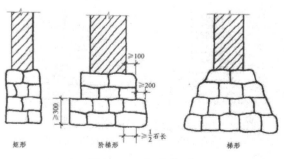

图 2-1 毛石基础

2.毛石基础施工要点

（1）基础砌筑前，应先行验槽并将表面的浮土和垃圾清除干净。

（2）放出基础轴线及边线，其允许偏差应符合规范规定。

（3）毛石基础砌筑时，第一皮石块应坐浆，并大面向下；料石基础的第一皮石块应丁砌并坐浆。砌体应分皮卧砌，上下错缝，内外搭砌，不得采用先砌外面石块后中间填心的砌筑方法。

（4）石砌体的灰缝厚度：毛料石和粗料石砌体不宜大于20mm，细料石砌体不宜大于5mm。石块间较大的孔隙应先填塞砂浆后用碎石嵌实，不得采用先放碎石块后灌浆或干填碎石块的方法。

（5）为增加整体性和稳定性，应按规定设置拉结石。

（6）毛石基础的最上一皮及转角处、交接处和洞口处，应选用较大的平毛石砌筑。有高低台的毛石基础，应从低处砌起，并由高台向低台搭接，搭接长度不小于基础高度。

（7）阶梯形毛石基础，上阶的石块应至少压砌下阶石块的1/2，相邻阶梯毛石应相互错缝搭接。

（8）毛石基础的转角处和交接处应同时砌筑。如不能同时砌筑又必须留槎时，应砌成斜槎。基础每天可砌高度应不超过1.2m。

（二）砖基础

1.砖基础构造

砖基础下部通常扩大，称为大放脚。大放脚有等高式和不等高式两种（图2-2）。等高式大放脚是两皮一收，即每砌两皮砖，两边各收进1/4砖长；不等高式大放脚是两皮一收与一皮一收相间隔，即砌两皮砖，收进1/4砖长，再砌一皮砖，收进1/4砖长，如此往复。在相同底宽的情况下，后者可减小基础高度，但为保证基础的强度，底层需用两皮一收砌筑。大放脚的底宽应根据计算而定，各层大放脚的宽度应为半砖长的整倍数（包括灰缝）。

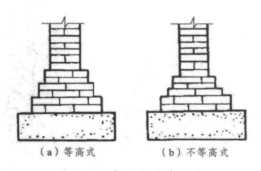

（a）等高式　　　　（b）不等高式

图2-2　基础大放脚形式

在大放脚下面为基础地基，地基一般用灰土、碎砖三合土或混凝土等。在墙基顶面应设防潮层，防潮层宜用1：2.5水泥砂浆加适量的防水剂铺设，其厚度一般为20mm，位置在底层室内地面以下一皮砖处，即离底层室内地面下60mm处。

2.砖基础施工要点

（1）砌筑前，应将地基表面的浮土及垃圾清除干净。

（2）基础施工前，应在主要轴线部位设置引桩，以控制基础、墙身的轴线位置，并从中引出墙身轴线，而后向两边放出大放脚的底边线。在地基转角、交接及高低踏步处预先立好基础皮数杆。

（3）砌筑时，可依皮数杆先在转角及交接处砌几皮砖，然后在其间拉准线砌中间部分。内外墙砖基础应同时砌起，如不能同时砌筑时应留置斜槎，斜槎长度不应小于斜槎高度。

（4）基础底标高不同时，应从低处砌起，并由高处向低处搭接。如设计无要求，搭接长度不应小于大放脚的高度。

（5）大放脚部分一般采用一顺一丁砌筑形式。水平灰缝及竖向灰缝的宽度应控制在10mm左右，水平灰缝的砂浆饱满度不得小于80%，竖缝要错开。要注意丁字及十字接头处砖块的搭接，在这些交接处，纵横墙要隔皮砌通。大放脚的最下一皮及每层的最上一皮应以丁砌为主。

（6）基础砌完验收合格后，应及时回填。回填土要在基础两侧同时进行，并分层夯实。

三、砖墙砌筑

（一）砌筑形式

普通砖墙的砌筑形式主要有五种：一顺一丁、三顺一丁、梅花丁、两平一侧和全顺式。

1.一顺一丁

一顺一丁是一皮全部顺砖与一皮全部丁砖间隔砌成。上下皮竖缝相互错开1/4砖长［图2-3（a）］。这种砌法效率较高，适用于砌一砖、一砖半及二砖墙。

2.三顺一丁

三顺一丁是三皮全部顺砖与一皮全部丁砖间隔砌成。上下皮顺砖间竖缝错开1/2砖长；上下皮顺砖与丁砖间竖缝错开1/4砖长［图2-3（b）］。这种砌法因顺砖较多，效率较高，适用于砌一砖、一砖半墙。

3.梅花丁

梅花丁是每皮中丁砖与顺砖相隔，上皮丁砖坐中于下皮顺砖，上下皮间竖缝相互错开1/4砖长〔图2-3（c）〕。这种砌法内外竖缝每皮都能避开，故整体性较好，灰缝整齐，比较美观，但砌筑效率较低。适用于砌一砖及一砖半墙

4.两平一侧

两平一侧采用两皮平砌砖与一皮侧砌的顺砖相隔砌成。当墙厚为3/4砖时，平砌砖均为顺砖，上下皮平砌顺砖间竖缝相互错开1/2砖长；上下皮平砌顺砖与侧砌顺砖间竖缝相互1/2砖长。当墙厚为1砖长时，上下皮平砌顺砖与侧砌顺砖间竖缝相互错开1/2砖长；上下皮平砌丁砖与侧砌顺砖间竖缝相互错开1/4砖长。这种形式适合于砌筑3/4砖墙及1砖墙。

5.全顺式

全顺式是各皮砖均为顺砖，上下皮竖缝相互错开1/2砖长。这种形式仅适用于砌半砖墙。为了使砖墙的转角处各皮间竖缝相互错开，必须在外角处砌七分头砖（3/4砖长）。当采用一顺一丁组砌时，七分头的顺面方向依次砌顺砖，丁面方向依次砌丁砖〔图2-4（a）〕。

砖墙的丁字接头处，应分皮相互砌通，内角相交处竖缝应错开1/4砖长，并在横墙端头处加砌七分头砖〔图2-4（b）〕。

砖墙的十字接头处，应分皮相互砌通，交角处的竖缝应相互错开1/4砖长〔图2-4（c）〕。

（a）一顺一丁

（b）三顺一丁

（c）梅花丁

图2-3　砖墙组砌形式

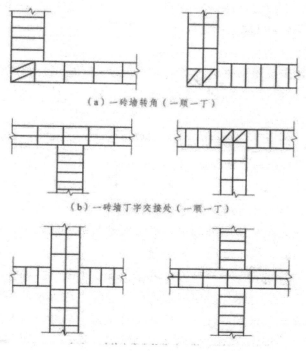

（a）一砖墙转角（一顺一丁）

（b）一砖墙丁字交接处（一顺一丁）

图 2-4　砖墙交接处组砌

（二）砌筑工艺

砖墙的砌筑一般有抄平、放线、摆砖、立皮数杆、盘角、挂线、砌筑、勾缝、清理等工序。

1.抄平放线

砌墙前先在基础防潮层或楼面上定出各层标高，并用水泥砂浆或C10细石混凝土找平，然后根据龙门板上标志的轴线，弹出墙身轴线、边线及门窗洞口位置。二楼以上墙的轴线可以用经纬仪或垂球将轴线引测上去。

2.摆砖

摆砖，又称摆脚，是指在放线的基面上按选定的组砌方式用干砖试摆。目的是校对所放出的墨线在门窗洞口、附墙垛等处是否符合砖的模数，以尽可能减少砍砖，并使砌体灰缝均匀，组砌得当。一般在房屋纵墙方向摆顺砖，在山墙方向摆丁砖，摆砖由一个大角摆到另一个大角，砖与砖留10mm缝隙。

3.立皮数杆

皮数杆是指在其上划有每皮砖和灰缝厚度，以及门窗洞口、过梁、楼板等高度位置的一种木制标杆。砌筑时用来控制墙体竖向尺寸及各部位构件的竖向标高，并保证灰缝厚度的均匀性。

皮数杆一般设置在房屋的四大角以及纵横墙的交接处，如墙面过长时，应每隔10~15m立一根。皮数杆需用水平仪统一竖立，使皮数杆上的±0.00与建筑物的±0.00相吻合，以后就可以向上接皮数杆。

4.盘角、挂线

墙角是控制墙面横平竖直的主要依据，所以，一般砌筑时应先砌墙角，墙角砖层高度必须与皮数杆相符合，做到"三皮一吊，五皮一靠"。墙角必须双向垂直。

墙角砌好后，即可挂小线，作为砌筑中间墙体的依据，以保证墙面平整，一般一砖墙、一砖半墙可用单面挂线，一砖半墙以上则应用双面挂线。

5.砌筑、勾缝

砌筑操作方法各地不一，但应保证砌筑质量要求。通常采用"三一砌砖法"，即一块砖、一铲灰、一揉压，并随手将挤出的砂浆刮去的砌筑方法。这种砌法的优点是灰缝容易饱满、黏结力好、墙面整洁。

勾缝是砌清水墙的最后一道工序，可以用砂浆随砌随勾缝，叫作原浆勾缝；也可砌完墙后再用1∶1.5水泥砂浆或加色砂浆勾缝，称为加浆勾缝。勾缝具有保护墙面和增加墙面美观的作用，为了确保勾缝质量，勾缝前应清除墙面黏结的砂浆和杂物，并洒水润湿，在砌完墙后，应画出的灰槽、灰缝可勾成凹、平、斜或凸形状。勾缝完后尚应清扫墙面。

（三）施工要点

1.全部砖墙应平行砌起，砖层必须水平，砖层正确位置用皮数杆控制，基础和每楼层砌完后必须校对一次水平、轴线和标高，在允许偏差范围内，其偏差值应在基础或楼板顶面调整。

2.砖墙的水平灰缝和竖向灰缝宽度一般为10mm，但不小于8mm，也不应大于12mm。水平灰缝的砂浆饱满度不得低于80%，竖向灰缝宜采用挤浆或加浆方法，使其砂浆饱满，严禁用水冲浆灌缝。

3.砖墙的转角处和交接处应同时砌筑。对不能同时砌筑而又必须留槎时，应砌成斜槎，斜槎长度不应小于高度的2/3（图2-5）。非抗震设防及抗震设防烈度为6度、7度地区的临时间断处，当不能留斜槎时，除转角处外，可留直接，但必须做成凸槎，并加设拉结筋。拉结筋的数量为每120mm墙厚放置1φ6拉结钢筋（120mm厚墙放置2根φ6拉结钢筋），间距沿墙高不应超过500mm，埋入长度从留槎处算起每边均不应小于500mm，对抗震设防烈度为6度、7度的地区，不应小于1000mm，末端应有90°弯钩（图2-6）。抗震设防地区不得留直槎。

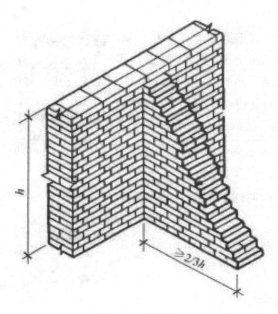

图 2-5　斜槎

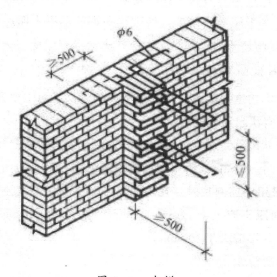

图 2-6　直槎

4.砖墙接槎时，必须将接槎处的表面清理干净，浇水润湿，并应填实砂浆，保持灰缝平直。

5.每层承重墙的最上一皮砖、梁或梁垫的下面及挑檐、腰线等处，应是整砖丁砌。填充墙砌至接近梁、板底时，应留一定空隙，待填充墙砌筑完并应至少间隔7d后，再将其补砌挤紧。

6.砖墙中留置临时施工洞口时，其侧边离交接处的墙面不应小于500mm，洞口净宽度不应超过1m。

7.砖墙相邻工作段的高度差，不得超过一个楼层的高度，也不宜大于4m。工作段的分段位置应设在伸缩缝、沉降缝、防震缝或门窗洞口处。砖墙临时间断处的高度差，不得超过一步脚手架的高度。砖墙每天砌筑高度以不超过1.8m为宜。

8.在下列墙体或部位中不得留设脚手眼：

①120mm厚墙、料石清水墙和独立柱。

②过梁上与过梁成60°角的三角形范围及过梁净跨度1/2的高度范围内。

③宽度小于1m的窗间墙。

④砌体门窗洞口两侧200mm（石砌体为300mm）和转角处450mm（石砌体为600mm）范围内。

⑤梁或梁垫下及其左右500mm范围内。

⑥设计不允许设置脚手眼的部位。

四、配筋砌体

配筋砌体是由配置钢筋的砌体作为建筑物主要受力构件的结构。配筋砌体有网状配筋砌体柱、水平配筋砌体墙、砖砌体和钢筋混凝土面层或钢筋砂浆面层组合砌体柱（墙）、砖砌体和钢筋混凝土构造柱组合墙和配筋砌块砌体剪力墙。

（一）配筋砌体的构造要求

配筋砌体的基本构造与砖砌体相同，不再赘述；下面主要介绍构造的不同点：

1.砖柱（墙）网状配筋的构造

砖柱（墙）网状配筋，是在砖柱（墙）的水平灰缝中配有钢筋网片。钢筋上、下保护层厚度不应小于2mm。所用砖的强度等级不低于MU10，砂浆的强度等级不应低于M7.5，采用钢筋网片时，宜采用焊接网片，钢筋直径宜采用3~4mm；钢筋网中的钢筋的间距不应大于120mm，并不应小于30mm；钢筋网片竖向间距，不应大于五皮砖，并不应大于400mm。

2.组合砖砌体的构造

组合砖砌体是指砖砌体和钢筋混凝土面层或钢筋砂浆面层的组合砌体构件，有组合砖柱、组合砖壁柱和组合砖墙等。

组合砖砌体构件的构造为：面层混凝土强度等级宜采用C20。面层水泥砂浆强度等级不宜低于M10，砖强度等级不宜低于MU10，砌筑砂浆的强度等级不宜低于M7.5。砂浆面层厚度宜采用30~45mm，当面层厚度大于45mm时，其面层宜采用混凝土。

3.砖砌体和钢筋混凝土构造柱组合墙

组合墙砌体宜用强度等级不低于 MU7.5 的普通砌墙砖与强度等级不低于 M5 的砂浆砌筑。

构造柱截面尺寸不宜小于 240mm×240mm，其厚度不应小于墙厚。砖砌体与构造柱的连接处应砌成马牙槎。并应沿墙高每隔 500mm 设 2φ6 拉结钢筋，且每边伸入墙内不宜小于 600mm。柱内竖向受力钢筋，一般采用 HPB235 级钢筋，对于中柱，不宜少于 4φ12；对于边柱不宜少于 4φ14，其箍筋一般采用 φ6@200mm，楼层上下 500mm 范围内宜采用 φ6@100mm，构造柱竖向受力钢筋应在基础梁和楼层圈梁中锚固。

组合砖墙的施工程序应先砌墙后浇混凝土构造桩。

4.配筋砌块砌体构造要求

砌块强度等级不应低于 MU10；砌筑砂浆不应低于 M7.5；灌孔混凝土不应低于 C20。配筋砌块砌体柱边长不宜小于 400mm；配筋砌块砌体剪力墙厚度连梁宽度不应小于 190mm。

（二）配筋砌体的施工工艺

配筋砌体施工工艺的弹线、找平、排砖撂底、墙体盘角、选砖、立皮数杆、挂线、留槎等施工工艺与普通砖砌体要求相同，下面主要介绍其不同点：

1.砌砖及放置水平钢筋

砌砖宜采用"三一砌砖法"，即"一块砖、一铲灰、一揉压"，水平灰缝厚度和竖直灰缝宽度一般为 10mm，但不应小于 8mm，也不应大于 12mm。砖墙（柱）的砌筑应达到上下错缝、内外搭砌、灰缝饱满、横平竖直的要求。皮数杆上要标明钢筋网片、箍筋或拉结筋的位置，钢筋安装完毕，并经隐蔽工程验收后方可砌上层砖，同时要保证钢筋上下至少各有 2mm 保护层。

2.砂浆（混凝土）面层施工

组合砖砌体面层施工前，应清除面层底部的杂物，并浇水湿润砖砌体表面。砂浆面层施工从下而上分层施工，一般应两次涂抹，第一次是刮底，使受力钢筋与砖砌体有一定保护层；第二次是抹面，使面层表面平整。混凝土面层施工应支设模板，每次支设高度一般为 50~60cm，并分层浇筑，振捣密实，待混凝土强度达到 30% 以上才能拆除模板。

3.构造柱施工

构造柱竖向受力钢筋，底层锚固在基础梁上，锚固长度不应小于 35d（d 为竖向钢筋直径），并保证位置正确。受力钢筋接长，可采用绑扎接头，搭接长度为 35d，绑扎接头处箍筋间距不应大于 200mm。楼层上下 500mm 范围内箍筋间距宜为 100。砖砌体与构造柱连接处应砌成马牙槎，从每层柱脚开始，先退后进，每一马牙槎沿高度方向的尺寸不宜超过300mm，并沿墙高每隔500mm设2ϕ6拉结钢筋，且每边伸入墙内不宜小于1m；预留的拉结钢筋应位置正确，施工中不得任意弯折。浇筑构造柱混凝土之前，必须将砖墙和模板浇水湿润（若为钢模板，不浇水，刷隔离剂），并将模板内落地灰、砖渣和其他杂物清理干净。浇筑混凝土可分段施工，每段高度不宜大于2m，或每+楼层分两次浇灌，应用插入式振动器，分层捣实。

五、砌块砌筑

用砌块代替烧结普通砖做墙体材料，是墙体改革的一个重要途径。近几年来，中小型砌块在我国得到了广泛应用。常用的砌块有粉煤灰硅酸盐砌块、混凝土小型空心砌块、煤矸石砌块等。砌块的规格不统一，中型砌块一般高度为380~940mm，长度为高度的1.5~2.5倍，厚度为180~300mm，每块砌块质量50~200kg。

（一）砌块排列

由于中小型砌块体积较大、较重，不如砖块可以随意搬动，多用专门设备进行吊装砌筑，且砌筑时必须使用整块，不像普通砖可随意砍凿，因此，在施工前，须根据工程平面图、立面图及门窗洞口的大小、楼层标高、构造要求等条件，绘制各墙的砌块排列图，以指导吊装砌筑施工。

砌块排列图按每片纵横墙分别绘制（图2-7）。其绘制方法是在立面上用1：50或1：30的比例绘出纵横墙，然后将过梁、平板、大梁、楼梯、孔洞等在墙面上标出，由纵墙和横墙高度计算皮数，放出水平灰缝线，并保证砌体平面尺寸和高度是块体加灰缝尺寸的倍数，再按砌块错缝搭接的构造要求和竖缝大小进行排列。对砌块进行排列时，注意尽量以主规格砌块为主，辅助规格砌块为辅，减少镶砖。小砌块墙体应对孔错缝璜砌，搭接长度不应小于90mm。墙体的个别部位不能满足上述要求时，应在灰缝中设置拉结钢筋或钢筋网片，但竖向通缝仍不得超过两皮小砌块。砌块中水平灰缝厚度一般为10~20mm，有配筋的水平灰缝厚度为20~25mm；竖缝的宽度为15~20mm，当竖缝宽度大于30mm时，应用强度等级不低于C20的细石混凝土填实，当竖缝宽度≥1500mm或楼层高不是砌块加灰缝的整数倍时，应用普通砖镶砌。

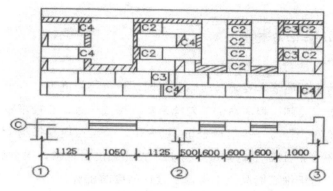

图 2-7 砌块排列图

（二）砌块施工工艺

砌块施工的主要工序是：铺灰、砌块吊装就位、校正、灌缝和镶砖。

1. 铺灰

砌块墙体所采用的砂浆，应具有良好的和易性，其稠度 50~70mm 为宜，铺灰应平整饱满，每次铺灰长度一般不超过 5m，炎热天气及严寒季节应适当缩短。

2. 砌块吊装就位

砌块安装通常采用两种方案：一是以轻型塔式起重机进行砌块、砂浆的运输，以及楼板等预制构件的吊装，由台架吊装砌块；二是以井架进行材料的垂直运输、杠杆车进行楼板吊装，所有预制构件及材料的水平运输则用砌块车和劳动车，台架负责砌块的吊装，前者适用于工程量大或两幢房屋对翻流水的情况，后者适用于工程量小的房屋。

砌块的吊装一般按施工段依次进行，其次序为先外后内，先远后近，先下后上，在相邻施工段之间留阶梯形斜槎。吊装时应从转角处或砌块定位处开始，采用摩擦式夹具，按砌块排列图将所需砌块吊装就位。

3. 校正

砌块吊装就位后，用托线板检查砌块的垂直度，拉准线检查水平度，并用撬棍、楔块调整偏差。

4. 灌缝

竖缝可用夹板在墙体内外夹住，然后灌砂浆，用竹片插或铁棒捣，使其密实。当砂浆吸水后用刮缝板把竖缝和水平缝刮齐。灌缝后，一般不应再撬动砌块，以防损坏砂浆黏结力。

5. 镶砖

当砌块间出现较大竖缝或过梁找平时，应镶砖。镶砖砌体的竖直缝和水平缝应控制在 15-30mm 以内。镶砖工作应在砌块校正后即刻进行，镶砖时应注意使砖的竖缝关密实。

（三）砌块砌体质量检查

砌块砌体质量应符合下列规定：

1.砌块砌体砌筑的基本要求与砖砌体相同，但搭接长度不应少于150mm。

2.外观检查应达到：墙面清洁，勾缝密实，深浅一致，交接平整。

3.经试验检查，在每一楼层或250m³砌体中，一组试块（每组3块）同强度等级的砂浆或细石混凝土的平均强度不得低于设计强度最低值，对砂浆不得低于设计强度的75%，对于细石混凝土不得低于设计强度的85%。

4.预埋件、预留孔洞的位置应符合设计要求。

六、填充墙砌体工程施工

在框架结构的建筑中，墙体一般只起围护与分隔的作用，常用体轻、保温性能好的烧结空心砖或小型空心砌块砌筑，其施工方法与施工工艺与一般砌体施工有所不同，简述如下：砌体和块体材料的品种、规格、强度等级必须符合图纸设计要求，规格尺寸应一致，质量等级必须符合标准要求，并应有出厂合格证明、试验报告单；蒸压加气混凝土砌块和轻骨料混凝土小型砌块砌筑时的产品龄期应超过28d。蒸压加气混凝土砌块和轻骨料混凝土小型砌块应符合《建筑放射性核素限量》的规定。

填充墙砌体应在主体结构及相关部分已施工完毕，并经有关部门验收合格后进行。砌筑前，应认真熟悉图纸以及相关构造及材料要求，核实门窗洞口位置和尺寸，计算出窗台及过梁圈梁顶部标高并根据设计图纸及工程实际情况，编制出专项施工方案和施工技术交底。填充墙砌体施工工艺及要求如下所述。

1.基层清理

在砌筑砌体前应对墙基层进行清理，将基层上的浮浆灰尘清扫干净并浇水湿润。块材的湿润程度应符合规范及施工要求。

2.施工放线

放出每一楼层的轴线，墙身控制线和门窗洞的位置线。在框架柱上弹出标高控制线以控制门窗上的标高及窗台高度，施工放线完成后，应经过验收合格后，方能进行墙体施工。

3.墙体拉结钢筋

（1）墙体拉结钢筋有多种留置方式，目前主要采用预埋钢板再焊接拉结筋、用膨胀螺栓固定先焊在铁板上的预留拉结筋以及采用植筋方式埋设拉结筋等方式。

（2）采用焊接方式连接拉结筋，单面搭接焊的焊缝长度应≥10d，双面搭接焊的焊缝长度应≥5d。焊接不应有边、气孔等质量缺陷，并进行焊接质量检查验收。

（3）采用植筋方式埋设拉结筋，埋设的拉结筋位置较为准确，操作简单不伤结构，但应通过抗拔试验。

4.构造柱钢筋

在填充墙施工前应先将构造柱钢筋绑扎完毕，构造柱竖向钢筋与原结构上预留插孔的搭接绑扎长度应满足设施要求。

5.立皮数杆、排砖

（1）在皮数杆上框柱、墙上排出砌块的皮数及灰缝厚度，并标出窗、洞及墙梁等构造标高。

（2）根据要砌筑的墙体长度、高度试排砖，摆出门、窗及孔洞的位置。

（3）外墙壁第一皮砖摺底时，横墙应排丁砖，梁及梁垫的下面一皮砖、窗台等阶水平面上一皮应用丁砖砌筑

6.填充墙砌筑

（1）拌制砂浆

①砂浆配合比应用重量比，计量精度为：水泥±2%，砂及掺合料±5%，砂应计入其含水量对配料的影响

②宜用机械搅拌，投料顺序为砂→水泥→掺合料→水，搅拌时间不少于2min。

③砂浆应随拌随用，水泥或水泥混合砂浆一般在拌和后3~4h内用完，气温在30℃以上时，应在2~3h内用完。

（2）砖或砌块应提前1~2d浇水湿润；湿润程度以达到水浸润砖体深度15mm为宜，含水率为10%~15%。不宜在砌筑时临时浇水，严禁干砖上墙，严禁在砌筑后向墙体洒水。蒸压加气混凝土砌块因含水率大于35%，只能在砌筑时洒水湿润。

（3）砌筑墙体

①砌筑蒸压加气混凝土砌块和轻骨料混凝土小型空心砌块填充墙时，墙底部应砌200mm高烧结普通砖、多孔砖或普通混凝土空心砌块或浇筑200mm高混凝土坎台，混凝土强度等级宜为C20。

②填充墙砌筑必须内外搭接、上下错缝、灰缝平直、砂浆饱满。操作过程中要经常进行自检，如有偏差，应随时纠正，严禁事后采用撞砖纠正。

③填充墙砌筑时，除构造柱的部位外，墙体的转角处和交接处应同时砌筑，严禁无可靠措施的内外墙分砌施工。

④填充墙砌体的灰缝厚度和宽度应正确，空心砖、轻骨料混凝土小型空心砌块的砌体灰缝应为8~12mm，蒸压加气混凝土砌块砌体的水平灰缝厚度、竖向灰缝宽度分别为15mm和20mm。

⑤墙体一般不留槎，如必须留置临时间断处，应砌成斜槎，斜槎长度不应小于高度的2/3；施工时不能留成斜槎时，除转角处外，可于墙中引出直凸槎（抗震设防地区不得留直槎）。直槎墙体每间隔高度应在灰缝中加设拉结钢筋，拉结筋数量按120mm墙厚放一根φ6的钢筋，埋入长度从墙的留槎处算起，两边均不应小于500mm，末端应有90°弯钩；拉结筋不得穿过烟道和通气管。

⑥砌体接槎时，必须将接槎处的表面清理干净，浇水湿润，并应填实砂浆，保持灰缝平直。

⑦木砖预埋：木砖经防腐处理，木纹应与钉子垂直，埋设数量按洞口高度确定；洞门高度在2m，每边放2块，高度在2~3m时，每边放3~4块。预埋木砖的部位一般在洞门上下四皮砖处开始，中间均匀分布或按设计预埋。

⑧设计墙体上有预埋、预留的构造，应随砌随留、随复核，确保位置正确构造合理。不得在已砌筑好的墙体中打洞；墙体砌筑中，不得搁置脚手架。

⑨凡穿过砌块的水管，应严格防止渗水、漏水。在墙体内敷设暗管时，只能垂直埋设，不得水平开槽，敷设应在墙体砂浆达到强度后进行。混凝土空心砌块预埋管应提前专门做有预埋槽的砌块，不得墙上开槽。

⑩加气混凝土砌块切锯时应用专用工具，不得用斧子或瓦刀任意砍劈，洞口两侧应选用规则整齐的砌块砌筑。

7.构造柱、圈梁

（1）有抗震要求的砌体填充墙按设计要求应设置构造柱、圈梁，构造柱的宽度由设计确定，厚度一般与墙壁等厚，圈梁宽度与墙等宽，高度不应小于120mm。圈梁、构造柱的插筋宜优先预埋在结构混凝土构件中或后植筋，预留长度符合设计要求。构造柱施工时按要求应留设马牙槎，马牙槎宜先退后进，进退尺寸不小于60mm，高度不宜超过300mm。当设计无要求时，构造柱应设置在填充墙的转角处、丁形交接处或端部；当墙长大于5m时，应间隔设置。圈梁宜设在填充墙高度中部。

（2）支设构造柱、圈梁模板时，宜采用对拉栓式夹具，为了防止模板与砖墙接缝处漏浆，宜用双面胶条黏结。构造柱模板根部应留垃圾清扫孔。

（3）在浇灌构造柱、圈梁混凝土前，必须向柱或梁内砌体和模板浇水湿润，并将模板内的落地灰清除干净，先注入适量水泥砂浆，再浇灌混凝土。振捣时，振捣器应避免触碰墙体，严禁通过墙体传振。

第三节　砌筑施工的质量和安全技术

一、砌筑工程的质量要求

砌体施工质量控制等级：砌体施工质量控制等级分为三级，其标准应符合表2-1的要求。

表 2-1　砌体施工质量控制等级

项目	施工质量控制等级		
	A	B	C
现场质量管理	制度健全，并严格执行；非施工方质量监督人员经常到现场，或现场设有常驻代表；施工方有在岗专业技术管理人员，人员齐全，并持证上岗	制度基本健全，并能执行；非施工方质量监督人员间断地到现场进行质量控制；施工方有在岗专业技术管理人员，并持证上岗	有制度；非施工方质量监督人员很少作现场质量控制；施工方有在岗专业技术管理人员
砂浆、混凝土强度	试块按规定制作，强度满足验收规定，离散性小	试块按规定制作，强度满足验收规定，离散性较小	试块强度满足验收规定，离散性大
砂浆拌和方式	机械拌和；配合比计量控制严格	机械拌和；配合比计量控制一般	机械或人工拌和；配合比计量控制较差
砌筑工人	中级工以上，其中高级工不少于20%	高、中级工不少于70%	初级工以上

对砌体材料的要求：砌体工程所用的材料应有产品的合格证书、产品性能检测报告。块材、水泥、钢筋、外加剂等尚应有材料主要性能的进场复验报告。严禁使用国家明令淘汰的材料。

任意一组砂浆试块的强度不得低于设计强度的75%。

砖砌体应横平竖直，砂浆饱满，上下错缝，内外搭砌，接槎牢固。

砖、小型砌块砌体的允许偏差和外观质量标准应符合规范规定。

配筋砌体的构造柱位置及垂直度的允许偏差应符合规范规定。

填充墙砌体一般尺寸的允许偏差应符合规范规定。

填充墙砌体的砂浆饱满度及检验方法应符合规范规定。

二、砌筑工程的安全与防护措施

在砌筑操作前，必须检查施工现场各项准备工作是否符合安全要求，如道路是否畅通，机具是否完好牢固，安全设施和防护用品是否齐全，经检查符合要求后才可施工。

施工人员进入现场必须戴好安全帽。砌基础时，应检查和注意基坑土质的变化情况堆放砖石材料应离开坑边 1m 以上。砌墙高度超过地坪 1.2m 时，应搭设脚手架。架上堆放材料不得超过规定荷载值，堆砖高度不得超过三皮侧砖，同一块脚手板上的操作人员不应超过 2 人。按规定搭设安全网。

不准站在墙顶上做画线、刮缝及清扫墙面或检查大角垂直等工作。不准用不稳固的工具或物体在脚手板上垫高操作。

砍砖时应面向墙面，工作完毕应将脚手板和砖墙上的碎砖、灰浆清扫干净，防止掉落伤人。正在砌筑的墙上不准走人。不准站在墙上做划线、刮缝、吊线等工作。山墙砌完后，应立即安装桁条或临时支撑，防止倒塌。

雨天或每日下班时，应做好防雨准备，以防雨水冲走砂浆，致使砌体倒塌。冬期施工时，脚手板上如有冰霜、积雪，应先清除后才能上架子进行操作。

砌石墙时不准在墙顶或架上修石材，以免振动墙体影响质量或石片掉下伤人。不准徒手移动上墙的石块，以免压破或擦伤手指。不准勉强在超过胸部的墙上进行砌筑，以免将墙体碰撞倒塌或上石时失手掉下造成安全事故。石块不得往下掷。运石上下时，脚手板要钉装牢固，并钉防滑条及扶手栏杆。

对有部分破裂和脱落危险的砌块，严禁起吊；起吊砌块时，严禁将砌块停留在操作人员的上空或在空中整修；砌块吊装时，不得在下一层楼面上进行其他任何工作；卸下砌块时应避免冲击，砌块堆放应尽量靠近楼板两端，不得超过楼板的承重能力；砌块吊装就位时，应待砌块放稳后，方可松开夹，凡脚手架、井架、门架搭设好后，须经专人验收合格后方准使用。

第三章　钢筋混凝土工程

第一节　模板工程

一、模板的作用和基本要求

模板系统包括模板、支架和紧固件三个部分。

模板的作用：保证混凝土在浇筑过程中保持正确的形状和尺寸，是混凝土在硬化过程中进行防护和养护的工具。

模板和支架符合下列要求：

（1）保证工程结构和构件各部位形状、尺寸及位置的正确。

（2）要有足够的强度、刚度和稳定性。

（3）便于周转使用。

（4）接缝严密，不漏浆。

（5）装拆方便，便于其他工作的进行。

二、模板的种类

按材料分为木模板、钢木模板、胶合板、钢模板、塑料模板、玻璃钢模板、铝合金模板。

按结构类型分为基础、柱、梁、楼板、楼梯、墙、壳模板和烟囱模板等。

按施工方法分为现场装拆式模板（现场多用）、固定式模板（预制构件）、移动式模板（滑模、爬升）。

三、模板的构造和安装

（一）木模板

1.柱模板：安装和构造主要考虑柱子的垂直度及抵抗浇筑混凝土的侧压力，同时便于浇筑混凝土、清理垃圾和绑扎钢筋。

2.梁模板：主要考虑混凝土对梁侧模的侧压力和对底模的垂直压力。

组成：底模、侧模、夹板及其支撑系统。

3.楼板模板：主要承受钢筋混凝土的自重及施工荷载。

4.基础模板：主要保证结构形状，不位移。

（二）组合钢模板

1.钢模板

钢模板有平面模板（P）、阳角模板（Y）、阴角模板（E）、连接角模（J）和专用钢模板等。

宽度一般有100~600mm（以50mm进级）11种规格。

长度一般有450、600、750、900、1200、1500、1800mm7种规格。

2.钢模配板

配板原则如下：

（1）优先采用通用规格及大规格的模板（整体性好，减少拆装）。

（2）合理排列模板：宜以其长边沿梁、板、墙的长度方向或柱的高度方向排列，以利于使用长度规格大的钢模，并扩大钢模的支承跨度。

（3）合理使用角模：对无特殊要求的阳角，可不用阳角模板，而用连接角模代替；柱头、梁口及其他短边转角（阴角）处，可用方木嵌补。

3.支撑件

支撑件包括柱箍、梁托架、钢愣、桁架、钢管顶撑及钢管支架。

钢框胶合板模板和钢框竹胶板模板构造相同，材料有所区别，胶合板防水，重量比钢模板轻，竹胶板表面作适当处理，便于脱模和周转次数，使其表面光滑平整，一般板面采用涂料腹面处理或浸胶纸幅面处理。

（三）大模板

大模板是一种大尺寸工具式定型模板，一个墙面用一两块，必须用起重机械安装与拆除。施工方便、速度快，但一次投资较大。

组成：面板、加劲肋、竖愣、支撑桁架、稳定机构及附件。

（四）早拆模板

按照常规的支模方法，现浇楼板一般需要 3~4 个层段的支柱、龙骨和模板，一次投资大。早拆模板体系就是通过合理的支设模板，将较大跨度的楼盖，通过增加支承点来减小楼盖的跨度，从而达到"早拆模板，后拆支柱"的目的。这种模板的一次性配置可减小 1/3~1/2。

（五）滑升模板

滑升模板适用于钢筋混凝土墙柱等构件。

施工特点：在建筑物或构筑物的底部，沿墙、柱、梁等构件的周边组装高 1.2m 左右的模板，在模板内不断浇筑混凝土和不断向上绑扎钢筋的同时，利用一套提升设备，将模板装置不断向上提升，使混凝土连续成形，直至需要浇筑的高度为止。

滑升模板由模板系统、操作平台系统和提升机具系统组成。

（六）其他形式的模板

模板还包括台模、隧道模及永久性模板。

四、模板设计

模板及支架应根据结构形式、荷载大小、地基土类别、施工设备和材料供应等条件进行设计，但必须满足模板及支架的基本要求。

（一）荷载取值

1. 模板及支架自重。

2. 混凝土自重。

3. 钢筋自重。

4. 施工人员及施工设备自重在水平投影面上的荷载。

5. 振捣混凝土时产生的荷载。

6. 新浇筑混凝土对侧模板的侧压力。

7. 倾倒混凝土时对垂直面模板产生的水平荷载。

8. 风荷载按现行《建筑结构荷载规范》（GB 50009—2012）的有关规定计算。

（二）荷载分项系数：活载取 1.4，恒载取 1.2。

（三）计算规定

验算模板及支架刚度时，允许变形值：外露模板 1/400；隐蔽模板 1/250；支架 1/1000。

五、模板拆除

混凝土结构模板的拆除日期取决于结构的性质、模板的用途和混凝土硬化速度，及时拆模，可提高模板的周转率；过早拆模，过早承受荷载，会使混凝土结构变形甚至造成重大的质量事故。

（一）模板拆除的规定

非承重侧模板在混凝土强度达到能保证其表面及棱角不因拆除模板而受损坏时，方可拆除。具体时间一般为1.5~2d，也可参考表3-1。

表3-1　拆除侧模板时间参考表

水泥品种	混凝土强度等级	混凝土凝固的平均温度/℃					
		5	10	15	20	25	30
		混凝土强度达到2.5MPa所需天数					
普通水泥	C10	5	4	3	2	1.5	1
	C15	4.5	3	2.5	2	1.5	1
	≥C20	3	2.5	2	1.5	1	1
矿渣及火山灰质水泥	C10	8	6	4.5	3.5	2.5	2
	C15	6	4.5	3.5	2.5	2	1.5

承重底模板在与混凝土结构同条件养护的试件达到表3-2规定的强度标准值后，方可拆除。

表3-2　整体式结构拆模时所需的混凝土强度

结构类型	结构跨度/m	按设计混凝土强度标准值的百分率计/%
板	≤2	50
	>2，≤8	75
	>8	100
梁、拱、壳	≤8	75
	>8	100
悬臂梁构件	-	100

注："设计混凝土强度标准值"指与设计混凝土强度等级相应的混凝土立方体抗压强度标准值。

在拆除过程中，如发现有影响混凝土结构安全的质量问题时，应暂停拆除。

已拆除模板及支架的结构，应在混凝土强度达到设计强度后才能允许承受全部设计荷载。

（二）模板拆除应注意的问题

拆模顺序一般是后支的先拆，先拆除非承重部分，后拆除承重部分。

拆除框架结构模板的顺序一般是先拆柱模板，后拆楼板底、梁侧模板，最后拆梁底模板；拆除跨度较大的梁下支柱时，应先从跨中开始，分别拆向两端。

多层楼板模板支架的拆除，应按下列要求进行：上层楼板正在浇筑混凝土时，下一层楼板的模板支架不得拆除，再下一层楼板的模板支架仅可拆除一部分，跨度在4m及以上的梁均应保留支架，其间距不得大于3m。注意施工安全和文明施工。

六、模板工程施工质量检查验收

主控项目和一般项目按规定的检验方法进行检验，检验批合格质量应符合下列规定：主控项目的质量经抽查检验合格；一般项目的质量经抽查检验合格；计数检验时，一般项目的合格点率应达到80%及以上，且没有严重的质量缺陷，具有完整的操作依据和质量验收记录。

（一）主控项目

1.支架上下层对齐，下设垫块，具有足够的承载力（全检）。

2.模板隔离剂不得污染钢筋（全检）。

3.模板及支架拆除时混凝土强度满足要求（全检）。

4.后浇带模板拆除时按施工方案执行（全检）。

（二）一般项目

1.模板安置应满足以下要求：接缝不漏浆；木模浇水湿润，钢模刷隔离剂表面干净，模板平整度符合要求（全检）。

2.用作模板的胎膜需平整、光滑、不开裂，对构件不会产生下沉、裂缝、起砂或起鼓等影响。

3.大于或等于4m的现浇梁板应起拱1/1000~3/1000。

4.固定在模板上的预埋件、预留孔、洞口不得遗漏，固定牢固，偏差符合表3-3规定。

5.预制构件模板安装的偏差符合表3-4的规定。

6.侧模板拆除时的混凝土强度应能保证其表面及棱角不受损害（全检）。

表 3-3　预埋件和预留孔的允许偏差

项目		允许偏差/mm
预留钢板中心线位置		3
预埋管、预留孔中心线位置		3
插筋	中心线位置	5
	外露长度	+10，0
预埋螺栓	中心线位置	2
	外露长度	+10，0
预留孔	中心线位置	10
	尺寸	+10，0

表 3-4　现浇结构模板安装的允许偏差及检验方法

项目		允许偏差/mm	检验方法
轴线位置		5	钢尺检查
底模上表面标高		±5	水准仪或拉线、钢尺检查
截面内部尺寸		±10	钢尺检查
		+4，-5	钢尺检查
层高垂直度	基础	≤6	经纬仪或吊线、钢尺检查
	柱、墙、梁	<8	
相邻两板表面高低差		2	钢尺检查
表面平整度		5	2m靠尺和塞尺检查

注：检查轴线位置时，应沿纵、横两个方向量测，并取其中较大值。

第二节　钢筋工程

一、钢筋的分类

常用的钢筋有热轧钢筋、钢绞线、消除应力钢丝和热处理钢筋四类。

按生产工艺分为热轧钢筋、冷拉钢筋、冷拔钢筋、冷轧钢筋、热处理钢筋、碳素钢丝、刻痕钢丝、钢绞线等。

按力学性能分为I级钢筋HPB300（屈服点为300MPa，屈服强度为370MPa）、II级钢筋HRB335（屈服点为335MPa，屈服强度为510MPa）、III级钢筋HRB400（屈服点为370MPa，屈服强度为570MPa）、IV级钢筋HRB500（屈服存为500MPa，屈服强度为835MPa）。

按钢筋直径分为钢丝（ϕ3~5mm）、细钢筋（ϕ6~10mm）、中粗钢筋（ϕ12~

22mm）、粗钢筋（φ22mm以上）。细钢筋成盘供货。

一般建筑工程用热轧钢筋。

二、钢筋的验收和存放

（一）钢筋的验收

钢筋进场应有出厂质量证明书或试验报告单，并按照品种、批号及直径分批验收，每批热轧钢筋重量不超过60T，钢绞线不超过20T。验收内容包括钢筋标牌和外观检查，并按照有关规定取样，进行机械性能试验。

钢筋的性能包括钢筋的化学成分及力学性能（屈服点、抗拉强度、伸长率及冷弯指标）。

外观检查要求热轧钢筋平直、无损伤，表面不得有裂纹、油渍、颗粒状或片状老锈，表面凸块不得超过横肋的最大高度，外形尺寸应符合规定；钢绞线表面不得有折断、横裂和相互交叉的钢丝，无润滑剂、油渍和锈斑。

热轧钢筋：以同规格、同批号的不超过60T钢筋为一批，每批钢筋中任选2根，每根截取两个试样分别进行拉伸试验和冷弯试验，如有一项试验结果不符合规定，则从同一批中另取双倍数量的试样重做各项试验，如仍有一个试样不合格，则该批钢筋为不合格品，应降级使用。

冷拉钢筋：以不超过20T的同级别、同直径的冷拉钢筋为一批，每批中抽取2根，每根截取两个试样分别进行拉伸试验和冷弯试验。冷拉钢筋的外观不得有裂纹和局部缩颈。

冷拔钢筋：分甲、乙两种，甲种冷拔钢筋应逐盘检验，从每盘钢筋任一端截取不少于500mm后取两个试样，分别进行拉伸试验和冷弯试验；乙级应分批抽样检验，以同直径的5T为一批，从中任取3盘，每盘取两个试样。

冷轧带肋钢筋：以不大于50T的同级别、同钢号、同规格钢筋为一批，每批抽取5%但不少于5盘进行外观尺寸、表面质量和重量偏差的检查，力学性能应逐盘检查，从每盘任一端截取不小于500mm后取两个试样分别进行试验，如有一项指标不合格，则该盘钢筋判为不合格。

（二）钢筋的存放

（1）钢筋进入施工现场后，应分等级、直径、长度挂牌存放，并注明数量。

（2）钢筋应尽量堆入仓库或料棚内，堆放钢筋时下面应加垫木，离地不宜少于200mm，以防止锈蚀和污染。

（3）钢筋成品要分工程名称和构件名称，按号码顺序存放，同一工程与同一构件的要放在一起。

（4）钢筋不能和产生有害气体的车间靠近，以免污染和腐蚀。

三、钢筋冷加工

钢筋的冷加工包括冷拉、冷拔、调直、剪切、除锈、弯曲、绑扎和焊接等。

（一）钢筋的冷拉

钢筋的冷拉是在常温下对钢筋进行强力拉伸，拉应力超过钢筋的屈服强度，钢筋产生塑性变形，以达到调直钢筋、节约钢材及提高强度的目的。

1.冷拉原理

钢筋冷拉后产生塑性变形，强度提高，此过程叫"变形硬化"；经过一定时间的冷却，强度再次提高，此过程叫"时效硬化"。

2.冷拉控制

钢筋的冷拉可采用控制应力或控制冷拉率的方法。

采用控制应力法时，控制冷拉应力和控制最大冷拉率应符合规范，否则，应对钢筋进行机械性能试验。

采用控制冷拉率法时，冷拉率必须由试验确定。对同炉批的钢筋，测定的试件不少于4个并按规范的控制应力值在万能机上测定冷拉率，取其平均值作为该批钢筋的实际冷拉率。若小于1%，仍按1%计算。

钢筋冷拉采用控制应力法能保证冷拉钢筋的质量，预应力筋的冷拉钢筋宜用控制应力法。控制冷拉率法的优点是设备简单，但当材质不均匀时，冷拉率波动较大，不能保证冷拉应力，为此可采用逐根取样法。对不能分清炉批的热轧钢筋，不应采用控制冷拉率法。

预应力钢筋应在焊接后再进行冷拉，以免因焊接降低冷拉所得的强度，速度不能太快

3.冷拉设备

冷拉设备包括拉力设备（卷扬机、滑轮组及长行程液压千斤顶）、承力结构（地锚）、测量设备（弹簧测力计、电子秤、附带油表的液压千斤顶）、钢筋夹具等。

（二）钢筋的冷拔

钢筋的冷拔是用强力将直径6~8mm的Ⅰ级HPB300钢筋在常温下通过特制的钨合金拔丝模，多次拉拔成比原钢筋直径小的钢丝。

冷拔钢筋分为甲、乙两级，甲级钢筋主要制作预应力混凝土构件的预应力筋，乙级钢筋用于焊接钢筋网片和骨架、架立筋、箍筋和构造钢筋。

钢筋冷拔的工艺流程：乳头→剥皮→通过润滑剂→进入拔丝模成型。

四、钢筋连接

（一）钢筋焊接

方法有闪光对焊、电弧焊、电渣压力焊、电阻点焊等。

轴心受拉、小偏心受拉构件中的受力主筋，普通混凝土中直径大于22mm和轻骨料混凝土中直径大于20mm的HRB335钢筋及直径大于25mm的HRB335、HRB400受力钢筋均宜焊接接头。焊接接头时，设置在同一构件内的接头应相互错开，具体要求可参考现行规范规定。

钢筋的焊接质量与钢材的可焊性、焊接工艺有关。在相同的焊接工艺下，能获得良好焊接质量的钢材，称其在这种条件下可焊性好，相反则称其在这种条件下可焊性差。钢筋的可焊性与其含碳量及含合金元素的数量有关。含碳、锰数量增加，则可焊性差，加入适量的钛可改善焊接性能。焊接参数和操作水平也影响焊接质量，即使可焊性差的钢材，若焊接工艺适宜，也可获得良好的焊接质量。

1.闪光对焊

闪光对焊广泛用于钢筋接长及预应力钢筋与螺丝端杆的焊接。

连续闪光焊（φ25mm以下）：适用于较小的钢筋。

预热闪光焊（φ25mm以上）：适用于较粗且端头较平整的钢筋。

闪光-预热-闪光焊：适用于较粗且端头不平整的钢筋。

钢筋闪光对焊后，应对接头进行外观检查（无裂缝和烧伤，接头弯折角不大于4°，轴线偏移不大于1/10的钢筋直径，也不大于2mm），同时，应按规格接头6%的比例，分别取3根做拉伸试验和冷弯试验，其抗拉强度实测值不应小于母材的抗拉强度，且断于接头的外处。

有些钢筋焊接后要通较小电流进行电热处理，以改变焊接性能，防止焊接接头的冷脆现象。

焊接参数有调伸长度、烧化留量、顶锻留量以及变压器级数等。

2.电弧焊

电弧焊是利用弧焊机使焊条与焊件之间产生高温电弧，使焊条和电弧燃烧范围内的焊件熔化，待其凝固，便形成焊缝或接头。焊接形式主要有搭接焊（单面焊、双面焊）、帮条焊（单面焊、双面焊）、坡口焊（平焊、立焊）、熔槽帮条焊、水平钢筋窄间隙焊。

钢筋帮条长度见表3-5。

表 3-5　钢筋帮条长度

钢筋级别	焊缝形式	帮条长度
HPB300级	单面焊	>8d
	双面焊	>4d
HRB335级	单面焊	>10d
	双面焊	>5d

采用帮条焊或搭接焊时，应满足下列条件：

①焊缝长度不应小于帮条或搭接长度。

②焊缝厚度 h≥0.3d，并不小于4mm。

③焊缝宽度 b≥0.7d，并不小于10mm。

外观检查：一般要求表面平整，无裂纹，无较大凹陷、焊瘤，无明显咬边、气孔、夹渣等缺陷。

取样：每一楼层以300个同类型接头为一批，每一批选取3个接头进行拉伸试验，如1个不合格，取双倍接头复试，再有1个不合格，则该批接头不合格。

坡口焊有平焊和立焊两种，用于现场预制构件的粗钢筋连接。

3.电渣压力焊

一般用于结构构件内竖向钢筋的接长，应用较为广泛。

外观检查：焊接接头上下钢筋的轴线应尽量一致，最大偏移不得超过0.1d，同时不得大于2mm，不得有明显的烧伤缺陷和裂纹。

取样：每300个接头为一批（不足300个也为一批），选取3个接头进行拉伸试验，如有1个不合格，则双倍取样，重做试验，如仍有1个不合格，则该批接头不合格。

焊接过程分引弧、稳弧和顶锻三个施工过程。

焊接参数有焊接电流、渣池电压和焊接时间，依钢筋直径选择。

4.电阻点焊

主要用于钢筋网片、钢筋骨架的小钢筋的焊接。

5.气压焊

焊接性能较好，但下料时应用砂轮切割机切割，不能用钢筋切断机切割，以保证截面与轴线垂直，还应打磨氧化层和污物。

钢筋的接头宜设置在受力较小处，同一纵向受力钢筋不宜设置两个或两个以上接头，接头末端至钢筋弯起点的距离不应小于钢筋直径的10倍。

（二）钢筋机械连接

方法有钢筋挤压连接和钢筋锥螺纹套管连接两种，用在粗钢筋、高强度钢筋的连接中。

（三）钢筋绑扎连接

钢筋搭接处，应在中心及两端用20~22号铁丝扎牢。受拉钢筋绑扎连接的搭接长度应符合表3-6的规定；受压钢筋绑扎连接的搭接长度，应取受拉钢筋绑扎连接搭接长度的0.7倍。同时，应符合以下规定：

（1）受拉区域内，I级钢筋绑扎接头的末端应做弯钩，II、III级钢筋可不做弯钩。

（2）直径不大于12mm的受压I级钢筋末端，以及轴心受压构件中任意直径的受力钢筋末端，可不做弯钩，但搭接长度不应小于钢筋直径的35倍。

（3）搭接长度的末端距离钢筋弯折处不得小于钢筋直径的10倍，接头不宜位于构件最大弯矩处。

表3-6 受拉钢筋的最小搭接长度

钢筋类型		混凝土强度等级			
		C15	C20~C25	C30~C35	≥C40
光圆钢筋	HPB300级	45d	35d	30d	25d
带肋钢筋	HRB335级	55d	45d	35d	30d
	HRB400级、RRB400级	-	55d	40d	35d

五、钢筋的配料与代换

（一）钢筋配料

钢筋配料就是根据施工图，分别计算构件中各钢筋的直线下料长度、根数、重量，编制钢筋配料单，作为备料、加工和结算的依据。

外包尺寸：结构施工图中的钢筋长度是指钢筋外边缘到外边缘之间的长度，是施工图度量钢筋长度的基本依据。

量度差值：钢筋弯曲处外包尺寸和中心线长度之间的差值。

钢筋下料长度=各段外包尺寸之和+两端弯钩增加长度-量度差值

1.钢筋中间部位弯曲处的量度差值

90°的量度差值为1.75d≈2d；45°的量度差值为0.5d；60°的量度差值为0.85d≈d；135°的量度差值为2.5d≈3d；30°的量度差值为0.35d≈0.3d。

2.钢筋末端弯钩（曲）增加长度

钢筋末端弯钩有180°、135°、90°三种。

当弯钩180°时，增加长度为6.25d，当弯钩135°时，增加长度为4.9d，当弯钩90°时，增加长度为3.5d。

计算条件是：D=2.5d（4-5d），L=3d（按设计要求），用于 HPB300 钢筋，HRB335 以上钢筋按括号内要求执行。

3.箍筋弯钩增加值（双肢箍）

弯心直径>2.5d，且平直部分长度不宜小于箍筋直径的 5 倍，对有抗震要求的结构，平直部分长度不应小于箍筋直径的 10 倍。

4.配料计算注意事项

（1）如设计无要求时，一般按构造要求处理。

（2）配料中要充分考虑钢筋的形状和尺寸，在满足设计要求的前提下要有利于钢筋的加工和安装。

（3）要充分考虑附加钢筋，如马凳筋、墙拉筋等。

（4）钢筋的保护层是指主钢筋的外边缘到构件的外边缘之间的距离，箍筋的外包尺寸应为构件外尺寸减去 2 个保护层尺寸加上箍筋直径的 2 倍。

（二）钢筋代换

当钢筋品种或规格与设计要求不符时，可采用以下两种方法代换，但必须经设计单位同意。

等强度代换：当构件受强度控制时，钢筋可按强度相等原则进行代换。

等面积代换：当构件按最小配筋率配筋时，钢筋可按面积相等原则进行代换。

当构件受裂缝宽度或抗裂性要求控制时，除满足上述要求外，还应满足构造要求。钢筋代换注意事项：

（1）必须征得设计单位的同意。

（2）对重要受力构件，如吊车梁、薄腹梁、桁架下弦等，不宜用I级光面钢筋代换变形钢筋，以免裂缝过大。

（3）钢筋代换后，应满足混凝土结构设计规范中规定的钢筋间距、锚固长度、最小钢筋直径、根数等要求。

（4）当构件受裂缝宽度或挠度控制时，钢筋代换后应进行刚度、裂缝验算。

（5）梁的纵向受力钢筋与弯曲钢筋应分别代换，以保证正截面与斜截面强度，同时受压区和受拉区钢筋应分别代换。

（6）有抗震要求的梁、柱和框架，不宜以强度等级较高的钢筋代换原设计中的钢筋。

（7）预制构件的吊环，必须采用未经冷拉的I级热轧钢筋制作，严禁以其他钢筋代换。

六、钢筋的加工

钢筋的加工包括调直、除锈、切断、接长、弯曲等工作。钢筋的调直、除锈可用卷扬机、调直机完成，切断用切割机、切割器、砂轮切割机等完成，但严禁用电弧切割，弯曲用弯曲机完成。

（一）调直

1.人工调直

直径在12mm以下的钢筋可以在工作台上用小锤敲直，也可以绞磨拉直。直径在12mm以上的粗钢筋，一般仅出现一些慢弯，常人工在工作台上敲直。

2.机械调直

机械调直是通过钢筋调直机（一般也有切断钢筋的功能，因此通称为钢筋调直切断机）实现的，这类设备适用于处理冷拔低碳钢丝和直径不大于14mm的细钢筋。

（二）除锈

1.锈蚀现象

钢筋锈蚀现象随原材料保管条件优劣和存放时间长短而不同，长期处于潮湿环境或堆放于露天场地时，会导致严重的锈蚀。因此，钢筋原材料应存放在仓库或料棚内，保持地面干燥；钢筋不得堆放在地面上，必须用混凝土墩、砖或垫木垫起，使钢筋离地面200mm以上；锈蚀程度可由锈迹分布状况、色泽变化以及钢筋表面平滑或粗糙程度等，凭肉眼确定。

一般锈蚀现象有三种：

（1）浮锈。钢筋表面附着较均匀的细粉末，呈黄色或淡红色，

（2）陈锈。锈迹粉末较粗，用手捻略有微粒感，呈红色或红褐色。

（3）老锈。锈斑明显，有麻坑，出现起层的片状分离现象，锈斑几乎遍及整根钢筋表面；颜色变暗，深褐色，严重的接近黑色。

2.清除方法

（1）浮锈出现于铁锈形成初期（例如无锈钢筋经雨淋之后出现），在混凝土中不影响钢筋与混凝土黏结，因此除了焊接操作时焊点附近的浮锈需擦干净之外，一般可不作处理。但是，有时为了防止锈迹污染，也可用麻袋布擦拭。

（2）陈锈必须清除，常用的方法如下。

（三）切断

1.准备工作

汇集当班所要切断的钢筋料牌，将同规格（同级别、同直径）的钢筋分别统计，按不同长度进行长短搭配，一般情况下考虑先断长料，后断短料，以尽量减少短头。

在正式操作前应试切两三根，以检验长度准确度。

2.切断方法

（1）断线钳（用于切断钢丝）。

（2）手动切断。

（3）机械切断。

（四）弯曲成型

钢筋的弯曲成型是将已切断、配好的钢筋，按图纸规定的要求，准确地加工成规定的形状尺寸。弯曲成型的顺序是：画线→式弯→弯曲成型。

（1）手工弯曲。手工弯曲钢筋的设备简单、成型正确，工地经常采用。

（2）机械弯曲。采用钢筋弯曲机可将钢筋弯曲成各种形状和角度，使用方便。

七、钢筋的绑扎与安装

表 3-7　钢筋加工的允许偏差

项目	允许偏差/mm
受力钢筋顺长度方向全长的净尺寸	±10
弯起钢筋的弯折位置	±20
箍筋内净尺寸	±5

表 3-8　钢筋安装位置的允许偏差和检验方法

项目			允许偏差/mm	检验方法
绑扎钢筋网	长、宽		±10	钢尺检查
	网眼尺寸		±20	钢尺量连续三档，取其最大值
绑扎钢筋骨架	长		±10	钢尺检查
	宽、高		±5	钢尺检查
受力钢筋	间距		±10	钢尺量两端、中间各一点，取其最大值
	排距		±5	
	保护层厚度	基础	±10	钢尺检查
		梁柱	±5	钢尺检查
		墙板	±3	钢尺检查
绑扎箍筋、横向钢筋间距			±20	钢尺量连续三档，取其最大值
钢筋弯起点位移			20	钢尺检查
预埋件	中心线位置		5	钢尺检查
	水平高差		-3，0	钢尺和塞尺检查

八、钢筋工程施工质量检查验收方法

主控项目和一般项目按规定的方法进行检验，检验批合格质量应符合下列规定：主控项目的质量经抽查检验合格；一般项目的质量经抽查检验合格；当采用计数检验时，一般项目的合格点率应达到80%及以上，且没有严重的质量缺陷，具有完整的操作依据和质量验收记录。

（一）主控项目

1.进场的钢筋应按规定抽取试件进行力学性能检验，符合规定要求。

2.对有抗震要求的框架结构，受力主筋强度应满足设计要求。当设计无具体要求时，对一、二级抗震等级，检验所得的强度实测值应符合下列要求：

①钢筋的抗拉强度实测值与屈服强度的比值不应小于1.25。

②钢筋的屈服强度实测值与强度标准值的比值不应大于1.3。

3.受力钢筋的弯钩和弯折符合规范规定。

4.受力钢筋的连接方式符合设计要求。

5.受力钢筋机械连接接头、焊接接头力学性能应符合有关要求。

6.钢筋安装时，其数量、直径、型号应符合设计要求。

（二）一般项目

1.钢筋应平直，无损伤，表面不得有裂纹、油污、颗粒状或片状老锈。

2.钢筋调直宜采用机械调直方法，当采用冷拉调直时注意钢筋的冷拉率符合要求。

3.钢筋加工的形状、尺寸应符合设计要求。

4.钢筋的接头宜设置在受力较小处。

5.应对钢筋机械连接接头、焊接接头的外观质量进行检查，质量应合格。

6.当采用机械或焊接接头时，设置在同一构件内的接头应错开。

7.在梁、柱构件的纵向受力钢筋搭接长度范围内，应按设计要求配置箍筋。

8.钢筋安装位置的偏差应符合有关规定。

第三节 混凝土工程

一、混凝土的制备

混凝土的施工配料，除保证结构设计对混凝土强度等级的要求外，还要保证施工对混凝土和易性的要求，并应符合节约水泥的原则。必要时，还应符合抗冻性、抗渗性要求。施工中，影响混凝土质量的因素主要有两个方面：称量不准，未按砂、石骨料实际含水率的变化进行施工配合比的换算。

（一）混凝土搅拌

1.混凝土搅拌机选择

混凝土搅拌机主要有强制式和自落式两种，前者搅拌能力大，多用在干硬性混凝土和轻骨料混凝土中。选择混凝土搅拌机时，要根据工程量大小、混凝土的坍落度、骨料尺寸等确定。

自落式搅拌机利用的是重力拌和原理，宜用于搅拌塑性混凝土，还可用于搅拌低流动性混凝土。

强制式搅拌机（立轴式和卧轴式）利用的是剪切拌和原理，多用于搅拌干硬性混凝土、低流动性混凝土和轻骨料混凝土。立轴式强制搅拌机通过底部的卸料口卸料，卸料迅速，当卸料口密封不好时，水泥浆易漏掉，所以不宜用于搅拌流动性大的混凝土（见图3-1）。

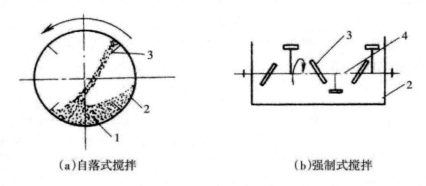

(a)自落式搅拌　　　　　　　　　　　(b)强制式搅拌

1.混凝土拌和物；2.搅拌筒；3.叶片；4.转轴

图3-1　混凝土搅拌机工作原理图

2.搅拌制度的确定

为了获得均匀优质的混凝土拌和物，除合理选择搅拌机的型号外，还必须正确地确定搅拌时间、进料容量以及投料顺序等。

（1）搅拌时间

搅拌时间指从全部材料投入搅拌筒起，到开始卸料为止所经历的全部时间。搅拌时应注意：时间短，混凝土不均匀，强度及和易性下降；时间长，不但降低搅拌生产效率，而且会使不坚硬的粗骨料在大容量搅拌机中因脱角、破碎等影响混凝土的质量，对于加气混凝土也会因搅拌时间过长而使所含气泡减少。混凝土搅拌最短时间可参考表3-9。

表 3-9 混凝土搅拌的最短时间/s

混凝土坍落度	搅拌机机型	搅拌机出料容量		
		<250L	250~500L	>500L
≤30mm	自落式	90	120	150
	强制式	60	90	120
>30mm	自落式	90	90	120
	强制式	60	60	90

注：掺有外加剂时，搅拌时间应适当延长。

（2）投料顺序

确定投料顺序应当考虑的因素：提高搅拌质量，减少叶片衬板的磨损，减少拌和物与搅拌筒的黏结，减少水泥飞扬，改善工作环境，提高混凝土强度，节约水泥等。

投料常用的方法有：一次投料法（石子→水泥→砂）、二次投料法（预拌水泥砂浆法和预拌水泥净浆法）、水泥裹砂法。

二次投料法与一次投料法相比较，混凝土强度可提高15%，在强度等级相同的情况下，可节约水泥15%~20%。

（3）进料容量

进料容量约为出料容量的1.4~1.8倍（通常取1.5倍），进料容量超过额定容量的10%，混凝土搅拌不均匀，反之，搅拌机性能降低。

（4）搅拌要求

严格控制混凝土施工配合比，砂、石必须严格过磅，不得随意加减用水量。

①必须严格控制混凝土的水灰比。

②先加水湿润搅拌机，第一盘混凝土进料石子减半，又称"减半石混凝土"。

③应做到随拌随用，不得边进料边出料。

④搅拌完毕或预计停歇1h以上时，应将混凝土全部卸出，倒入石子和清水，搅拌5-10min，清洗搅拌机并全部倒出，同时要做到料筒内不得有积水，以免料筒和叶片生锈，同时还应清理搅拌筒以外积灰，使机械保持清洁完好。

（二）混凝土搅拌站

混凝土搅拌站按系统来分可分为供料系统、称量系统、输送系统、搅拌系统和控制系统；按结构来分主要由水泥粉煤灰筒仓、螺旋输送机、骨料储料斗、皮带输送机、搅拌主机和控制室等组成。

混凝土搅拌站生产混凝土的特点是产量大、生产周期短、质量好等，多为商品混凝土。

二、混凝土的运输

(一) 混凝土运输的要求

混凝土从搅拌机卸出后,应及时运至浇筑地点。为保证混凝土质量,混凝土运输应符合以下基本要求:

(1) 运输中要保持良好的均匀性,不离析、不漏浆。

(2) 保证混凝土具有设计配合比规定的坍落度(应考虑足够的坍落度损失,如气温高低、距离远近等因素)。

(3) 使混凝土在初凝前浇入模板内并捣实。

(4) 保证混凝土浇筑能连续进行。

(二) 运输工具

运输分类:地面运输、垂直运输、楼面运输。

地面运输:双轮手推车、机动翻斗车、混凝土搅拌运输车及自卸汽车。

楼面运输:双轮手推车、皮带运输机,也可用塔式起重机、混凝土泵。垂直运输:多采用塔式起重机加料斗、井架或混凝土泵等。

(三) 运输时间

混凝土应以最少的运转次数和最短的时间,从搅拌地点运至浇筑地点,并在初凝前浇筑完毕。

表3-10　混凝土从搅拌机卸出后到浇筑完毕的延续时间/min

混凝土强度等级	气温	
	不高于25℃	高于25℃
C30及C30以下	120	90
C30以上	90	60

注:1.掺用外加剂或采用快硬水泥拌制混凝土时,应按试验确定。

2.轻骨料混凝土的运输,浇筑延续时间应适当缩短。

三、混凝土的浇筑成型

混凝土的成型包括布料摊平、捣实和抹面修整等工序。

施工前应做好必要的准备工作:

(1) 模板及其支架的检查。

(2) 钢筋和预埋件的检查。

(3) 预埋管线、预留洞的检查复核。

（4）所有将要隐蔽项目的检查验收。

（5）原材料供应、配合比单、安全技术交底工作已毕，浇筑令已签发，施工机具足够，符合设计规定后方可浇筑混凝土。

（一）混凝土的浇筑要求

1.一般规定

（1）混凝土浇筑前不应发生初凝和离析现象，混凝土运至现场后，其坍落度应满足表3-11的要求。

表 3-11 混凝土浇筑时的坍落度

结构种类	坍落度/mm
基础或地面等的垫层，无配筋的厚大结构（挡土墙、基础或厚大的块体等）或配筋稀疏的结构	10~30
板、梁、大型及中型截面的柱子等	30~50
配筋密集的结构（薄壁、斗仓、筒仓、细柱等）	50~70
配筋特密的结构	70~90

注：1.本表坍落度指采用机械振捣的坍落度，采用人工捣实时可适当增大。

2.需要配制大坍落度混凝土时，应掺用外加剂。

3.曲面或斜面结构的混凝土，其坍落度应根据实际需要另行选定。

4.轻骨料混凝土的坍落度宜比表中数值减少10~20mm。

5.自密实混凝土的坍落度另行规定。

（2）自由倾落高度不超过2m，如大于2m，要沿串筒或溜槽下落。

（3）应保证分层浇筑，每层厚度和捣实方法、结构的配筋情况有关。

（4）应保证连续浇筑，如必须间歇，要在下层终凝前将上层混凝土浇筑完毕。

（5）在竖向结构（如墙、柱）中浇筑混凝土，如果浇筑高度超过3m，应采用溜槽或串筒。浇筑前应座浆，铺50~100mm厚与混凝土内浆成分相同的水泥砂浆。

2.正确留置施工缝及施工缝的处理

如果因技术、设备、人力等因素的限制，混凝土不能连续浇筑，中间的间歇时间超过混凝土的初凝时间，则应留置施工缝。留置的施工缝位置应事先确定，宜留置在结构受力（剪力）较小且便于施工的部位。

施工缝留置的要求：

（1）柱应留水平缝，梁、板应留垂直缝，柱应留在基础与柱子交接处的水平面上，或梁的下面，或吊车梁上面，或无梁楼盖柱帽的下面。

（2）框架结构中，如果梁的负筋向下弯入柱内，施工缝也可设置在这些钢筋的下端，便于绑扎。

（3）单向板可留在平行短边的任何位置处。

（4）有主次梁的楼板结构，宜顺着次梁的方向浇筑，施工缝应留在次梁跨度中间1/3范围内。

（5）施工缝处继续浇筑混凝土时，应待混凝土的抗压强度不小于1.2MPa方可进行。

（6）施工缝的处理：浇筑前应除去表面松动的石子（凿毛）；提前一天浇水湿润，冲洗干净，不得积水；座浆，一般采用水泥砂浆，厚度为100-150mm为宜。

（二）混凝土的浇筑方法

1.多层钢筋混凝土框架结构的浇筑

模板、钢筋安装完毕检验合格后应按照施工方案施工，一般梁板应从一边开始向另一边进行，柱由外向内进行。

2.大体积混凝土的浇筑

按大体积混凝土浇筑方案施工时，有全面分层、分段分层、斜面分层等浇筑方案。同时，应注意早期混凝土温度裂缝的预防及泌水的处理（见图3-2）。

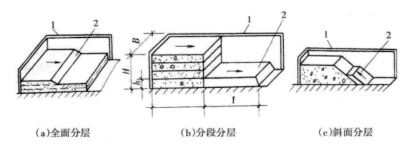

(a)全面分层　　　　(b)分段分层　　　　(c)斜面分层

1.模板；2.新浇筑的混凝土

图3-2　大体积混凝土浇筑方案图

（三）混凝土的密实成型

途径：主要利用机械外力来克服拌和物的黏聚力和内摩擦力而使之液化、沉实。

振动机械按工作方式分为内部振动器、表面振动器、外部振动器和振动台（见图3-3）。

内部振动器：主要用于厚大构件的柱、梁、厚板、墙等的密实成型。

表面振动器：主要用于板的密实成型。

外部振动器：主要用于薄的小构件及钢筋较多的构件的密实成型。

振动台：主要用于工厂生产预制构件的密实成型。

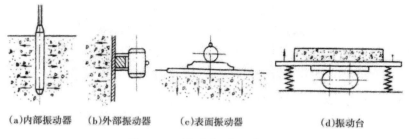

(a)内部振动器 (b)外部振动器 (c)表面振动器 (d)振动台

图 3-3 振动机械示意图

（四）水下浇筑混凝土

水下浇筑混凝土往往采用导管法。应连续均匀，保证混凝土有一定的压力，防止混凝土中进泥砂等质量问题。

四、混凝土的养护

浇捣后的混凝土所以能逐渐凝结硬化，主要是水泥水化作用的结果，而水化作用需要适当的温度和湿度。

混凝土浇筑完毕后，应在12h以内养护，干硬性混凝土应在混凝土浇筑完毕后立即养护。养护方法有自然养护和人工养护。

（1）自然养护：是指在平均气温高于5℃的条件下使混凝土保持湿润状态，分为洒水养护和喷洒塑料薄膜养生液养护等。

养护时间：普通硅酸盐水泥拌制的混凝土，不少于7d；抗渗混凝土，不少于14d；火山灰硅酸盐水泥和粉煤灰硅酸盐水泥拌制的混凝土，不少于14d。

要求：洒水次数以能保证混凝土保持足够的湿润状态为宜。

混凝土必须养护至强度达到 $1.2N/mm^2$ 以上时，才准在上面行人和架设支架、安装模板，且不得冲击混凝土。

（2）人工养护：主要有蒸汽养护、热水养护、太阳能养护等。

五、混凝土工程施工质量的验收与评定方法

混凝土质量的检查包括施工过程中的质量检查和养护后的质量检查。

施工过程中的质量检查：对原材料质量、配合比、坍落度进行检查，每一班次至少检查两次，遇有特殊情况还应及时进行检查。

养护后的质量检查：主要包括混凝土强度，表面外观质量，结构构件的轴线、标高、截面尺寸和垂直度的检查。如设计上有特殊要求，还需对其抗冻性、抗渗性等进行检查。

混凝土表面外观质量要求不应有蜂窝、麻面、孔洞、露筋、缝隙及夹层、缺

棱掉角和裂缝等。

主控项目和一般项目按规定的检验方法进行检验，检验批合格质量应符合下列规定：主控项目的质量经抽查检验合格；一般项目的质量经抽查检验合格；计数检验时，一般项目的合格点率应达到80%及以上，且没有严重的质量缺陷，具有完整的操作依据和质量验收记录。

（一）主控项目

1.水泥进场前必须按规定批量（袋装200t、散装500t）对其品种、级别、包装、出厂日期等进行检查，见证取样试验，其强度、安定性符合要求，存储时间超过一定期限进行复验（一般水泥3个月，快硬水泥1个月）。

2.混凝土中的外加剂按试验或说明掺加。

3.混凝土强度、耐久性和工作性能应符合设计规定，且应按照混凝土强度评定方法取样试验。

4.结构混凝土的强度等级必须符合设计要求，混凝土试块的取样地点和数量等符合要求。

5.有抗渗要求的混凝土结构，其混凝土试件应在浇筑地点随机取样。

6.混凝土原材料每盘称量的偏差应符合有关规定。

7.混凝土运输、浇筑及间歇的全部时间不应超过混凝土的初凝时间。

8.现浇结构混凝土外观不得有严重的质量缺陷等。

9.现浇结构不应有影响结构性能和使用功能的尺寸偏差。

（二）一般项目

1.混凝土中各种骨料、水、水泥等合格。

2.首次使用的混凝土配合比应进行开盘鉴定，其工作性能应满足设计配合比的要求。

3.混凝土拌制前，应测定砂、石料含水率，依含水率进行施工配合比的计算。

4.施工缝、后浇带的位置应在混凝土浇筑前按设计或施工方案确定。

5.混凝土结构拆模后的允许偏差要符合规定。

第四节　预应力混凝土工程

目前预应力混凝土的应用主要有：装配整体式预应力板、柱结构、无黏结预应力现浇大板结构、预应力薄板叠合板结构、大跨度预应力框架结构、竖向预应力剪力墙结构等。在大开间、大跨度与重荷载的结构中，采用预应力混凝土结构，可减少材料用量，扩大使用功能，综合经济效益好，具有广阔的发展前景。

预应力混凝土按施工方法的不同可分为先张法和后张法两大类。

预应力混凝土按钢筋张拉方式的不同可分为机械张拉、电热张拉与自应力张拉。

在结构或者构件受拉区对钢筋进行张拉、锚固、放松，使混凝土获得预压应力，产生一定的压缩变形，当结构或构件受力后，受拉区混凝土的拉伸变形首先与压缩变形抵消，然后随着外力的增加，混凝土才继续拉伸，这就延缓了裂缝的出现、限制了裂缝的发展、充分发挥了钢筋的作用。

预应力混凝土的特点：

（1）充分发挥了混凝土和钢筋各自的特性，能提高钢筋混凝土构件的刚度、抗裂性和耐久性，有效地利用高强混凝土和高强钢筋。

（2）与普通混凝土同条件下比较，截面小、自重轻、质量好、用料省，并能提高预制装配化程度。

一、先张法施工

先张法是在浇筑混凝土构件前，张拉预应力钢筋（丝），将其临时锚固在台座（在固定的台座上生产时）或钢模（在机组中流水生产时）上，然后浇筑混凝土构件，待混凝土达到一定强度（约75%标准值），预应力钢筋（丝）与混凝土之间有足够黏结力时，放松预应力筋，预应力钢筋（丝）弹性缩回，借助混凝土与预应力钢筋（丝）之间的黏结力，对混凝土产生预压应力。先张法施工设备包括台座、张拉机具和夹具等。

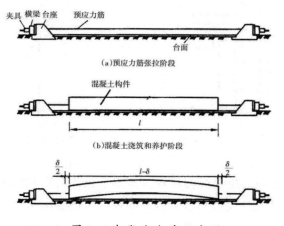

（a）预应力筋张拉阶段

（b）混凝土浇筑和养护阶段

图3-4 先张法台座示意图

图3-4（a）为预应力筋张拉阶段的情况，预应力筋一端用锚固夹具固定在台座上，另一端用张拉机械张拉后也用锚固夹具固定在台座的横梁上。

图3-4（b）为混凝土浇筑及养护阶段的情况，这时只有预应力筋有应力，混

凝土没有应力。混凝土养护至一定强度，一般达到混凝土设计强度的75%。

图3-4（c）为放松预应力筋后的情况，由于预应力筋和混凝土之间存在黏结力，故在预应力筋弹性回缩时使混凝土产生预压应力。

先张法的特点：①预应力筋在台座或钢模上张拉，由于台座或钢模承载力有限，故先张法一般只能用于生产中小型构件，而且制造台座或钢模一次性投资大，所以，先张法多用于预制厂生产，可多次反复利用台座或钢模。②预应力筋用夹具固定在台座上，放松后夹具不起作用——工具锚，可回收使用。③预应力传递靠黏结力。

先张法对混凝土握裹力有严格要求，在混凝土构件制作、养护时要保证混凝土质量。先张法施工中常用的预应力筋有钢丝和钢筋两类。

（一）台座

台座是先张法施工时张拉和临时固定预应力筋的支撑结构，它承受预应力筋的全部张拉力，因而必须具有足够的强度、刚度和稳定性，同时要满足生产工艺要求。台座按构造形式分为墩式台座和槽式台座。

1.墩式台座

墩式台座由传力墩、台面和横梁组成，见图3-5。

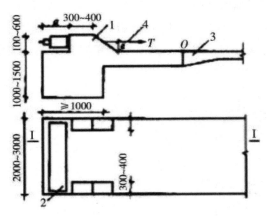

1.传力墩；2.横梁；3.台面；4.预应力筋

图3-5 墩式台座（单位：mm）

传力墩是墩式台座的主要受力结构。传力墩依靠自重和土压力平衡张拉力产生的倾覆力矩，依靠土的反力和摩阻力平衡张拉力产生的水平位移。因此，传力墩结构造型大，埋设深度深，投资较大。为了改善传力墩的受力状况，提高台座承受张拉力的能力，可采用与台面共同工作的传力墩，从而减小台墩自重和埋深。

台面是预应力混凝土构件成型的胎模。它由素土夯实后铺碎砖垫层，再浇筑50-80mm厚的C15~C20混凝土面层而成。台面要求平整、光滑，沿其纵向留设

0.3%的排水坡度，每隔10~20m设置宽30~50mm的温度缝。

横梁是铺固夹具临时固定预应力筋的支点，也是张拉机械张抗预应力筋的支座，常由型钢或钢筋混凝土制作而成。横梁挠度要求小于2mm，并不得产生翘曲。

墩式台座长度宜为100~150m，宽为2~4m，又称长线台座。墩式台座张拉一次可生产多根预应力混凝土构件，减少了张拉和临时固定的工作，同时减少了由预应力筋滑移和横梁变形引起的预应力损失。

2.槽式台座

槽式台座由端柱、传力柱、上下横梁以及砖墙组成，见图3-6。

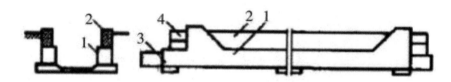

1.钢筋混凝土压杆；2.砖墙；3.下横梁；4.上横梁

图3-6 槽式台座

端柱、传力柱又叫钢筋混凝土压杆。端柱和传力柱是槽式台座的主要受力结构，采用钢筋混凝土结构。为了便于装拆转移，端柱和传力柱常采用装配式结构，端柱长5m，传力柱每段长6m。为了便于构件运输和蒸汽养护，台面宜低于地面，一砖厚的砖墙起挡土作用，同时是蒸汽养护预应力混凝土构件的保温侧墙。

槽式台座长度为45~76m（45米长槽式台座一次可生产6根6m长吊车梁，76m长槽式台座一次可生产10根6m长吊车梁或3榀24m长屋架），槽式台座能够承受较为强大的张拉力，适于双向预应力混凝土构件的张拉，同时易于进行蒸汽养护。

槽式台座适用于张拉吨位较大的构件，如吊车梁、屋架、薄腹梁等。

（二）夹具

夹具是预应力筋张拉和临时固定的锚固装置，可分为锚固夹具和张拉夹具。

1.夹具的要求

（1）夹具的静载锚固性能应满足ηs≥0.95。

（2）当预应力夹具组装件达到实际极限拉力时，全部零件不出现肉眼可见的裂缝和破坏。

（3）有良好的自锚性能。

（4）有良好的松锚性能。

（5）能多次重复使用。

2.锚固夹具：钢质锥形夹具、镦头夹具

3.张拉夹具：月牙形夹具、偏心式夹具和楔形夹具等

月牙形夹具用于钢丝的张拉。它由一对带齿的月牙形偏心块组成，见图3-7。偏心块可用工具钢制作，其刻齿部分的硬度较所夹钢丝的硬度大。这种夹具构造简单，使用方便。

图3-7　月牙形夹具

（三）张拉设备

主要有油压千斤顶、卷扬机、电动螺杆张拉机。它们的张拉能力不同。

（四）先张法施工工艺

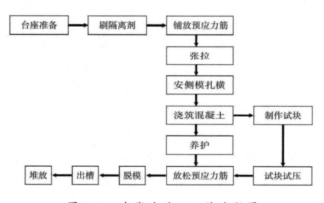

图3-8　先张法施工工艺流程图

二、后张法施工

后张法施工是在浇筑混凝土构件时，在放置预应力筋的位置预留孔道，待混凝土达到一定强度后（一般不低于设计强度标准值的75%），将预应力筋穿入孔道中并进行张拉，然后用铺具将预应力筋锚固在构件上，最后进行孔道灌浆。预应力筋承受的张拉力通过锚具传递给混凝土构件，使混凝土产生预压应力。图3-9为预应力混凝土构件后张法施工示意图。图3-9（a）为制作混凝土构件并在预应力筋的设计位置上预留孔道，待混凝土达到规定的强度后，穿入预应力筋进行张拉。图3-9（b）为预应力筋的张拉，用张拉机械直接在构件上张拉，混凝土同时完成弹性压缩。图3-9（c）为预应力筋的锚固和孔道灌浆，预应力筋的张拉力通过构

件两端的锚具传递给混凝土构件，使其产生预压应力，最后进行孔道灌浆。

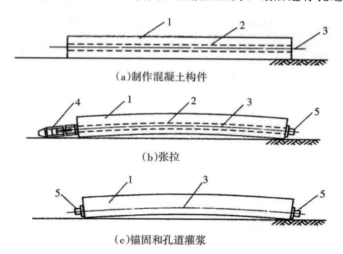

1.混凝土构件；2.预留孔道；3.预应力筋；4.千斤顶；5.锚具

图 3-9 预应力混凝土构件后张法施工示意图

后张法施工常用的预应力筋有单根钢筋、钢筋束、钢绞线束等。

后张法的特点：①预应力筋在构件上张拉，不需要台座，不受场地限制，张拉力可达几千千牛，所以，后张法适用于大型预应力混凝土构件（特别是大跨度构件）制作。②锚具为工作锚。预应力筋用锚具固定在构件上，不仅在张拉过程中起作用，在工作过程中也起作用。锚具永远留在构件上，成为构件的一部分，不能重复使用。③预应力传递靠锚具。

（一）锚具及张拉设备

1.锚具的要求

在后张法中，预应力筋的锚具与张拉机械是配套使用的，不同类型的预应力筋采用不同的锚具。由于后张法构件预应力传递靠锚具，因此，锚具必须具有可靠的锚固性能、足够的刚度和强度，而且要求构造简单、施工方便、预应力损失小、价格便宜。

2.锚具的种类

（1）单根粗钢筋锚具

①螺丝端杆锚具：适用于锚固直径不大于 36mm 的冷拉 HPB 级与 HRB400 级钢筋。它由螺丝端杆、螺母和垫板组成，螺丝端杆采用 45 号钢制作，螺母和垫板采用 3 号钢制作。螺丝端杆的长度一般为 320mm，当预应力构件长度大于 24m 时，可根据实际情况增加螺丝端杆的长度，螺丝端杆的直径根据预应力钢筋的直径选取，螺丝端杆与预应力钢筋的焊接应在预应力钢筋冷拉前进行，螺丝端杆与预应力筋焊接后，同张拉机械相连进行张拉，最后上紧螺母即完成对预应力筋的锚固。

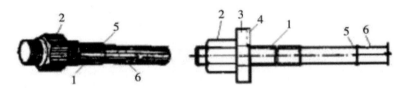

1.螺丝端杆；2.螺母；3.垫板；4.排气槽；5.对焊接头；6.冷拉钢筋

图 3-10　螺丝端杆锚具

②帮条锚具：适用于冷拉 HRB335 级与 HRB400 级钢筋及冷拉 5 号钢筋，主要用于固定。它由帮条和衬板组成，帮条采用与预应力筋同级别的钢筋，衬板采用普通低碳钢板，焊条采用 J50E。帮条焊接时，严禁将地线搭在预应力筋上并严禁在预应力筋上引弧，以防预应力筋咬边及温度过高，可将地线搭在帮条上。三根帮条与衬板相接触的截面应在一个垂直平面上，以免受力时产生扭曲，三根帮条互成 120°角。帮条的焊接可在预应力筋冷拉前或冷拉后进行。

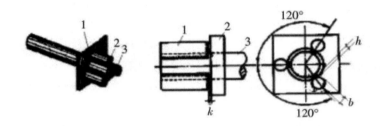

1.衬板；2.帮条；3.预应力筋

图 3-11　帮条锚具

（2）钢筋束、钢绞线束锚具

主要有 JM 型锚具、KT-Z 型锚具、XM 型锚具、QM 型锚具、镦头锚具等。

JM12 型锚具：适用于锚固 3~6 根 φ12mm 钢筋束和 4~6 根 φ12mm 钢绞线束。

JM12 型锚具由锚环和夹片组成，夹片呈扇形，用两侧的半圆形槽锚着预应力筋，为增加夹片与预应力筋之间的摩擦，在半圆形槽内刻有截面为梯形的齿痕，夹片背面的坡度与锚环一致。锚环分甲型和乙型，甲型锚环为一个具有锥形内孔的圆柱体，外形比较简单，使用时直接放置在构件端部的垫板上。乙型锚环在圆柱体外部增添正方形肋板，使用时直接放置在构件端部，不另设垫板。目前工地上常使用甲型锚环，因其加工和使用比较方便。锚环与夹片均采用 45 号钢制成，夹片经热处理后，硬度为 HRC48-52；锚环经热处理后，硬度为 HRC32-37。根据夹片数量或锚固钢筋的根数，其型号有 JM12-3、JM12-4、JM12-5、JM12-6 几种，可分别锚固 3、4、5、6 根直径 12mm 的钢筋束或钢绞线束。

JM12 型锚具具有良好的锚固性能，预应力筋滑移量比较小，施工方便，但机械加工量大，成本较高。

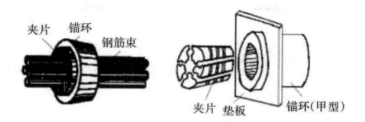

图 3-12 JM12型锚具

镦头锚具：适用于预应力钢筋束固定端锚固，由固定板和带镦头的预应力筋组成。

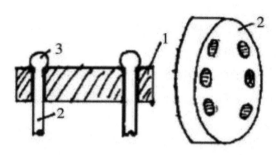

1.固定板；2.预应力钢筋；3.镦头
图 3-13 镦头锚具

（3）钢丝束锚具

①钢质锥形锚具：又称弗氏锚具或锥形锚楦，由锚环和锚塞组成（图3-14），均用45号钢制作，锚塞热处理后硬度为HRC55-58，锚塞表面刻有细齿槽，以防止被夹紧的预应力钢丝滑动。锚固时，将锚塞塞入锚环，顶紧，钢丝就夹紧在锚塞周围。

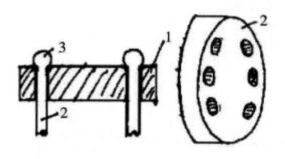

1.锚环；2.锚塞
图 3-14 钢质锥形锚具

钢质锥形锚具适用于锚固以锥锚式千斤顶（即双作用或三作用千斤顶）张拉的钢丝束，每束由12~24根直径5mm的碳素钢丝组成。还可锚固直径4mm的碳素钢丝，但制作锚具的尺寸应按钢丝直径而定。

钢质锥形锚具工作时，由于钢丝锚固呈辐射状态，弯折处受力较大，易使钢丝被咬伤。若钢丝直径误差较大，易产生单根钢丝滑动，引起无法补救的预应力损失，如用加大顶锚力的办法来防止滑丝，过大的顶锚力更容易使钢丝被咬伤。

②锥形螺杆锚具：适用于锚固24根以下直径5mm的碳素钢丝束。

锥形螺杆锚具由锥形螺杆、套筒、螺帽和垫板组成（图3-15）。锥形螺杆采用45号钢制作，调质热处理后硬度为HRC30~35，进行精加工，最后对锥形螺杆锥头70mm范围内的螺纹进行表面高频或盐液淬火热处理，其硬度为HRC55-58，淬透深度为2.0-2.5mm。套筒为中间带有圆锥孔的圆柱体，采用45号钢制作，热处理后硬度为HRC25-30。螺帽和垫板采用3号钢制作。制作时注意淬火要合适，套筒淬火过高，易产生裂缝，螺杆淬火过高，容易断裂，在使用前应仔细检查，如有裂缝或变形，则不能使用。

锥形螺杆锚具的安装方法如图3-16。首先把钢丝套上锥形螺杆的锥体部分，使钢丝均匀整齐地紧贴锥体，然后套上套筒，用手锤将套筒均匀地打紧，并使螺杆中心与套筒中心在同一直线上，最后用拉伸机使螺杆锥体通过钢丝挤压套筒，使套筒发生变形从而使钢丝和锥形锚具的套筒、螺杆锚成一个整体。这个过程一般叫"预顶"，预顶用的力应为张拉力的105%。因为锥形锚具外径较大，为了缩小构件孔道直径，一般仅在构件两端将孔道扩大。因此，钢丝束锚具一端可事先安装，另一端则要在钢丝束穿入孔道后进行。

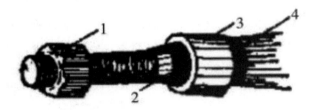

1.螺帽；2.锥形螺杆；3.套筒；4.钢丝

图3-15　锥形螺杆锚具

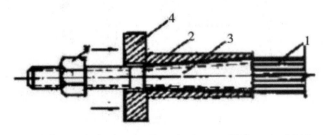

1.钢丝；2.套筒；3.锥形螺杆；4.垫板；5.螺帽

图3-16　锥形螺杆锚具的安装方法

③钢丝束镦头锚具（见图3-17）

一般用以锚固12~54根直径5mm的碳素钢丝束。

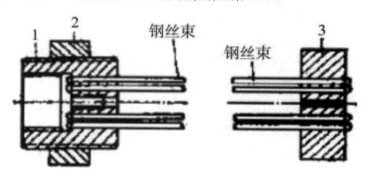

1.锚杯；2.螺母；3.锚板

图3-17　钢丝束镦头锚具

锚环或锚杯用45号钢制作，且应先进行调质热处理再加工，热处理后抗拉极限强度不小于700N/mm²，硬度HRC28~30，螺母亦用45号钢制作，但不经热处理。锚环或锚杯的内外壁均有丝扣，内丝扣用于连接张拉螺杆，外丝扣用于拧紧螺母，以锚固钢丝束。锚环四周钻孔，以固定带有镦粗头的钢丝，孔数及间距由锚固的钢丝根数而定。当用锚杯时，锚杯底部为钻孔的锚板，并在此板中部留一灌浆孔，便于从端部预留孔道灌浆。张拉螺杆用45号钢制作，并先进行调质热处理再加工，张拉螺杆所配螺帽用45号钢制作。

3.张拉设备

（1）拉杆式千斤顶（YL型）

拉杆式千斤顶适用于张拉以螺丝端杆锚具为张拉锚具的粗钢筋、以锥形螺杆锚具为张拉锚具的钢丝束、以DM5A型镦头锚具为张拉锚具的钢丝束。

拉杆式千斤顶张拉预应力筋时，首先使连接器与预应力筋的螺丝端杆相连接，并使顶杆支承在构件端部的预埋钢板上。高压油进入主缸时，则推动主缸活塞向左移动，并带动拉杆和连接器以及螺丝端杆同时向左移动，对预应力筋进行张拉。达到张拉力时，拧紧预应力筋的螺帽，将预应力筋锚固在构件端部。高压油再进入副缸，推动主缸活塞和拉杆向右移动，使其恢复初始位置。此时主缸的高压油流回高压油泵中，完成一次张拉过程。

拉杆式千斤顶构造简单，操作方便，应用范围较广。拉杆式千斤顶的张拉力有400、600、800kN三级，张拉行程为150mm。

（2）锥锚式双作用千斤顶

锥锚式双作用千斤顶适用于张拉以KT-Z型锚具为张拉锚具的钢筋束和钢绞线束、以钢质锥形锚具为张拉锚具的钢丝束。

锥锚式双作用千斤顶的主缸及主缸活塞用于张拉预应力筋，主缸前端缸体上有卡环和销片，用以锚固预应力筋，主缸活塞为一中空筒状活塞，中空部分设有拉力弹簧。副缸和副缸活塞用于顶压锚塞，将预应力筋锚固在构件端部，设有复位弹簧。

锥锚式双作用千斤顶的张拉工作过程是：将预应力筋用楔块锚固在锥形卡环上，使高压油经主缸油嘴进入主缸，主缸带动锚固在锥形卡环上的预应力筋向左移动，进行张拉。

锥锚式双作用千斤顶的顶压工作过程是：张拉工作完成后，关闭主缸的油嘴，开启副缸油嘴使高压油进入副缸，由于主缸仍保持着一定的油压，故副缸活塞和顶压头向右移动，顶压锚塞锚固预应力筋。

锥锚式双作用千斤顶的回程是：预应力筋张拉锚固后，主、副缸回油，主缸通过本身拉力弹簧的回缩恢复到原来的初始位置，副缸通过本身压力弹簧的伸长恢复到原来的初始位置，放松楔块即可拆移千斤顶。

锥锚式双作用千斤顶张拉力为300kN和600kN，最大张拉力为850kN，张拉行程为250mm，顶压行程为60mm。

（3）YC-60型穿心式千斤顶

YC-60型穿心式千斤顶适用于张拉各种形式的预应力筋，是目前我国预应力混凝土构件施工中应用最为广泛的张拉设备。YC-60型穿心式千斤顶加装撑脚、张拉杆和连接器后，就可以张拉以螺丝端杆锚具为张拉锚具的单根粗钢筋、以锥形螺杆锚具和DM5A型镦头锚具为张拉锚具的钢丝束。

YC-60型穿心式千斤顶，沿千斤顶的轴线有一直通的穿心孔道，供穿过预应力筋之用。沿千斤顶的径向分内外两层工作油缸，外层为张拉油缸，工作时张拉预应力筋，内层为顶压油缸，工作时进行铺具的顶压铺固。YC-60型穿心式千斤顶既能张拉预应力筋，又能顶压锚具、锚固预应力筋，故又称为穿心式双作用千斤顶。

YC-60型穿心式千斤顶的张拉工作过程是：首先将安装好锚具的预应力筋穿过千斤顶的中心孔道，利用工具式锚具将预应力筋锚固在张拉油缸的端部。高压油进入张拉工作油室，张拉活塞顶住构件端部的垫板，使张拉油缸向左移动，从而对预应力筋进行张拉。

YC-60型穿心式千斤顶的顶压工作过程是：预应力筋张拉到规定的张拉力时，关闭，张拉油缸油嘴，高压油由顶压油缸油嘴经油孔进入顶压工作油室，张拉活塞即顶压油缸顶住构件端部的垫板，使顶压活塞向左移动，顶住锚具的夹片或锚塞端面，将其压入锚环内锚固预应力筋。

YC-60型穿心式千斤顶的回程是：张拉回程在完成张拉和顶压工作后进行，

开启张拉油缸油嘴，继续向顶压油缸油嘴进油，使张拉工作油室回油。由于顶压活塞仍然顶压着夹片或铺塞，顶压工作油室容积不变，这样，张拉回程油室容积逐渐增大，使张拉油缸在液压回程力的作用下向右移动，恢复到原来的初始位置。张拉回程完成后即开始顶压回程，停止高压油泵工作，开启顶压油缸油嘴，在弹簧力的作用下使顶压活塞回程，并使顶压工作油缸回油卸荷。

YC-60型穿心式千斤顶张拉力为600kN，张拉行程为150mm。

千斤顶校正的方法有标准测力计、压力机校正和两台千斤顶互校。

（二）预应力筋的制作

1.单根预应力筋的制作

包括配料、对焊、冷拉等工序。

2.钢绞线、钢筋束的制作

包括开盘冷拉、下料和编束等工序。不需对焊接长，下料在冷拉后进行。

3.钢丝束的制作

一般有调直、下料、编束和安装锚具等工序。

（三）后张法施工工艺（见图3-18）

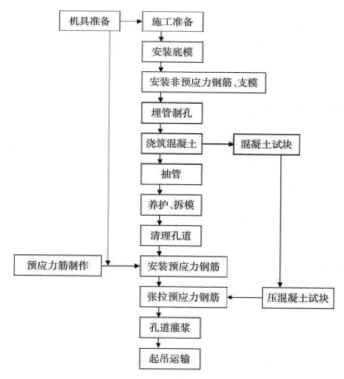

图3-18 后张法施工工艺流程图

第四章 节能工程

第一节 墙体节能工程

对外墙采取保温措施的目的是提高其保温隔热性能，降低建筑物的采暖、空调使用能耗。墙体按主体结构所用材料可分为加气混凝土墙体、黏土空心砖墙体、黏土实心砖墙体、混凝土空心砌块墙体、钢筋混凝土墙体等，按保温材料可分为单一材料节能外墙、内保温外墙、外保温外墙、夹芯保温外墙。本节将介绍外墙外保温系统和外墙内保温系统。

一、外墙外保温系统

外墙外保温是指在垂直外墙的外表面上建造保温层，即给建筑物外穿上一件"保温外套"。具体而言，就是在承重墙外表面上粘贴或吊挂聚苯板或岩棉板，然后贴上网格布或挂钢筋网增强，再做抹灰面层形成外保温复合墙体。对外墙体进行内、外保温设计时应优先选用外保温技术，外墙外保温是国家重点推广的建筑保温工程技术。

（一）外墙外保温系统简介

外墙外保温系统的全部组成材料，宜由从事外墙外保温工程专业供应商成套供应。在正确使用和正常维护的条件下，外墙外保温工程的使用年限不应少于25年。

1.外墙外保温工程的基本要求

外墙外保温工程应符合以下基本要求：

①能适应基层的正常变形而不产生裂缝或空鼓；

②能长期承受自重而不产生有害变形；

③能承受风荷载的作用而不发生破坏；

④能耐受室外气温的长期反复作用而不发生破坏；

⑤在罕遇地震发生时不易从基层脱落；

⑥高层建筑采取防火构造措施；

⑦具有一定的防雨水渗透性能。

2.外墙外保温的优缺点

外墙外保温的优点如下。

①适用范围十分广泛。外墙外保温不仅适用于采暖建筑，也适用于空调建筑；既适用于民用建筑，又适用于工业建筑；既适用于新建建筑，又适用于既有建筑的节能改造；既能在低层、多层建筑中应用，又能在中高层和高层建筑中应用；既适用于寒冷和严寒地区，又适用于夏热冬冷地区和夏热冬暖地区。

②保护主体结构，提高主体结构的耐久性，延长建筑物的寿命。置于建筑物外侧的保温层大大削弱了自然界温度、湿度、紫外线等对主体结构的影响。外墙采用外保温技术可以有效防止和减少墙体和屋面的温度变形，降低温度在结构内部产生的应力，从而有效地提高了主体结构的耐久性。

③避免墙体产生热桥，保温效果明显。由于保温材料置于建筑物外墙的外侧，基本上可以消除在建筑物各个部位的"热桥"影响，从而充分发挥轻质高效保温材料的效能。相对于外墙内保温和夹心保温墙体，它可使用较薄的保温材料，达到较高的节能效果。

④有利于改善室内环境。外墙外保温不仅提高了墙体的保温隔热性能，还增加了室内的热稳定性。它在一定程度上阻止了雨水等对墙体的浸湿，提高了墙体的防潮性能，可避免室内产生结露、霉斑等现象，因而能创造舒适的室内居住环境。

⑤容易控制墙面裂缝。彻底的外墙外保温的做法是将建筑物的全部结构穿上一件"棉袄"，使其完全处于室内的温度环境下，年温差一般波动不大，可以忽略其变形产生的影响。受室外环境温度影响较大的只是外保温的外表面。

⑥利于旧房改造。目前，全国有许多既有建筑由于外墙保温效果差，耗能量大，冬季室内墙体结露、发霉，居住环境差。采用外墙外保温对旧建筑进行节能改造，不影响居民在室内的正常生活和工作。

⑦便于丰富外立面，使建筑更为美观。在施工外保温的同时可以利用聚苯板做成凹进或凸出墙面的线条及其他各种形状的装饰物，不仅施工方便，还丰富了建筑物外立面。特别在对既有建筑进行节能改造时，不仅使建筑物获得更好的保温隔热效果，还可以同时进行立面改造，使既有建筑焕然一新。

外墙外保温的缺点如下。

①冬季、雨季施工受到一定限制；

②现场施工时，对水泥砂浆及施工质量有严格要求，否则面层容易开裂。

3.外墙外保温体系组成

①外墙外保温的基本构造。

外墙外保温的基本构造如图4-1所示。

②外墙外保温系统的性能要求。

a.界面层（黏结层）要求：应清洁，不同的基层应采用不同的界面剂（黏结胶浆），有一定的隔潮作用，视需要附加锚钉。基面不符合粘贴要求时采用机械法固定。

b.保温层要求：平均的传热系数满足要求，与基层能形成一个整体，满足系统耐久性要求。保温材料的吸湿率要低，而黏结性能要较好；为了使所用黏结剂在其表层的应力尽可能小，一方面要选用收缩率小的保温材料，另一方面在控制其尺寸变形时产生的应力要小。目前可用的保温材料有模塑型（膨胀型）聚苯乙烯（EPS）板、挤塑型聚苯乙烯（XPS）板、岩棉板、玻璃棉毡、硬泡聚氨酯及超轻保温浆料等。

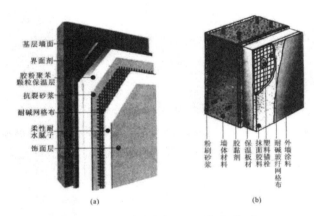

图4-1　外墙外保温的基本构造

（a）胶粉聚苯颗粒外墙外保温；（b）膨胀聚苯板薄抹灰外墙构造示意图

c.保护层（抹灰层）要求：具有良好的黏结性、抗裂性、防水性、透气性。采用专用的抗裂砂浆并辅以合理的增强网，在砂浆中加入适量的聚合物和纤维（抹面胶浆+玻璃纤维网格布）对控制裂缝的产生是有效的。

d.饰面层要求：首先，底层腻子必须有一定的防水、抗裂、柔性变形能力；其次，涂料的各层不仅要求有一定的柔性，与底层及相互间还应有相容性，装修层的材料不仅要求防裂、透气，还要与保温层协调，最好选择弹性外墙涂料。

③外墙外保温体系中的材料要求。

a.聚苯乙烯泡沫塑料。

聚苯乙烯泡沫塑料是以聚苯乙烯树脂为基料，加入发泡剂等辅助材料，经加热发泡而成的轻质材料。其按是否掺入阻燃剂，分为阻燃型（ZR）或自熄型和普通型（PT）两种；按采用成型工艺不同，分为模塑型和挤塑型两种。

模塑（膨胀）聚苯乙烯泡沫塑料（EPS）是用聚苯乙烯珠粒经加热预发后，在模具中加热成型的，是一种闭孔型轻质绝热材料。它由许许多多全封闭的多面体蜂窝组成，其中聚苯乙烯只有约2%，其余约98%为空气，每个蜂窝的直径为0.2~0.5mm，蜂窝壁厚仅0.001mm。EPS具有质轻、阻燃（掺入阻燃剂）、导热系数小、吸水率低、耐水、耐老化、耐低温、有一定强度、有韧性、易加工等一系列优点。

工程中使用的材料导热系数一般在0.041W/（m·K）以下，外墙外保温用的膨胀聚苯乙烯板的密度以18~22kg/m³为宜，最小抗压强度为70kPa。此处的密度为在稳定至恒重后单位体积的质量。因为聚苯乙烯有一个后收缩问题，即聚苯乙烯颗粒料在加热膨胀成型为块体后，在冷却中会逐步收缩。其开始时收缩较快，以后逐渐减慢，至150d时收缩量达到极限，即0.15%~0.25%，但到第7周末收缩量已达0.1%~0.2%，因此此时可以在工程中应用。在此之前，聚苯乙烯制品应该存放、等待。为保持其尺寸的稳定性，聚苯板切割后应在常温下静置7周后，或在70℃室温下养护1周后才能使用。因此在工程使用聚苯板时，应检查其生产日期，以保证其尺寸的稳定性。

挤塑聚苯乙烯泡沫板（XPS）为封闭形孔形结构，材料强度较高，蒸汽渗透阻较大。由于具有微细蜂窝状结构，其抗湿性能优越，不但可用于普通墙面保温，而且长期在潮湿环境中使用不易受潮，适用于倒铺屋面、冷库维护结构、特别大荷载地面保温隔热层及防潮层以下做墙面保温。膨胀聚苯乙烯板材则不宜用于防潮层以下，以免吸水受潮。

b.玻璃纤维网格布。

玻璃纤维网格布简称玻纤网布，是指玻纤纱的网状机织物，多数由玻纤纱经机织后涂覆使用。

当用聚苯乙烯板作为保温层，用聚合物砂浆作为面层时，应使用耐碱网格布（其玻璃成分中ZrO_2占14、5%±0.8%，TiO_2占6%±0.5%）。玻璃纤维网格布要埋入水泥浆抹面层中，在水与碱的共同作用下普通玻璃纤维会产生碱腐蚀，必须在玻璃纤维外面罩有耐碱性的保护层。作为面层加强材料的网布，要求在碱液中浸泡90d。在用黏结法固定时，其极限抗拉强度应超过150N/cm；而用机械锚固时，应超过250N/cm。只有玻璃纤维网格布具有足够的抗拉强度及耐碱保护层时才能达到。一般情况下，当每平方米玻璃纤维网格布的质量超过150g时，其耐碱保护层的质量要占 15%~25% 以上。

玻璃纤维网格布的极限伸长率应尽可能小，其伸长率不得超过 3%~5%，以免在聚苯乙烯板接头处起皮、皱裂；网孔大小尺寸要适当，一般为 3.5mm×3.5mm~5mm×5mm。这样可使用网格布内外的砂浆互相穿透，结为一体，面层砂浆中的应力又易于向网格布转移。为了抵抗人员往来、物品搬运对墙体可能产生的碰撞，地面以上至 2m 高处的墙体中，在普通网格布里面应再加贴一层更结实的耐撞击网布予以加强。

c.黏结材料。

将保温板黏结在基底上的黏结材料多种多样，具体如下。

（a）事先预拌好的胶浆，使用时无须添加其他任何物料，既不需要再行配料，也不用搅拌。

（b）使用前需要添加其他物料（如水泥），需要事先配料和搅拌。

（c）粉状材料，使用前需要添加水搅拌均匀。

（d）使用时无须添加其他物料，但事先必须搅拌均匀。

为使保温层黏结良好，往往先在外墙外表面上涂抹界面层。按照抹面胶浆的材料分类，外墙外保温体系可分为水泥基和无水泥基两类。

④《外墙外保温工程技术规程》（JG J144—2004）中推荐的五种外墙外保温系统。

a.EPS板（可发性聚苯乙烯板）薄抹面外保温系统 EPS板为保温材料，玻纤网增强聚合物砂浆抹面层和饰面涂层为保护层，采用黏结方式固定，抹面层厚度小于 6mm 的外墙外保温系统。

b.胶粉EPS颗粒保温浆料外保温系统：以矿物胶凝材料和EPS颗粒组成的保温浆料为保温材料并以现场抹灰方式固定在基层上，以抗裂砂浆玻纤网增强抹面层和饰面层为保护层的外墙外保温系统。

c.现浇混凝土复合无网EPS外保温系统：用于现浇混凝土剪力墙体系，以EPS板为保温材料，以玻纤网增强抹面层和饰面涂层为保护层，在现场浇灌混凝土时将EPS板置于外模板内侧，保温材料与混凝土基层一次浇筑成型的外墙外保温系统。

d.现浇混凝土复合EPS钢丝网架板外保温系统：用于现浇混凝土剪力墙体系，以EPS单面钢丝网架板为保温材料，在现场浇灌混凝土时将EPS单面钢丝网架板置于外模板内侧，保温材料与混凝土基层一次浇筑成型，钢丝网架板表面抹水泥抗裂砂浆并可粘贴面砖材料的外墙外保温系统。

e.机械固定EPS钢丝网架板外保温系统：采用锚栓或预埋钢筋机械固定方式，以腹丝非穿透型EPS钢丝网架板为保温材料，后锚固于基层墙体上，表面抹水泥抗裂砂浆并可粘贴面砖材料的外墙外保温系统。

⑤其他外墙外保温系统。

a.岩棉外保温系统：以岩棉为主要外墙外保温材料与混凝土浇筑一次成型或采取钢丝网架机械锚固件进行岩面板锚固，耐火等级高，保温效果好，对于外保温系统增强防火性能起着重要的作用。

b.硬泡聚氨酯外保温系统：用聚氨酯发泡工艺将聚氨酯保温材料喷涂于基层墙体上，聚氨酯保温材料面层用轻质找平材料进行找平，饰面层可采用涂料或面砖等进行装饰。该工艺保温效果好，可达到国家第三步节能目标，而且施工速度快，能明显缩短工期。

c.保温砌块和预制保温板外保温系统：用轻质砂浆预制成保温砌块或工厂预制的保温挂板与墙体复合形成保温系统，施工速度快，能明显缩短工期。

d.XPS板外保温系统：用XPS板代替EPS板形成的保温系统，其导热系数低、保温性能好，但XPS板表面的黏结性及透气性仍有待进一步研究。

e."Sto经典"无水泥基外墙外保温体系："Sto经典"（Sto Therm Classic）外墙外保温体系为我国目前市场上唯一的无水泥基外墙外保温体系。该体系不但集保温、防水、装饰功能为一体，而且其"无水泥"防护面层具有很高的弹性和抗冲击荷载能力、优越的抗裂性及耐候性。

（二）外墙外保温系统施工

1.EPS板薄抹面外保温系统施工

EPS板薄抹面外墙外保温系统由EPS板保温层、薄抹面层和饰面涂层构成、EPS板用胶黏剂固定在基层上，薄抹面层中应满铺玻纤网，如图4-2所示。

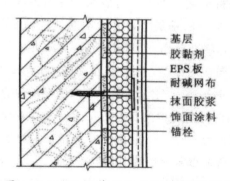

基层
胶黏剂
EPS板
耐碱网布
抹面胶浆
饰面涂料
锚栓

图4-2 EPS板薄抹面外保温系统施工

①施工条件。

a.外墙和外门窗口施工及验收完毕，基面达到《建筑工程施工质量验收统一标准》（GB 50300—2013）的要求。

b.操作地点环境温度和基底温度不低于5℃，风力不大于5级，雨、雪天不能施工。

c.由土建方清除施工基层上的浮灰、疏松物、油污和其他废弃物，油污用10%的NaOH溶液清洗并用清水冲净。

d.外立面施工所用吊篮要在施工前安装且验收完毕。

e.外墙螺栓孔土建方要在施工前堵实。

②施工程序。

EPS板薄抹面外保温系统施工程序是：基层、节点处理及验收→定位放线→基层涂刷胶黏剂（辅助锚栓安装）→EPS板用胶黏剂固定在基层（辅助锚栓固定）→EPS板隐蔽验收→玻纤网粘贴→薄抹面层→饰面涂层。

③操作要点。

a.基层墙体必须清理干净、平整、无污染物及妨碍黏结的物质。抹灰层的基层墙体之间必须黏结牢固，无空鼓、松动、脱层、裂缝等不良现象。基面的抹灰层应达到国家中级抹灰标准。

b.胶黏剂开袋后若发现有结块现象，应查看生产日期和合格证；若发现有受潮现象则应停止使用。胶浆配置时将胶黏剂与水按4∶1质量配比，用电动搅拌器充分搅拌均匀，静置5min后，观其稠度情况，加入少量水，再搅拌一次。应根据气候情况掌握胶浆稠度，以易施工、不流淌为度，严格控制加水量。

c.保温板的标准尺寸为600mm×1200mm×50mm，保温板采用点粘法粘贴。用不锈钢抹子沿板中间部分均匀布置16个点，每点直径约为100mm，厚度约为10mm，中心距约为200mm。当采用非标准尺寸板时，涂抹黏结剂一般不多于6个点，但不小于4个点。黏结胶浆的涂抹面积与保温板的面积之比不得小于50%。抹浆时保温板侧边应保持清洁，不得粘有胶浆。保温板抹完黏胶浆后，立即将板平贴在已施工过翻包网格布的基层上，并滑动就位。粘贴时应轻柔，均匀挤压。为了保证板面的平整度，应随时用一根长度不小于2m的靠尺进行压平操作。保温板应自下而上沿水平方向横向铺贴，每排板应错缝1/4板长。板缝间隙大于1.5mm时应用聚苯板填补后打磨平整。在墙面转角处，保温板垂直缝应交错连接，并保证墙角垂直度。门窗洞口四角部位的保温板应采用整块保温板切割而成，不得拼接。接缝至洞口四角距离大于或等于200mm。保温板贴好24h后应整体打磨一遍，以确保平整，打磨时散落的聚苯屑应随时清理干净。

d.网格布的铺设应自上而下进行，并沿外墙转角处依次铺设。标准网格布间应相互搭接至少6.5mm，但加强网格布之间必须对接，对接边应紧密。当遇门、窗洞口时，应在洞口四角处沿45°方向补贴一块长400mm、宽200mm的标准网格布，以防止开裂。铺设网格布时，网格布的弯曲面应朝向墙面，并沿水平及垂直方向画出T字形以固定在墙面上，然后从中央向四周用抹子将网压入胶浆内。全部抹面胶浆和网格布铺设完毕后，至少静置养护24h，方可进行下一道工序的施工。在寒冷和潮湿的气候条件下，还应适当延长养护时间。

e.基层与胶黏剂应做拉伸黏结强度试验，黏结强度不应低于0.3MPa，并且黏结界面脱开面积不应大于50%。

f.建筑物高度在20m以上时，受负压作用较大的部位应使用锚栓辅助固定。

g.暑天施工时，若砂浆凝结过快，则应适当安排不同作业面的作业时间，尽量避开日光暴晒时段。

2.胶粉EPS颗粒保温浆料外保温系统施工

胶粉EPS颗粒保温浆料外保温系统由界面层、胶粉EPS颗粒保温浆料保温层、抗裂砂浆薄抹面层和饰面层组成，如图4-3所示。

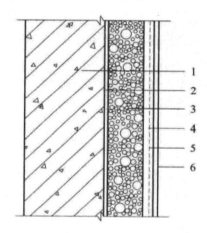

图4-3 胶粉EPS颗粒保温浆料外保温构造

①施工条件。

a.外墙基层墙体外表面平整度、垂直度及外门窗口安装均应满足有关施工验收规范的要求。基层墙体表面应清理干净，无油渍、浮尘，大于10mm的凸起部分应铲平。

b.窗边框与墙体连接应预留出外保温层的厚度，缝隙应分层填塞，做好门窗表面保护。

c.伸出墙面的水落管、各种进户管线和空调器等的预埋件、连接件应安装完毕，并按外保温层厚度留出间隙。

d.施工用外脚手架搭设牢固，经安全检验合格。脚手架横、竖杆至墙面、墙角距离适度，脚手架铺设与外墙分格相适应。

e.施工环境要求夏季室外平均气温不应高于35℃，风力不应大于5级，风速不应大于10m/s。夏季室外平均气温高于35℃施工时，应有必要的遮阳和养护措施。保温浆料层、抹面砂浆层不宜雨天施工。雨天施工时应做好防雨措施。

②施工程序。

胶粉 EPS 颗粒保温浆料外保温系统施工程序是：基层墙面清理→基层处理→吊垂线，套方，弹控制线→用保温浆料做灰饼、做口→抹第一遍保温浆料（约 15mm 厚）→24h 后抹第二遍聚苯颗粒保温浆料找平（约 15mm 厚）→晾置干燥（至手掌按不动，一般为 5d，平整度、垂直度经验收合格），开窗口滴水槽→抹第一遍抗裂砂浆（约 3mm 厚）→阴阳角处铺贴加强网格布一层→铺设热镀锌金属钢丝网（安装塑料锚栓）→抹第二遍抗裂砂浆（约 5mm 厚）→保温系统验收。

③施工步骤。

a.基层墙面清理：清理主体施工时墙面遗留的钢筋头、废模板，填堵施工孔洞；清扫墙面的浮灰，清洗油污；墙表面凸起物大于或等于 10mm 时应剔除；若墙体表面过于干燥或表面温度超过 35℃，则应在施工前一天用水湿润表面。

b.基层处理：采用 BBS-300 界面剂，厚度一般控制在 3mm 以内，搅拌均匀后滚刷基层表面。

c.吊垂线，套方，弹厚度控制线：根据建筑立面设计和外墙外保温技术要求，在墙面弹出外门窗水平、垂直控制线及装饰控制线。

d.用保温浆料做灰饼、做口：按楼层划分，在每楼层外墙中部距墙面两边阴角 100~200mm 处，用保温砂浆各做一个 30mm×30mm 的灰饼，用托线板或线锤以此饼面挂垂直线，在墙面的上、下各补做两个灰饼；再用钉子钉在左右灰饼两头墙缝里，用小线拴在钉子上拉横线，沿线每隔 1.2~1.5m 补做灰饼。

e.胶粉聚苯颗粒保温浆料的施工：胶粉聚苯颗粒保温浆料的施工应分层进行，抹第一遍保温浆料（约 15mm 厚），间隔 24h 后，抹第二遍保温浆料找平（约 15mm 厚）。待保温浆料达到强度要求（用手掌按不动，一般控制在 48h 后），并验收合格后，抹第一遍抗裂砂浆（3mm 厚）。第一遍抗裂砂浆抹完后，随即将墙体及门窗口阴阳角处铺贴加强抗碱网格布，每面铺贴长度不少于 200mm。

f.弹分格线，嵌分格条：待胶粉聚苯颗粒保温浆料干至 6~7 成时，按要求弹出分格线，镶嵌分格条。

g.铺贴耐碱网布和热镀锌电焊网：待墙体及门窗口阴阳角处铺贴加强型网格布后，根据设计要求，门窗侧面需用网格布翻包，可用耐碱网格布进行翻包，与墙面电焊网的搭接控制在 100mm 左右，且必须平整、靠贴。大面墙体铺贴热镀锌电焊网并用锚固件锚固热镀锌电焊网。在电焊网铺设之前，要控制其表面的厚度、垂直度、平整度及接头部位的平整度。铺设电焊网时，考虑电焊网有一定的刚度和硬度，必须把起拱的一面向里，由上而下挂设、拉紧，由中间向四周固定锚固件。锚固件的用量根据设计要求确定。局部位置的起拱和翘角现象，应用钳刀 V 形剪开，并适当增加部分钢钉或 U 形钢丝来加以固定，以达到平整的要求。电焊网在铺设过程中无须搭接，直接对接即可。对接的部位必须用铁丝绑扎牢固，铁丝绑扎的间距控制在300mm以内。

h.锚固件锚固：锚固件的数量根据外墙面砖每平方米的质量确定，一般为7层以下每平方米固定件约6只，8~18层以上每平方米固定锚固件约8只，19~28层每平方米固定锚固件约10只，29层以上每平方米固定件约12只。锚固件呈梅花形布置。热镀锌电焊网宜竖向铺设，搭接宽度不小于孔径的两倍。热镀锌电焊网的铺设不得有折，不得在铺贴过程中形成兜网。用电锤（冲击钻）在抹面砂浆表面向内打孔，孔径视锚固件直径而定，锚入基层墙体的深度应不小于30mm。敲入锚固钉时，钉头和圆盘不得超出保温层外表面。

i.抹第二遍抗裂砂浆：随即抹第二遍抹面抗裂砂浆，抹面砂浆厚度约为5mm，要求平整、顺直拉细毛。镀锌金属网的抹面抗裂砂浆饱满度要达到100%，不得漏网。抹面砂浆表面要搓成麻面。抹完抹面抗裂砂浆24h后，应检查其是否平整、垂直及阴阳角方正，对于不符合规范要求的应进行修补。

j.保温系统验收。

3.现浇混凝土复合无网EPS外保温系统施工

现浇混凝土复合无网EPS外保温系统以现浇混凝土外墙作为基层，EPS板为保温层，如图4-4所示。

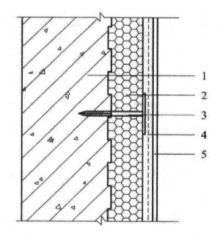

图4-4 现浇混凝土复合无网EPS外保温构造

1-现浇混凝土外墙；2-EPS板；3-锚栓；4-抗裂砂浆薄抹面层；5-饰面层

①施工程序。

现浇混凝土复合无网EPS外保温系统的施工程序是：定位放线→钢筋绑扎→EPS板安装→隐蔽工程验收→混凝土外墙模板安装→EPS板固定→混凝土浇筑→拆模→EPS板表面玻纤网粘贴→抹抗裂砂浆薄抹面层→饰面涂层。

②操作要点。

a.无网现浇系统EPS板两面必须预喷刷界面砂浆；EPS板宽度宜为1.2m，高度宜为建筑物层高；锚栓每平方米宜设2~3个。

b.水平抗裂分隔缝宜按楼层设置，垂直抗裂分隔缝宜按墙面面积设置。其在板式建筑中不宜大于30m；在塔式建筑中可视具体情况而定，宜留在阴角部位；应采用钢制大模板施工。

c.混凝土一次浇筑高度不宜大于1m，混凝土需振捣密实、均匀，墙面及接茬处应光滑、平整；混凝土浇筑后，EPS板表面局部不平整处宜抹胶粉EPS颗粒保温浆料进行修补和找平，修补和找平处厚度不得大于10mm。

d.外保温工程施工期间及完工后24h内，基层及环境空气温度不应低于5℃，夏季应避免阳光暴晒。5级以上大风天气和雨天不得施工。

4.现浇混凝土复合EPS钢丝网架板外保温系统施工

EPS钢丝网架板现浇混凝土外墙外保温系统是将EPS板置于将要浇筑混凝土的墙体外模内侧，斜插丝贯穿EPS板并外伸出一定长度，在浇筑混凝土墙时斜插丝头部分埋入混凝土内，并以锚筋钩紧钢丝网架作为辅助固定措施，并与钢筋混凝土外墙浇筑为一体。其基本构造如图4-5所示。

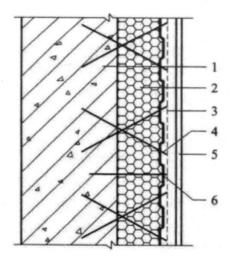

图4-5　现浇混凝土复合EPS钢丝网架板外保温构造

施工程序。

现浇混凝土复合EPS钢丝网架板外保温系统施工程序是：定位放线→钢筋绑扎→EPS单面钢筋网架板安装→隐蔽验收→混凝土外墙模板安装→EPS单面钢筋网架板用φ6钢筋辅助固定→混凝土浇筑→拆模→EPS单面钢筋网架板抹掺外加剂的水泥砂浆抹面层，形成抗裂砂浆薄抹面层→饰面层施工。

②施工步骤。

a.剪力墙钢筋安装：剪力墙钢筋应逐点绑扎，安装时应注意墙体钢筋网自身的垂直度。墙体钢筋绑扎完毕，将绑扎丝头朝内。外侧保护层垫块采用50mm×50mm水泥砂浆垫块，垫块的设置应结合EPS板的规格，距墙端一般不应大于200mm，并按600mm×600mm梅花形布置，保证和EPS板有良好的接触面。

b.EPS板安装：EPS板安装的排列原则是先边侧、后中间，先大面后小面及洞口；对于高度尺寸多变的墙面，可现场切割拼装。现场切割EPS板应确保裁口顺直，边角方正，接缝企口方式正确。EPS板间接缝均采用企口缝搭接，并用聚苯板胶黏结。施工时注意拼接顺序，保证EPS板上下左右接缝严密，不漏浆。EPS板安放到位后，用绑扎铁丝临时固定在钢筋网片上。每安装完1块板，均应检查其位置、标高、水平度和垂直度，符合要求后将L形锚筋结合垫块位置穿过EPS板，用20号铁丝将其与钢丝网片及墙体钢筋绑扎牢固。EPS板应紧贴模板，安装高度应比墙体模板高出20~50mm，以防止混凝土浇筑时污染外墙EPS板。安装前应修整清理接茬处EPS板，要求接茬处无砂浆结块等，接茬处上口重新喷刷界面处理剂。

c.穿插L形锚筋，接缝处角网、平网安装φ6mmL形锚筋锚入混凝土墙内长度不得小于100mm，端部弯钩长度为30mm，总长度不少于180mm，穿EPS板及端头部分刷防锈漆两道。L形锚筋应采用梅花形布置，双向间距不超过500mm，距板间拼缝处不应超过100mm。EPS板拼缝处采用平网，平铺200mm宽的附加钢丝网片，用20号铁丝将其与钢丝网架绑扎牢固。楼层水平拼缝处，钢丝网架均应断开，不得相连。外墙阴阳角及阳台与外墙交接处设附加钢丝网角网，角网宽度每边不小于100mm，用20号铁丝将其与钢丝网架绑扎牢固。门窗洞各阴阳角均设L形附加钢丝网角网。门窗口的四角处附加45°角网，尺寸为200mm×500mm。L形附加钢丝角网均应预先冲压成型。

d.模板安装：按弹出的墙线位置安装模板，外墙外模可在EPS板外直接安装，外模板面禁止刷脱模剂。为防止EPS板拼缝处漏浆，外墙外模安装前应在所有EPS板拼缝处粘贴胶带纸。外墙模板全部安装完毕，调整斜撑（拉杆），使模板垂直度符合要求后，拧紧穿墙螺栓。安装穿墙螺栓时，严禁直接穿入，应预先用钢筋从内侧向外侧旋转穿过EPS板，然后穿套管，再穿螺栓。外墙模板安装质量直接影响EPS的垂直度，要求外墙模板每层垂直度不大于5mm，且层与层之间的垂直偏差不得出现叠加现象。门窗洞口等易漏浆部位应粘贴双面海绵胶条。

e.浇捣混凝土：进行混凝土浇捣时，应用胶合板等材料对混凝土浇筑进行疏导，以降低混凝土对EPS板的冲击，同时遮盖外侧模板和EPS板，以保护EPS板上企口，防止混凝土进入EPS板与外模之间污染EPS板表面。墙体混凝土应分层浇筑，每层浇筑高度控制在500mm左右。混凝土下料点应分散布置，连续进行，间隔时间不超过混凝土初凝时间。振捣棒振动间距一般应小于500mm，每一振动点的延续时间以表面呈现浮浆和不再沉落为度，严禁将振捣棒斜插入墙体外侧钢筋接触EPS板。

f.拆模、墙体检查及EPS板面清理：墙体混凝土强度达到规定要求强度后拆模，应先拆外侧模板，再拆内侧模板。拆除时应注意对EPS板的保护，避免挤压、刮碰EPS板，切勿用重物撞击墙面EPS板。模板拆除后，应仔细检查剪力墙内侧混凝土表面浇捣质量情况，如有孔洞、露筋、蜂窝现象，应在相应位置外侧钻孔复检，并采取补救措施。模板拆除后，应及时修整墙面、边和角，用保温砂浆修补有缺陷的EPS板表面。每个层面拆模后，外墙面EPS板表面清除干净，无灰尘、油渍和污垢。穿墙套管拆除后，混凝土墙部分孔洞应用干硬性砂浆捻塞，聚苯板部位孔洞应用保温材料堵塞，其进入混凝土墙体的深度应不小于50mm（脚手架眼等孔洞类似处理）。

g.EPS板外墙装饰：基层墙体应符合《混凝土结构工程施工质量验收规范》（GB50204-2015）的相关规定。外墙抹灰前应将钢丝网架和聚苯板面的余浆、余灰清理干净，不得有灰尘、油渍、污垢及疏松、空鼓现象。局部变形网架修整归位，受损聚苯板修理平整。板面及钢丝上界面砂浆如有缺损，应修补，要求均匀一致，不得漏底。外墙抹灰宜分两次抹成。找平层与面层之间、抹灰层与EPS板之间必须黏结牢固，无脱层、空鼓现象。表面应洁净，接槎平整，线角须垂直、方正、清晰。楼层间应设水平分隔缝，其他竖向、水平分隔缝应根据立面分格设计确定。分隔缝的深度应贯穿找平层和面层，在抹灰时宜采用10~20mm宽定型塑料条施工，施工完可不取出，外表用建筑密封膏嵌缝。分隔缝应做到棱角整齐，横平竖直，交接处平顺，深浅宽窄一致。外墙涂料宜采用水溶性弹性涂料。面层灰抹完后，在常温下24h后表面平整、无裂纹即可涂刷高分子乳液弹性底涂层。涂刷应均匀，不得有露底现象。然后刮抗裂柔性耐水腻子，最后进行涂料面层施工。粘贴面砖应采用抗裂砂浆，砂浆厚度为3~5mm；面砖背面凹槽宜采用燕尾槽式构造，厚度不宜超过6mm，面砖单位面积质量应不大于20kg/m²，且单块面积不应大于0.1m²；面砖宜采用柔性黏结砂浆勾缝，且厚度应比面砖薄2~3mm。

5.机械固定EPS钢丝网架板外保温系统施工

机械固定EPS钢丝网架板外保温系统由机械固定装置、腹丝非穿透型EPS钢丝网架板、掺外加剂水泥砂浆厚抹面层和饰面层构成，如图4-6所示。

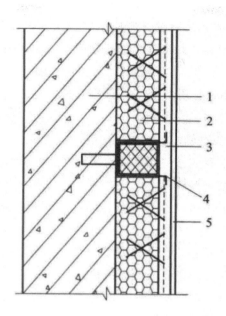

图 4-6　机械固定 EPS 钢丝网架板外保温构造

①施工程序。

机械固定 EPS 钢丝网架板外保温系统施工程序是：定位放线→钢筋绑扎→EPS 单面钢筋网架板安装→隐蔽验收→混凝土外墙模板安装→EPS 单面钢筋网架板机械固定→混凝土浇筑→拆模→EPS 单面钢筋网架板抹掺外加剂的水泥砂浆抹面层，形成抗裂砂浆厚抹面层→饰面层。

②施工步骤。

a.保温板的支撑：对于新建建筑，可在外墙每层圈梁或钢筋混凝土梁上（根据设计定）作为保温板的支撑；而对于已建建筑或建筑物外墙已砌筑，若需做外保温，则可在建筑物每层圈梁上根据保温板厚度增设（根据设计定），作为保温板的支撑。

b.预埋或焊接固定保温板的钢筋：砌筑外围护墙时，可在砖墙或砌块墙中预埋长 350mm 的 φ6 钢筋，双向间距为 500mm，呈梅花桩或交错预埋。而在钢筋混凝土墙面上，可在固定钢模板时留下的铁板或墙穿套上焊接 φ6 钢筋，长 200mm，双向间距为 500mm。

c.清理墙面：将墙面不平整处清理干净，并将墙面上灰渣凿掉。

d.裁板和安装：保温板安装前应根据角钢的支撑高度或外挑檐之间的高度把保温板裁好，并安装在预定位置。安装时如果有预埋钢筋，预埋钢筋应穿透保温板，并尽量使保温板靠紧墙面；然后将预埋钢筋向上弯起勾住板网，并用镀锌铁丝将钢筋与钢丝网架绑扎牢固；再将角钢上、下面的钢筋与保温板两端的钢丝架绑扎牢固。如果墙面上未预埋钢筋，则应用膨胀螺栓把U形铁板固定在墙面上，U形铁板两端压住钢丝网架，U形铁板的双向间距为500mm；最后将保温板缝用平网或角网加固定补强，门窗洞口处四周用连接网补强。

e.保温板安装完毕后进行质量检查、校正、补强。

f.饰面抹灰工程施工。

3.外墙外保温系统工程验收

①外墙外保温系统工程应按《建筑节能工程施工质量验收规范》（GB 50411—2007）的规定进行施工质量验收。

②外墙外保温工程应按相关规范进行检验批、分项、分部工程验收。施工过程中应重点检查下列项目。

a.基层墙面必须清理干净，无油污及妨碍黏结的附着物，垂直度、平整度须满足相关规范要求，找平层与基层必须黏结牢固，无脱层、空鼓、裂缝；

b.保温板系统中板材粘贴面积及粘贴强度；

c.保温砂浆系统中的保温砂浆厚度及黏结强度；

d.硬质泡沫聚氨酯保温系统中保温层的厚度；

e.固定锚栓件的规格、安装数量、抗拔强度，耐碱网格布的性能指标及热镀锌钢丝网网孔大小、丝径和镀锌层质量；

f.外墙面砖粘贴的粘贴强度；

g.当现场存在以下情况时应对外墙外保温系统完成后的现场进行保温墙体传热阻，自然条件下外墙内、表面温度的检测。

（a）对保温施工质量有怀疑；

（b）保温材料无相关产品认证手续，无验收标准；

（c）保温材料无热工性能检验报告，保温体系材料无型式检验报告。

③外墙面砖作为保温系统饰面层时，粘贴强度应进行断缝检测。断缝应从饰面砖表面切割至基体表面，深度应一致。

④保温板、保温砂浆及硬质泡沫聚氨酯系统中原材料抽样复检数量要求：同一生产厂家、同规格材料、同一工程片区、同期施工的工程，保温施工面积每10000m²为一个检测批次，不足10000m²的按一个检测批抽样；每幢不多于2个检测批次；低层建筑每10幢不少于1个检测批。

⑤外墙外保温施工质量抽样复检数量规定如下。

a.外墙外保温系统中粘贴强度、粘贴面积的抽样复检数量，按保温施工面积每2000m²划分为一个批次，不足2000m²的按一个检测批次抽样，且每幢不少于一组。

b.外墙外保温系统中的施工厚度抽样复检数量，按保温施工面积每500~

1000m²划分为一个批次，不足500m²的一个立面也应划分为一个批次。

c.锚栓抗拔强度的抽样复检数量，设计有要求的按设计要求数量检测，设计无要求的不得低于1‰且不少于3个（对于薄抹面外墙保温系统，检测数量每幢不少于1组）。

d.外墙面砖粘贴强度的检测数量，对于现场镶贴的外墙面砖工程，每500m²同类墙体取一组试样，每组3个，每两个楼层不得少于1组；不足500m²的同类墙体抽取一组。

e.分项工程每500~1000m²为一个检验批，每个检验批每100m²至少抽查一处，每处不得小于10m²。

⑥外墙外保温工程的各检验批，其合格质量应符合下列规定：主控项目应全部合格；一般项目应合格，当采用计数检验时，应有80%以上的检查点合格，且其余检查点不得有严重缺陷；各检验批应具有完整的施工操作依据和质量验收记录。

⑦单位工程竣工验收前，必须进行外墙外保温分部工程的专项验收，并达到合格。

⑧外墙外保温工程应对下列部位或内容进行隐蔽工程验收，并应有详细的文字和图片资料。

a.保温层附着的基层及其表面处理；

b.保温板黏结或固定；

c.锚固件；

d.增强网铺设；

e.墙体热桥部位处理；

f.预置保温板或预制保温墙板的板缝及构造节点；

g.现场喷涂或灌注有机类保温材料的界面。

⑨外墙外保温工程竣工验收时应提交下列文件：

a.外保温系统的设计文件、图纸审查、图纸会审、设计变更和洽商记录；

b.施工方案和施工工艺；

c.外保温系统的型式检验报告及其主要组成材料的产品合格证、出厂检验报告、进场复验报告和现场验收记录；

d.施工技术交底；

e.施工记录；

f.检验批、分项、分部工程验收记录；

g.隐蔽工程验收记录；

h.质量问题的处理记录；

i.现场抽样检测报告；

j.其他必须提供的资料。

二、外墙内保温系统

所谓外墙内保温，是指在外墙结构的内部加做保温层。外墙内保温工程复合墙体基本构造如图4-7所示。

（一）外墙内保温系统简介

外墙内保温系统的优点是施工速度快和技术较成熟。其缺点是：保温层做在墙体内部，减少了商品房的使用面积；影响居民的二次装修，室内墙壁上挂不上装饰画之类的重物，且内墙悬挂和固定物件很容易破坏内保温结构；容易产生内墙体发霉等现象；内保温结构会导致内、外墙出现两个温度场，形成温差，外墙面的热胀冷缩现象比内墙面大，这会使建筑物结构产生不稳定性，保温层易出现裂缝。

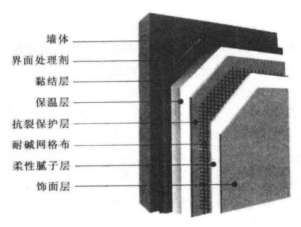

墙体
界面处理剂
黏结层
保温层
抗裂保护层
耐碱网格布
柔性腻子层
饰面层

图4-7　外墙内保温工程复合墙体基本构造

由于内保温系统存在热桥缺陷、占用使用空间、影响使用功能等问题，故中华人民共和国住房和城乡建设部已明确规定其为"不宜推荐的应用技术"。其目前逐渐被外保温形式代替。

（二）外墙内保温系统施工

外墙内保温系统施工主要用的保温材料是石膏板、挤塑板，或者聚氨酯喷涂等，下面主要介绍增强石膏聚苯复合板外墙内保温和挤塑板外墙内保温的施工。

1.增强石膏聚苯复合板外墙内保温施工

①施工程序

增强石膏聚苯复合板外墙内保温施工程序是：结构墙面清理→分档、弹线→

配板、修补→标出预埋件位置→墙面贴饼→粘贴防水保温踢脚板→安装复合板→板缝及阴、阳角处理→板面装修。

②施工步骤。

a.结构墙面清理：凡凸出墙面20mm的砂浆块、混凝土块必须剔除，并扫净墙面。

b.分档、弹线：以门窗洞口边为基准，向两边按板宽600mm分档。按保温层的厚度在墙顶上弹出保温墙面的边线。按防水保温踢脚层的厚度在地面上弹出防水保温踢脚面的边线，在墙面上弹出踢脚的上口线并画出贴饼点位置。

c.配板、修补：按分档配板。复合保温板的长度略小于顶板到踢脚上口的净高尺寸。计算并量测门窗洞口上部及窗口下部的保温板尺寸，并按此尺寸配板。当保温板与墙的长度不相适应时，应将部分保温板预先拼接加宽（或锯窄）至合适的宽度，并放置在阴角处。有缺陷的板应修补。

d.墙面贴饼：在贴饼位置，用钢丝刷刷出直径不小于100mm的洁净面并浇水润湿，刷一道107胶素水泥浆。检查墙面的平整度、垂直度，照规矩贴饼，并在需设置埋件处做出200mm×200mm的灰饼。冲筋材料为1:3水泥砂浆，灰饼大小为φ100mm，厚度以保证空气层厚度（20mm左右）为准。

e.粘贴防水保温踢脚板：在踢脚板内侧上、下口处，各按200~300mm间距布设EC-6砂浆胶黏剂黏结点，同时在踢脚板底面及相邻的已粘贴上墙的踢脚板侧面满刮胶黏剂。按线粘贴踢脚板，粘贴时用橡皮锤敲振，使踢脚板贴实，挤实拼头缝，并将挤出的胶黏剂随时清理干净。粘贴时要保证踢脚板上口平，板面垂直，保证踢脚板与结构墙间的空气层为10mm左右。

f.安装复合板：将接线盒、管卡、埋件的位置准确地翻样到板面，并开出洞口。复合板安装顺序宜从左至右。板侧面、顶面、底面清除浮灰，在侧墙面、顶面、踢脚板中口，复合板顶面、底面及侧面（所有相拼合面），灰饼面上先刷一道SG791胶液，再满刮SG791胶黏剂，按弹线位置立即安装就位。安装时用手推挤，并用橡皮锤敲振，使所有拼合面挤紧冒浆，并使复合板贴紧灰饼。安装过程中，随时用开刀将挤出的胶黏剂刮平。按以上操作办法依次安装复合板。安装过程中随时用2m靠尺及塞尺测量墙面的平整度，用2m托线板检查板的垂直度。高出的部分用橡皮锤敲平。复合板在门窗洞口处的缝隙用SG791胶黏剂嵌填密实。复合板中露出的接线盒、管卡、埋件与复合板开口处的缝隙用SG791胶黏剂嵌塞密实。

g.板缝及阴、阳角处理：复合板安装后10d，检查所有缝隙是否黏结良好，有无裂缝，如出现裂缝，应查明原因后进行修补。已黏结良好的所有板缝、阴角缝，先清理浮灰，刮一层接缝腻子，粘贴50m宽玻纤网格带一层，压实、粘牢，表面再用WKF接缝腻子刮平。所有阳角粘贴200mm宽（每边各100mm）玻纤布，方法同板缝。

h.胶黏剂配制：胶黏剂要随配随用，配制的胶黏剂应在30mm内用完。

i.板面装修：板面打磨平整后，满刮石膏腻子一道，干后均需打磨平整，最后按设计规定做内饰面层。

③质量标准。

a.保证项目。

（a）增强石膏聚苯复合板的各项技术指标必须满足有关标准所规定的要求。胶黏剂配制原料的质量必须符合有关规定。

检查方法：检查产品质量合格证。

（b）增强石膏聚苯复合板四边的黏结必须牢固。

检查方法：手振和观察检查。

b.基本项目。

（a）节点构造、构件位置、连接锚固方法，应全部符合设计要求。

检查方法：观察检查。

（b）复合板所有接缝处的黏结应牢固，应填塞密实，不应出现干缩裂缝。

检查方法：观察检查。

（c）玻纤网格带（布）应沿板缝居中压贴紧密，不应有褶皱、翘边、外露现象。

检查方法：观察检查。

c.允许偏差项目。

增强石膏聚苯复合板安装的允许偏差应符合表4-1的规定。

表4-1 增强石膏聚苯复合板安装允许偏差

项次	项目	允许偏差/mm	检查方法
1	表面平整	4	用2m靠尺和楔形塞尺检查
2	立面垂直	5	用2m托线板检查
3	阴、阳角垂直	4	用2m托线板检查
4	阳角方正	5	用200m方尺和楔形塞尺检查
5	接缝高低差	1.5	用直尺和楔形塞尺检查

④成品保护措施。

a.土建、水电各专业应密切配合，合理安排工序，严禁颠倒工序作业。

b.在保温墙附近不得进行电焊、气焊操作，不得用重物碰撞、挤靠墙面。

c.施工用水和设备试水及雨季施工时，必须采取有效的措施，防止保温墙面受潮和污染。

⑤应注意的质量问题。

a.增强石膏聚苯复合保温板必须是烘干、已基本完成收缩变形的产品。未经烘干的湿板不得使用，以防止板产生裂缝和变形。

b.注意增强石膏聚苯复合板的运输和保管。运输中应轻拿轻放，侧抬侧立，并互相绑牢，不得平抬、平放。板堆放处应平整，下垫100mm×100mm木方。板应侧立，垫方距板端50cm。要防止板受潮。板如有明显变形、无法修补的过大孔洞、断裂或严重的裂缝、破损，则不得使用。

c.板缝开裂是目前的质量通病。防止板缝开裂的办法有以下几种：一是板缝的黏结和处理要严格按操作工艺认真操作；二是使用的胶黏剂必须合理，目前使用的胶黏剂除SG791胶黏剂外，还有Ⅰ型石膏胶黏剂等，胶黏剂的质量必须合格；三是宜采用接缝腻子处理板缝。

（2）挤塑板外墙内保温施工

①施工程序。

挤塑板外墙内保温施工程序为：基层处理→弹控制线→挂基准线→配制专用黏结剂→粘贴翻包网格布→粘贴挤塑板→安装固定件→划分格凹线条→打磨找平→抹聚合物砂浆底层→压入网格布→抹面层聚合物砂浆→补洞及修理→饰面层。

②施工步骤。

a.基层处理：清除已验收合格基层墙面的浮灰、涂料、油污、空鼓及风化物等影响黏结强度的材料。为增加挤塑板与基层及保护面层的结合力，挤塑板表面应涂刷界面剂，然后用聚合物砂浆做黏结剂或保护层。

b.挂基准线：在建筑物外墙大角（阴角、阳角）及其他必要处挂出垂直基准控制线，弹出水平控制基线。施工过程中每层适当挂水平线，以控制挤塑板粘贴的垂直度和平整度。

c.配制专用黏结剂：使用一只干净的塑料搅拌桶，倒入5份干混砂浆，加约1份洁净水，注意应边加水边搅拌，然后用手持式电动搅拌器搅拌约5min，直到搅拌均匀且稠度适中为止，同时应保证聚合物砂浆有一定黏度。以上工作完成后，应将配置好的砂浆静置5min，再搅拌即可使用。调好的砂浆宜在1h内完。应注意的是，该内保温系统聚合物砂浆只许加入净水，不能加入其他添加剂（如水泥、砂、防冻剂及其他聚合物等）。

d.粘贴翻包网格布：凡挤塑板侧边外露（如伸缩缝、建筑沉降缝、温度缝等缝线两侧）处，门窗洞口处，与主体墙体接触处，都应做网格布翻包处理。

e.粘贴挤塑板：标准外墙板尺寸为1200mm×600mm。非标准尺寸和局部不规则处可用电热丝切割器或工具刀现场切割，尺寸允许偏差为±1.5mm，大、小面垂直。整块墙面的边角处应用最小尺寸超过300mm的挤塑板。在挤塑板表面（单面）薄薄地涂刷一道专用界面剂，待晾干后即可涂抹专用黏结剂。采用条点法粘贴挤塑板时，用抹子在每块挤塑板已涂刷过界面剂的一面周边涂抹宽50mm的黏结剂，从边缘向中间逐渐加厚专用聚合物砂浆，最厚处达10mm，然后在挤塑板上抹9个点且梅花布置，确保挤塑板黏结面积为30%~50%。涂好灰后立即将挤塑板贴到墙上，并用2m靠尺将其挤压找平，保证其垂直、平整度和黏结面积符合要求。碰头处不得抹黏结砂浆，每贴完一块应及时清除挤出的砂浆。板与板之间要挤紧，不得有缝，板缝超出1.5mm时用挤塑板片填塞。拼缝高差不大于1.5mm，否则应用打磨器打磨平整。施工时挤塑板应水平粘贴，上、下两排挤塑板应竖向错缝1/2板长，保证最小错缝尺寸不小于200mm。在墙拐角处，应先排好尺寸，裁切挤塑板，粘贴时使其垂直交错连接，保证拐角处顺直且垂直。在粘贴窗框四周的阳角和外墙阳角时，应先弹出基准线，作为控制阳角上下竖直的依据。

f.安装固定件，划分格凹线条和打磨找平。

g.抹聚合物砂浆底层：在挤塑板表面薄薄地涂刷一道界面剂，晾干后将聚合物砂浆均匀地抹在挤塑板上，厚度约为2mm。

h.压入网格布：抹聚合物砂浆后立即压入网格布。网格布应按工作面的长度要求剪裁，并应留出搭接长度。网格布的剪裁应顺经纬方向进行。将大面网格布沿水平方向绷直、绷平，并将弯曲的一面朝里，用抹子由中间向上、下两边将网格布抹平，使其紧贴底层聚合物砂浆。网格布左、右搭接宽度不小于100mm，上、下搭接宽度不小于80mm，局部搭接处可用聚合物砂浆补充原聚合物砂浆不足处，不得使网格布出现皱褶、空鼓、翘边的现象。在阴、阳角处还需从每边双向绕角且相互搭接宽度不小于200mm。在墙面施工预留空洞四周100mm范围内仅抹一道聚合物砂浆并压入网格布，暂不抹面层聚合物砂浆，待大面积施工完毕后对局部进行修补。

i.抹面层聚合物砂浆：抹完底层聚合物砂浆，压入网格布后，待砂浆干至不粘手时，抹面层聚合物砂浆。抹灰厚度以盖住网格布为准，约为1mm，使砂浆保护层总厚度约为2.5±0.5mm。

j.补洞及修理。

第二节　门窗节能工程

在建筑围护结构的门窗、墙体、屋面、地面四大围护部件中，门窗的绝热性能最差，是传热和空气渗透的薄弱环节，是影响室内热环境质量和建筑节能的主要因素之一。

门窗节能的主要措施是减少传热量和空气渗透量。

窗户是建筑外围护结构的开口部位，是阻隔外界气候侵扰的基本屏障。窗户的面积是建筑面积的 1/5 左右，占外围护结构面积的 1/6~1/3。目前我国窗户能耗约占建筑采暖空调能耗的 40%。窗户是建筑保温、隔热的薄弱环节，是建筑节能的关键部位。因此本节重点介绍节能窗技术。

一、窗户节能简介

窗户的节能性能指标主要由 3 个部分组成，即窗框、玻璃及窗框与玻璃结合部位。

外窗保温性能是指外窗阻止因室外温差引起的传热的能力，可用外窗的传热系数 K 值或传热阻 R_0 值来表示。

外窗隔热性能是指外窗阻止太阳辐射热通过窗户进入室内的能力，用外窗的遮阳系数或外窗的综合遮阳系数 SW 来表示。遮阳系数或综合遮阳系数愈大，表示通过的太阳辐射愈多，隔热性能愈差。

窗户传热系数的正确评估应综合考虑影响窗户热传递系数的各个因素，包括玻璃类型、玻璃层数、玻璃之间的空气间隔距离、玻璃之间的气体种类、中空玻璃间隔条、窗户的设计、窗户框材料等。

通常，评估窗户的性能是指评估整窗的性能，而不是评估窗户组件的功能。关于节能窗采用的主要技术，发达国家主要采用的节能手段包括低辐射玻璃、惰性气体、暖边技术和阳光控制膜玻璃，并将节能的重点放在整窗上。

暖边是指任何一种只要其热传导系数低于铝金属导热系数的间隔条。暖边有 3 种：①非金属材料，如超级间隔条、玻璃纤维条；②部分金属材料，如断桥间隔条；③低于铝金属传导系数的金属间隔条，如不锈钢间隔条。

塑料窗是指一种由镀锌钢板冷轧成型的钢衬插入塑料型材（PVC）空腔中，以增强其刚性，而并未形成结构性连接（只是部分构件中放置了钢衬，不是所有塑料型材构件中都有钢衬）的门窗结构。

塑钢窗是指 PVC 结皮微发泡与异性钢衬共挤成型的型材，经高强度钢角连接件连接成整体的门窗结构。

二、常用节能玻璃的种类

（一）热反射玻璃

热反射玻璃是对太阳光具有较高反射比和较低总透射比，可较好地隔绝太阳辐射，并对可见光具有较高透射比的一种节能玻璃。

热反射玻璃是在玻璃表面镀敷或利用离子交换形成一层极薄的金、银、铝、铜、铬、镍、铁等金属或金属氧化物膜来实现节能的，因此也称为镀膜玻璃。

（二）中空玻璃

中空玻璃又称为密封隔热玻璃，它是由两片或多片性质与厚度相同或不同的平板玻璃，切割成预定尺寸，在中间夹层充填干燥剂的金属隔离框上用胶黏结压合后，四周边部再用胶接、焊接或熔接的办法密封所制成的玻璃构件。该定义有以下含义：①中空玻璃可以由两片或多片玻璃构成；②中空玻璃的结构是密封结构；③中空玻璃空腔中的气体必须是干燥的；④中空玻璃内必须含有干燥剂。

普通中空玻璃的配置包括透明玻璃、空气和槽铝式间隔条。普通中空玻璃中使用的铝间隔条在室内外存在温差的情况下，热能通过铝间隔条跑掉，因此铝间隔条又称为冷边。

采用高性能中空玻璃配置（低辐射玻璃、超级间隔条和氩气），能从三方面同时减少中空玻璃的传热，与普通中空玻璃相比，其节能效果改善了44%。节能窗的配置普遍使用低辐射玻璃、惰性气体和暖边间隔条技术。高性能中空玻璃中常用的气体为氩气及氪气。这些气体的比重比空气大，在间层内不易流动，能进一步降低中空玻璃的传热系数值。其中，氩气在空气中的比例很高，提取容易且价格相对便宜，故应用较多。在高性能中空玻璃的配置中，低辐射玻璃、氩气和暖边间隔条是必备的三个基本条件。

（三）低辐射镀膜玻璃（"Low-E"玻璃）

低辐射镀膜玻璃是在玻璃表面镀上多层金属或其他金属化合物组成的膜系产品。该产品对可见光有较高的透射率，对波长范围在4.5~25μm的远红外线有很高的反射比。因此，其具有良好的隔热性能，在夏季能防止过多的阳光进入室内，冬季能阻挡室内的热能外溢，满足节能性要求。

三、提高窗户节能的措施

窗户上能量的传递方式主要是辐射传递、对流传递、传导传递。另外，空气渗漏也是窗户能量损失的重要组成部分。

热量通过玻璃（以传导、辐射形式）、玻璃的间隔层材料（对流形式）和边部的密封条、窗框（以传导形式），以及通过开启扇、窗框结构（以空气渗漏形式）在窗户上散失。其中，热辐射占热传递的50%~60%，普通玻璃很容易将热量发射到冷的表面产生辐射热损失；热传导主要通过中空玻璃边部和窗框发生，热对流主要通过中空玻璃内部间隔气体运动产生，两者均占20%~25%。

大多数空气渗漏在扇和框之间发生，如果窗框周边和洞口之间没有很好的堵缝或者没有使用泡沫绝缘密封，也会发生空气渗漏。

门窗热损失大致有三条途径：①门窗框扇与玻璃热传导；②门窗框扇之间、

扇与玻璃之间、框与墙体之间的空气渗透热交换；③窗玻璃的热辐射。

据有关资料表明，通过门窗的能量损失约占建筑的50%，其中通过玻璃的能量损失约占门窗能量损失的75%。在一定条件下，玻璃的热辐射与传导是导致室内能量损失的主导性因素。普通中空玻璃由于采取密封结构，玻璃间隔空气层内的干燥空气在15mm范围内处于静止状态，基本上解决热传递中的热对流，但对热辐射和热传导并没有解决，故其节能十分有限。要进一步提高节能效果，窗户就必须采用低辐射玻璃、高性能暖边间隔条和氩气。

改善窗户保温性能的措施如下。

①加强窗户的气密性，减少缝隙渗入的冷空气量，降低冷风渗透耗热量。

②在获得足够采光的条件下，控制窗户在有太阳光照射时合理得到热量，而在没有太阳光照射时减少热量损失。

③改善镶嵌部分的保温能力，增加空气间层厚度，加强对红外线的反射能力。

④加强窗框部分的保温措施，主要方法是对窗框进行断热处理，用高效保温材料镶嵌于金属窗框之间，加大窗框热阻，或选用热导率小的窗框材料。

四、断桥铝合金门窗施工

断桥式铝塑复合窗的原理是利用塑料型材（隔热性高于铝型材1250倍）将室内、外两层铝合金既隔开又紧密连接成一个整体，构成一种新的隔热型的铝型材。用这种型材做门窗，其隔热性与塑（钢）窗在同一个等级——国标级，彻底解决了铝合金传导散热快，不符合节能要求的致命问题；同时采取一些新的结构配合形式，彻底解决了"铝合金推拉窗密封不严"的难题。该产品两面为铝材，中间用塑料型材腔体做断热材料。这种创新结构设计兼顾了塑料和铝合金两种材料的优势，同时满足了装饰效果和门窗强度及耐老化性能的多种要求。超级断桥铝塑型材可实现门窗的三道密封结构，合理分离水汽腔，成功实现气水等压平衡，显著提高门窗的水密性和气密性。这种窗的气密性比任何铝、塑窗都好，能保证风沙大的地区室内窗台和地板无灰尘；能保证在高速公路两侧50m内的居民不受噪声干扰。其性能接近于平开窗。

（一）施工程序

断桥铝合金门窗的施工程序为：弹线找规矩→门窗洞口处理→安装连接件的检查→塑钢门窗外观检查→塑钢门窗安装→门窗四周嵌缝→安装五金配件→清理、工程验收。

（二）施工要点

①各楼层窗框安装时均应横向、竖向拉通线，各层水平一致，上下顺直。

②窗框与墙体固定时，先固定上框，后固定边框，采用塑料膨胀螺栓固定。

③框与洞口之间的伸缩缝内腔均采用闭孔泡沫塑料、发泡剂等弹性材料填塞，表面用密封胶密封。

（三）施工步骤

①应采用后塞口施工，不得先立口后结构施工。

检查门窗洞口尺寸是否比门窗框尺寸大3cm，否则应先行剔凿处理。

弹线找规矩：在最高层找出门窗口边线，用大线锤将门窗口边线下引，并在每层门窗口处画线标记，对个别不直的口边应做剔凿处理。门窗口的水平位置应以楼层+50cm水平线为准，往上反，量出窗下皮标高，弹线找直，每层窗下皮（若标高相同）则应在同一水平线上。

墙厚方向的安装位置：根据外墙大样图及窗台板的宽度，确定塑钢门窗在墙厚方向的安装位置；如外墙厚度有偏差，原则上应以与同一房间窗台板外露尺寸一致为准，窗台板以伸入塑钢窗的窗下5mm为宜。

③按图纸尺寸放好门窗框安装位置线及立口的标高控制线。

④安装门窗框上的铁脚。安装窗框时应保证安装位置正确，有可靠的牢固性。

⑤安装门窗框并按线就位找好垂直度及标高，用木楔临时固定，检查正侧面垂直线及对角线，合格后用膨胀螺栓将铁脚与结构固定牢固；膨胀螺栓锚固深度必须符合相关规范要求（特殊位置使用加长螺栓）。

立门框：先拆掉门框下部的固定板，凡框内高度比门扇的高度大30mm者，洞口两侧地面须设留凹槽。门框一般埋入±0.00标高以下20mm，须保证框口上下尺寸相同，允许误差应小于1.5mm，对角线允许误差应小于2mm。将门框用木楔临时固定在洞口内，经校正合格后，固定木楔，将门框铁脚与预埋铁板焊牢；然后在框内上角墙上开洞，向框内灌注M10水泥砂浆，待其凝固后方可装配门扇，水泥砂浆浇筑后的养护期为21d。

特种门的配件应齐全，位置应正确，安装应牢固，功能应满足使用要求及各项性能要求。

就位和临时固定：根据已放好的安装位置线安装，并将其吊正找直，无问题后方可用木楔临时固定。

断桥铝门窗与墙体固定：沿窗框外墙用电锤φ46mm孔（深80mm），间距为600mm，并用膨胀螺栓连接固定。

处理门窗框与墙体缝隙：断桥铝门窗固定好后应及时处理门窗框与墙体缝隙，如设计未规定填塞材料品种，则应采用发泡剂填塞缝隙，外表面留5~8mm深槽口填嵌嵌缝膏，严禁用水泥砂浆填塞。

⑥嵌缝：门窗框与墙体的缝隙应按设计要求的材料嵌缝，如设计要求用泡沫塑料填实，表面用厚度为5~8mm的密封胶封闭。

⑦门窗附件安装：安装时应先用电钻钻孔，再用自攻螺丝拧入，严禁用铁锤或硬物敲打，防止损坏框料。

（四）质量标准

1.保证项目

①塑钢门窗及其附件和玻璃的质量，必须符合设计要求和有关标准的规定。

②塑钢门窗必须安装牢固，预埋铁件的数量、位置、埋设和连接方法应符合设计要求和有关标准的规定。

③塑钢门窗安装位置及开启方向必须符合设计要求。

2.基本项目

①塑钢门窗扇关闭紧密，开关灵活，无阻滞回弹、变形和倒翘。

②塑钢门窗附件安装齐全、牢固，位置正确、端正，启闭灵活，适用、美观。

③塑钢门窗框与墙体间的缝隙填塞饱满密实，表面平整，填塞材料符合设计要求。

④塑钢门窗表面洁净、平整，颜色一致，无划痕碰伤，无污染，拼接缝严密。

3.安装允许偏差

塑钢门窗安装允许偏差见表4-2。

表4-2 塑钢门窗安装允许偏差

项次	项目		允许偏差/mm	检验方法
1	门窗框两对角线长度差	≤2000mm	3	钢卷尺检查
		>2000mm	5	
2	平开窗	窗扇与框搭接宽度差	1	用深度尺或钢板尺检查
		同樘门窗相邻扇的横端角宽度差	2	用拉线和钢板尺检查
3	弹簧门扇	门窗扇与框或相邻扇立边平行度	2	用1m钢板尺检查
		门扇对口缝或扇与框之间立横缝留缝限值	2~4	
		门扇与地面间隙留缝限值	2~7	
		门扇对口缝关闭时平整度	2	用深度尺检查
4	门窗框（含拼樘料）正、侧面垂直	≤2000mm	2	用1m托线板检查
		>2000mm	3	用1m托线板检查

项次	项目	允许偏差/mm	检验方法
5	门窗框（含拼樘料）水平度	2	用1m水平尺和楔形塞尺检查
6	门窗框标高	5	用钢板尺检查，与基准线比较
7	双层门窗内、外框、梃（含拼樘料）中心距	4	用钢板尺检查

（五）成品保护措施

①窗框四周嵌防水密封胶时操作应仔细，油膏不得污染门窗框。外墙面涂刷、室内顶墙喷涂时，应用塑料薄膜封挡好门窗，防止污染门窗。室内抹水泥砂浆以前必须遮挡好塑钢门窗，以防止水泥浆污染门窗。

②搭、拆、转运脚手杆和脚手板时，不得在门窗框扇上拖曳。

③安装设备及管道时，应防止物料撞坏门窗。

④严禁窗扇上站人。

⑤门窗扇安装后应及时安装五金配件，关窗锁门，以防止风吹损坏门窗。

⑥不得在门窗上锤击、钉钉子或刻画，不得用力刮或用硬物擦磨等方法来清理门窗。

（六）应注意的质量问题

①运输存放损坏：运输时应轻拿轻放，存放时应在库房地面上用方枕木垫平，并竖直存放，且应远离热源。

②门窗框松动：安装时应先在门窗外框上按设计规定的位置打眼，用自攻螺丝将镀锌连接件紧固；用电锤在门窗洞口打孔，装入尼龙胀管，门窗安装后，用木螺丝将连接件固定在胀管内；单砖及轻质墙应砌混凝土块木砖，以增强和连接件的拉结牢固程度，使门框安装后不松动。

③门窗框与墙体缝隙未填软质材料：应填入泡沫塑料或矿棉等软质材料，使其与墙体形成弹性连接。

④门窗框安装后变形：一般是填缝时用力过大而使其受挤变形，不得在门窗上铺搭脚手板。

⑤门窗框边未嵌密封胶：应按图纸要求操作。

⑥连接螺丝直接锤入门窗框内：应按规矩先用手电钻打眼，后拧螺丝。

⑦污染：保护措施不够，清洗不认真。在每道工序完成后，要把地面的杂物清理干净，放到主管工长指定地点，做到"活完、料净、脚下清"。

⑧五金配件损坏：由于安装后保管不当，或使用时不注意。

第五章　装饰工程

第一节　墙体工程

一、墙面抹灰

抹灰是将各种砂浆、装饰性石屑浆、石子浆涂抹在建筑物的墙面、顶棚、地面等表面上，除了保护建筑物外，还可以起到装饰作用。

抹灰工程按使用材料和装饰效果分为一般抹灰和装饰抹灰。一般抹灰适用于石灰砂浆、水泥砂浆、混合砂架、聚合物水泥砂浆、膨胀珍珠岩水泥砂浆、麻刀灰、纸筋灰、石膏灰等抹灰工程。装饰抹灰的底层和中层与一般抹灰做法基本相同，其面层主要有水刷石、水磨石、斩假石、干粘石、喷涂、滚涂、弹涂、仿石和彩色抹灰等。

（一）一般抹灰施工

1.一般抹灰层施工工艺

一般抹灰层由底层、中层和面层组成。底层主要起与基层（基体）黏结作用，中层主要起找平作用，面层主要起装饰美化作用。各层砂浆的强度等级应为底层>中层>面层。

2.一般抹灰的厚度要求

（1）抹灰层平均总厚度

1）顶棚：板条、现浇混凝土和空心砖抹灰为15mm；预制混凝土抹灰为18mm；金属网抹灰为20mm。

2）内墙：普通抹灰两遍做法（一层底层，一层面层）为18mm；普通抹灰三遍做法（一层底层，一层中层，一层面层）为20mm；同级抹灰为25mm；

3）外墙抹灰为20mm，勒脚及突出墙面部分抹灰为25mm。

4）石墙抹灰为35mm。

控制抹灰层平均总厚度主要是为了防止抹灰层脱落。

（2）抹灰层每遍厚度

抹灰工程一般应分遍进行，以便黏结牢固，并能起到找平和保证质量的作用。如果一层抹得太厚，由于内外收水快慢不同，抹灰层容易开裂，甚至鼓起脱落。每遍抹灰厚度一般控制如下。

1）抹水泥砂浆每遍厚度为5~7mm。

2）抹石灰砂浆或混合砂浆每遍厚度为7~9mm。

3）抹灰面层用麻刀灰、纸筋灰、石膏灰、粉刷石膏等罩面时，经赶平、压实后，其厚度麻刀灰不大于3mm，纸筋灰、石膏灰不大于2mm，粉刷石膏不受限制。

4）混凝土内墙面和楼板平整光滑的底面，可用腻子分遍刮平，总厚度为2~3mm。

5）板条、金属网用麻刀灰、纸筋灰抹灰的每遍厚度为3~6mm。

水泥砂浆和水泥混合砂浆的抹灰层，应待前一层抹灰层凝结后，方可涂抹后一层；石灰砂浆抹灰层，应待前一层七至八成干后，方可涂抹后一层。

3.一般抹灰的分类

一般抹灰根据质量要求分为高级抹灰和普通抹灰。

表5-1　高级抹灰、普通抹灰适用范围及施工工艺

分类	适用范围	施工工艺
高级抹灰	适用于大型公共建筑、纪念性建筑（如剧院、礼堂、宾馆、展览馆等）以及有特殊要求的高级建筑等	一层底灰，数层中层和一层面层。阴阳角找方，设置标筋，分层赶平、修整，表面压光。要求表面光滑、洁净，颜色均匀，线角平直，清晰美观无纹路
普通抹灰	适用于一般居住、公用和工业建筑（如住宅、宿舍、教学楼、办公楼）以及建筑物的附属用房，如汽车库、仓库、锅炉房、地下室、储藏室等	一层底灰，一层中层和一层面层（或一层底灰，一层面层）。阳角找方，设置标筋，分层赶平、修整，表面压光。要求表面洁净，线角顺直，清晰，接槎平整

4.一般抹灰的材料要求

（1）水泥

抹灰常用的水泥为不小于PO32.5级的普通硅酸盐水泥、矿渣硅酸盐水泥。水

泥的品种、强度等级应符合设计要求。出厂三个月的水泥，应经试验合格后方能使用，受潮后结块的水泥应过筛试验后使用。水泥体积的安定性必须合格。

（2）石灰膏和磨细生石灰粉

块状生石灰必须熟化成石灰膏才能使用，在常温下，熟化时间不应少于15d；用于罩面的石灰膏，在常温下，熟化的时间不得少于30d。

块状生石灰碾碎磨细后的成品，即为磨细生石灰粉。罩面用的磨细生石灰粉的熟化时间不得少于3d。使用磨细生石灰粉粉饰，不仅具有节约石灰、适合冬季施工的优点，而且粉饰后不易出现膨胀、爆皮等现象。

（3）石膏

抹灰用石膏，一般用于高级抹灰或抹灰龟裂的补平。宜采用乙级建筑石膏，使用时磨成细粉（无杂质），细度要求通过0.15mm筛孔，筛余量不大于10%。

（4）粉煤灰

粉煤灰作为抹灰掺和料，可以节约水泥，提高水泥和易性。

（5）粉刷石膏

粉刷石膏是以建筑石膏粉为基料，加入多种添加剂和填充料等配制而成的一种白色粉料，是一种新型装饰材料。常见的有面层粉刷石膏、基层粉刷石膏、保温层粉刷石膏等。

（6）砂

抹灰用砂，最好是中砂，或粗砂与中砂掺用。可以用细砂，但不宜用特细砂。抹灰用砂要求颗粒坚硬、洁净，使用前需要过筛（筛孔不大于5mm），不得含有黏土（不超过2%）、草根、树叶及其他有机物等有害杂质。

（7）麻刀、纸筋、稻草、玻璃纤维

麻刀、纸筋、稻草、玻璃纤维在抹灰层中起拉结和骨架作用，可提高抹灰层的抗拉强度，增加抹灰层的弹性和耐久性，使抹灰层不易开裂脱落。

5.一般抹灰基体表面处理

抹灰工程施工前，必须对基体表面作适当的处理，使其坚实粗糙，以增强抹灰层的黏结强度。

（1）将砖、混凝土、加气混凝土等基层表面的灰尘、污垢和油渍等清除干净，并洒水湿润。

（2）光滑的石面或混凝土墙面应凿毛，或刷一道纯水泥浆以增强黏结力。

（3）检查门窗框安装位置是否正确，与墙体连接是否牢固，连接处的缝隙应用水泥砂浆或水泥混合砂浆或掺少量麻刀的砂浆分层嵌塞密实。

（4）墙上的施工孔洞及管道线路穿越的孔洞应填平密实。

（5）室内墙面、柱面的阳角，宜先用1∶2水泥砂浆做护角，其高度不应低于

2m，每侧宽度不小于50mm。

（6）不同材料交接处的基体表面抹灰，应采取防止开裂的加强措施，在不同结构基层交接处（如砖墙、混凝土墙的连接）应先铺钉一层金属网或丝绸纤维布，其每边搭接宽度不应小于100mm。

（7）检查基体表面平整度，对凹凸过大的部位应凿补平整。

6.内墙一般抹灰

内墙一般抹灰的工艺流程为：基体表面处理→浇水润墙→设置标筋→阳角做护角→抹底层、中层灰→窗台板、踢脚板或墙裙→抹面层灰→清理。

（1）基体表面处理

为使抹灰砂浆与基体表面黏结牢固，防止抹灰层空鼓、脱落，抹灰前应对基体表面的灰尘、污垢、油渍、碱膜、跌落砂浆等进行清除。墙面上的孔洞、剔槽等用水泥砂浆进行±真嵌。门窗框与墙体交接处缝隙应用水泥砂浆或水泥混合砂浆分层嵌堵。

不同材质的基体表面应作相应处理，以增强其与抹灰砂浆之间的黏结强度。木结构与砖石砌体、混凝土结构等相接处，应先铺设金属网并绷紧，金属网与各基体间的搭接宽度每侧不应小于100mm。

（2）设置标筋

为有效控制抹灰厚度，特别是保证墙面垂直度和整体平整度，在抹底层、中层灰前应设置标筋作为抹灰的依据。

设置标筋即找规矩，分为做灰饼和做标筋两个步骤

做灰饼前，应先确定灰饼的厚度。先用托线板和靠尺检查整个墙面的平整度和垂直度，根据检查结果确定灰饼的厚度，一般最薄处不应小于7mm。先在墙面距地面1.5m左右的高度、距两边阴角100~200mm处，按所确定的灰饼厚度用抹灰基层砂浆各做一个50mm×50mm的矩形灰饼，然后用托线板或线锤在此灰饼面吊挂垂直，做上下对应的两个灰饼。上方和下方的灰饼应距顶棚和地面150~200mm，其中下方的灰饼应在踢脚板上口以上。随后在墙面上方和下方左右两个对应灰饼之间，将钉子钉在灰饼外侧的墙缝内，以灰饼为准，在钉子间拉水平横线，沿线每隔1.2~1.5m补做灰饼（见图5-1）。

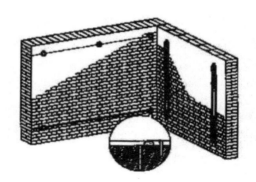

图 5-1 灰饼示意图

标筋是以灰饼为准在灰饼间所做的灰埂，是抹灰平面的基准。具体做法是用与底层抹灰相同的砂浆在上下两个灰饼间先抹一层，再抹第二层，形成宽度为100mm左右、厚度比灰饼高出10mm左右的灰埂，然后用木杠紧贴灰饼搓动，直至把标筋搓得与灰饼齐平为止。最后将标筋两边用刮尺修成斜面，以便与抹灰面接搓顺平。标筋的另一种做法是采用横向水平标筋。此种做法与垂直标筋相同。同一墙面的上下水平标筋应在同一垂直面内。标筋通过阴角时，可用带垂球的阴角尺上下搓动，直至上下两条标筋形成相同且角顶在同一垂线上的阴角。阳角可用长阳角尺在上下标筋的阳角处搓动，形成角顶在同一垂线上的标筋阳角。水平标筋的优点是可保证墙体在阴、阳转角处的交线顺直，并垂直于地面，避免出现阴、阳交线扭曲不直的弊病。同时水平标筋通过门窗框，有标筋控制，墙面与框面可接合平整。横向水平标筋示意图见图5-2。

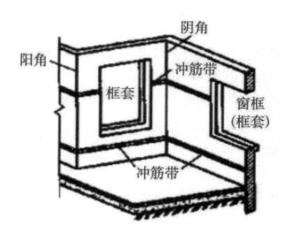

图 5-2 横向水平标筋示意图

（3）做护角

为保护墙面转角处不易遭碰撞损坏，应在室内抹面的门窗洞口及墙角、柱面的阳角处做水泥砂浆护角（图5-3）。护角高度一般不低于2m，每侧宽度不小于

50mm。具体做法是先将阳角用方尺规方，靠门框一边以门框离墙的空隙为准，另一边以墙面灰饼厚度为依据。最好在地面上画好准线，按准线用砂浆粘好靠尺板，用托线板吊直，方尺找方。在靠尺板的另一边墙角分层抹 1∶2 水泥砂浆，使之与靠尺板的外口平齐。然后把靠尺板移动至已抹好护角的一边，用钢筋卡子卡住，用托线板吊直靠尺板，把护角的另一面分层抹好。取下靠尺板，待砂浆稍干时，用阳角抹子和水泥素浆捋出护角的小圆角，最后用靠尺板沿顺直方向留出预定宽度，将多余砂浆切出 40°斜面，以便抹面时与护角接槎。

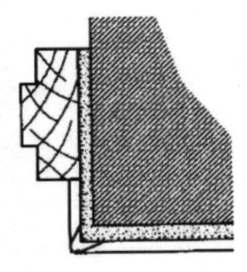

图 5-3 护角示意图

（四）抹底层、中层灰

待标筋有一定强度后，即可在两标筋间用力抹底层灰，用木抹子压实搓毛。待底层灰收水后，即可抹中层灰，抹灰厚度应略高于标筋。中层抹灰后，随即用木杠沿标筋刮平，不平处补抹砂浆，然后再刮，直至墙面平直为止。紧接着用木抹子搓压，以便表面平整密实。阴角处先用方尺上下核对方正（横向水平标筋可免去此步），然后用阴角器上下抽动扯平，使室内四角方正。

（5）抹面层灰

待中层灰七八成干时，即可抹面层灰。一般从阴角或阳角处开始，自左向右进行。一人在前抹面灰，另一人随后找平整，并用铁抹子压实赶光。阴、阳角处用阴、阳角抹子捋光，并用毛刷蘸水将门窗圆角等处刷干净。高级抹灰的阳角必须用拐尺找方。

7.外墙一般抹灰

外墙一般抹灰的工艺流程为：基体表面处理→浇水润墙→设置标筋→抹底层、

中层灰→弹分格线、嵌分格条→抹面层灰→拆除分格条→养护。

外墙抹灰的做法与内墙抹灰大部分相似，下面只介绍其特殊的几点。

（1）抹灰顺序

外墙抹灰应先上部后下部，先檐口再墙面。大面积的外墙可分块同时施工。

高层建筑的外墙面可在垂直方向适当分段，如一次抹完有困难，可在阴、阳角交接处或分格线处间断施工。

（2）嵌分格条、抹面层灰及分格条的拆除

待中层灰六成干后，按要求弹分格线。分格条为梯形截面，浸水湿润后两侧用黏稠的素水泥浆与墙面抹成45°角黏结。嵌分格条时，应注意横平竖直，接头平直。如当天不抹面层灰，分格条两边的素水泥浆应与墙面抹成60°角。

面层灰应抹得比分格条略高一些，然后用刮杠刮平，紧接着用木抹子搓平，待稍干后再用刮杠刮一遍，用木抹子搓磨成平整、粗糙、均匀的表面。

面层抹好后即可拆除分格条，并用素水泥浆把分格缝勾平整。如果不是当即拆除分格条，则必须待面层达到适当强度后才可拆除。

8.顶棚一般抹灰

顶棚抹灰一般不设置标筋，只需按抹灰层的厚度在墙面四周弹出水平线作为控制抹灰层厚度的基准线。若基层为混凝土，则需在抹灰前在基层上用掺10%107胶的水溶液或水灰比为0.4的素水泥浆刷一遍作为结合层。抹底层灰的方向应与楼板及木模板木纹方向垂直。抹中层灰后用木刮尺刮平，再用木抹子搓平。面层灰宜两遍成活，两道抹灰方向垂直，抹完后按同一方向抹压赶光。顶棚的高级抹灰应加钉长350~450mm的麻束，间距为400mm，并交错布置，分别按放射状梳理抹进中层灰浆内。

9.一般抹灰的质量要求

（1）主控项目（见表5-2）

表5-2 一般抹灰主控项目质量要求

项目	检验方法
抹灰前基层表面的尘土、污垢、油渍等应清除干净，并应洒水润湿	检查施工记录
一般抹灰所用材料的品种和性能应符合设计要求；水泥的凝结时间和安定性复验应合格；砂浆的配合比应符合设计要求	检查产品合格证书、进场验收记录、复验报告和施工记录
抹灰工程应分层进行。当抹灰总厚度大于或等于35mm时，应采取加强措施；不同材料基体交接处表面的抹灰，应采取防止开裂的加强措施，当采用加强网时，加强网与各基体的搭接宽度不应小于100mm	检查隐蔽工程验收记录和施工记录

项目	检验方法
抹灰层与基层之间及各抹灰层之间必须黏结牢固，抹灰层应无脱层、空鼓，面层应无爆灰和裂缝	观察；用小锤轻击检查；检查施工记录

（2）一般项目

1）一般抹灰工程的表面质量要求

①普通抹灰表面应光滑、洁净、接槎平整，分格缝应清晰。

②高级抹灰表面应光滑、洁净、颜色均匀、无抹纹，分格缝和灰线应清晰美观。

2）护角、孔洞、槽、盒周围的抹灰表面应整齐、光滑，管道后面的抹灰表面应平整。3）抹灰层的总厚度应符合设计要求；水泥砂浆不得抹在石灰砂浆层上；罩面石膏灰不得抹在水泥砂浆层上。

4）抹灰分格缝的设置应符合设计要求，宽度和深度应均匀，表面应光滑，棱角应整齐。

5）有排水要求的部位应做滴水线（槽）。滴水线（槽）应整齐顺直，滴水线应内高外低，滴水槽的宽度和深度均不应小于10mm。

6）一般抹灰的允许偏差和检验方法应符合表5-3的规定。

表5-3　一般抹灰的允许偏差和检验方法

项目	允许偏差/mm		检验方法
	普通抹灰	高级抹灰	
立面垂直度	4	3	用2m垂直检测尺检查
表面平整度	4	3	用2m靠尺和塞尺检查
阴阳角方正	4	3	用直角检测尺检查
分格条（缝）直线度	4	3	拉5m线，不足5m拉通线，用钢直尺检查
墙裙、勒脚上口直线度	4	3	拉5m线，不足5m拉通线，用钢直尺检查

（二）装饰抹灰施工

装饰抹灰与一般抹灰的主要区别为：二者具有不同的装饰面层，底层、中层相同。

1.水刷石施工

常用于外墙面的装饰，也可用于檐口、腰线、窗楣、门窗套柱等部位。

质量要求：石粉清晰，分布均匀，紧密平整，色泽一致，不得有掉粒和接槎痕迹。

2.干粘石施工（同水刷石）

程序：基层处理→弹线嵌条→抹黏结层→撒石子→压石子。

3.斩假石施工

在抹灰面层上做到槽缝有规律，做成像石头砌成的墙面。

（1）分块弹线，嵌分格条，刷素水泥浆。

（2）水泥石屑砂浆分两次抹。

（3）打磨压实，开斩前试斩，边角斩线水平，中间部分垂直。

4.拉毛灰（用水泥石灰砂浆或水泥纸筋灰浆做成）

（1）拉毛：铁抹子轻压，顺势轻轻拉起。

（2）搭毛：猪鬃刷蘸灰浆垂直于墙面，并随毛拉起，形成毛面。

（3）洒毛：竹丝带蘸灰浆均匀洒于墙面。

5.聚合物水泥砂浆装饰施工

聚合物水泥砂浆是在水泥砂浆中加入一定的聚乙烯醇缩甲醛胶（或107胶）、颜料、石膏等材料形成的，喷涂、弹涂、滚涂是聚合物水泥砂浆装饰外墙面的施工办法。

（1）喷涂外墙饰面

喷涂外墙饰面是用空气压缩机将聚合物水泥砂浆喷涂在墙面底子灰上形成饰面层。

（2）弹涂外墙饰面

弹涂外墙饰面是在墙体表面刷一道聚合物水泥砂浆后，用弹涂器分几遍将不同色彩的聚合物水泥砂浆弹在已涂刷的涂层上，形成3~5mm大小的扁圆形花点，再喷甲基硅醇钠憎水剂形成的饰面层。

（3）滚涂外墙饰面

滚涂外墙饰面是利用辊子滚拉将聚合物水泥砂浆等材料在墙面底子灰上形成饰面层。

6.水磨石施工

现制水磨石一般适用于地面施工，墙面水磨石通常采用水磨石预制贴面板镶贴。

地面现制水磨石的施工工艺流程为：基层处理→抹底层、中层灰→弹线，镶嵌条→抹面层石子浆→水磨面层→涂草酸磨洗→打蜡上光。

（1）弹线，镶嵌条

在中层灰验收合格后24h，即可弹线并镶嵌条。嵌条可采用玻璃条或铜条。镶嵌条时，先用靠尺板（与分格线对齐）将嵌条压好，然后把嵌条与靠尺板贴紧，用素水泥浆在嵌条一侧根部抹成八字形灰埝，其灰浆顶部比嵌条顶部低3mm左右。然后取下靠尺板，在嵌条另一侧抹上对称的灰埂。

（2）抹面层石子浆

将嵌条稳定好，浇水养护3~5d后，抹面层石子浆。具体操作为：清除地面积水和浮灰，接着刷素水泥浆一遍，然后铺设面层水泥石子浆，铺设厚度高于嵌条1~2mm。铺完后，在表面均匀撒一层石粒，用滚筒压实，待出浆后，用抹子抹平，24h后开始养护。

（3）磨光

开磨时间以石粒不松动为准。通常磨4遍，使全部嵌条外露。第一遍磨后将泥浆冲洗干净，稍干后抹同色水泥浆，养护2~3d。第二遍用100~150号金刚砂洒水后磨至表面平滑，用水冲洗后养护2d。第三遍用180~240号金刚砂或油石洒水后磨至表面光亮，用水冲洗擦干。第四遍在表面涂擦草酸溶液（草酸溶液质量比为热水：草酸=1：0.35，冷却后备用），再用280号油石细磨，直至磨出白浆为止。冲洗后晾干，待地面干燥后打蜡。水磨石的外观质量要求为：表面平整、光滑，石子显露均匀，不得有砂眼、磨纹和漏磨，嵌条位置准确，全部露出。

二、墙体保温工程

外墙保温系统是由保温层、保护层与固定材料构成的非承重保温构造的总称。外墙保温系统按保温层的位置分为外墙内保温系统和外墙外保温系统两大类。下面重点介绍EPS外墙外保温系统。

（一）外墙外保温系统的构造及要求

1.EPS外墙外保温系统的基本构造及特点

EPS外墙外保温系统采用聚苯乙烯泡沫塑料板作为建筑物的外保温材料，再将聚苯板用专用黏结砂浆按要求粘贴上墙。这是国内外使用最普遍、技术最成熟的外保温系统。该系统EPS板导热系数小，并且厚度一般不受限制，可满足严寒地区节能设计标准要求。

（1）薄抹灰外保温系统基本构造（见图5-4）

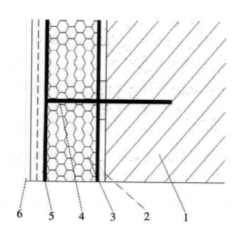

1.基层墙体（混凝土墙体及各种砌体墙体）；2.黏结层（胶黏剂）；
3.保温层（聚苯板）；4.连接件（锚栓）；
5.薄抹灰增强防护层（专用胶浆并复合耐碱网布）；6.饰面层（涂料）

图5-4 薄抹灰外保温系统基本构造图

1）基层墙体：房屋建筑中起承重或围护作用的外墙体，可以是混凝土墙体及各种砌体墙体。

2）胶黏剂：专用于把聚苯板黏结在基层墙体上的化工产品，有液体胶黏剂与干粉胶黏剂两种。

3）聚苯板：由可发性聚苯乙烯珠粒经加热发泡后在模具中加热成型而制成的具有闭孔结构的聚苯乙烯泡沫塑料板材。聚苯板有阻燃和绝热的作用，表观密度 $18\sim22kg/m^3$，挤塑聚苯板表观密度为 $25\sim32kg/m^3$。聚苯板的常用厚度有30、35、40mm等。聚苯板出厂前在自然条件下必须陈化42d或在60℃蒸汽中陈化5d，才可出厂使用。

4）锚栓：固定聚苯板于基层墙体上的专用连接件，一般情况下包括塑料钉或具有防腐性能的金属螺钉和带圆盘的塑料膨胀套管两部分。有效锚固深度不小于25mm，塑料圆盘直径不小于50mm。

5）抗裂砂浆：由抗裂剂、水泥和砂按一定比例制成的能满足一定变形要求而保持不开裂的砂浆。

6）耐碱网布：在玻璃纤维网格布表面涂覆耐碱防水材料，埋入抹面胶浆中，形成薄抹灰增强防护层，提高防护层的机械强度和抗裂性。

7）抹面胶浆：由水泥基或其他无机胶凝材料、高分子聚合物和填料等组成。

（2）聚苯板外墙外保温系统的特点

聚苯板外墙外保温系统的特点为：节能、牢固、防水、体轻、阻燃、易施工。

2.外墙外保温系统的基本要求

（1）一般规定

1（1）外墙外保温系统的保温、隔热和防潮性能应符合《民用建筑热工设计规范》（GB 50176—2016）、《严寒和寒冷地区居住建筑节能设计标准》（JGJ 26—2010）、《夏热冬冷地区居住建筑节能设计标准》（JGJ 134—2010）等国家现行标准的有关规定。

2）外墙外保温工程应能承受风荷载的作用而不被破坏，应能长期承受自重而不产生有害变，应能适应基层的正常变形而不产生裂缝或空鼓，应能耐受室外气候的长期反复作用而不产生破坏，使用年限不应小于25年。

3）外墙外保温工程在罕遇地震发生时不应从基层上脱落，高层建筑应采取防火构造措施。

4）外墙外保温工程应具有防水渗透性能，应具有防生物侵害性能。

5）涂料必须与薄抹灰外保温系统相容，其性能指标应符合外墙建筑涂料的相关要求。

6）薄抹灰外墙保温系统中所有的附件，包括密封膏、密封条、包角条、包边条等应分别符合相应的产品标准的要求。

（2）技术性能

各种材料的主要性能应分别符合下表的要求。

表5-4　薄抹灰外墙保温系统的性能指标

项目		性能指标
吸水量/g·m⁻²，浸水24h		≤500
抗冲击强度/J	普通型	≥3
	加强型	≥10
抗风压值/kPa		不小于工程项目风荷载设计值
耐冻融		表面无裂纹、空鼓、起泡、剥离现象
水蒸气湿流密度/g·m²·h⁻¹		≥0.85
不透水性		试样防护层内侧无水渗透
耐候性		表面无裂纹、粉化、剥落现象

表5-5　胶黏剂的性能指标

项目		性能指标
拉伸黏结强度/MPa（与水泥砂浆）	原强度	≥0.6
	耐水	≥0.4
拉伸黏结强度/MPa（与膨胀聚苯板）	原强度	≥0.1，破坏界面在膨胀聚苯板上
	耐水	≥0.1，破坏界面在膨胀聚苯板上
可操作时间/h		1.5-4

表 5-6 膨胀聚苯板主要性能指标

项目	性能指标
导热系数/W·m·k^{-1}	≤0.041
表观密度/kg·m^{-3}	18~22
垂直于板面方向的抗拉强度/MPa	≥0.1
尺寸稳定性/%	≤0.3

（二）增强石膏复合聚苯保温板外墙内保温施工

1.聚苯板的施工程序

材料、工具准备→基层处理→弹线、配黏结胶泥→黏结聚苯板→缝隙处理→聚苯板打磨、找平→装饰件安装特殊部位处理→抹底胶泥铺设网布、抹面胶泥→找平修补、配面层涂料→涂面层涂料竣工验收。

2.聚苯板的施工要点

（1）外墙施工用脚手架，可采用双排钢管脚手架或吊架，架管或管头与墙面间最小距离应为450mm，以方便施工。

（2）基层墙体处理：基层墙体必须清理干净，墙面无油、灰尘、污垢、风化物、涂料、蜡、防水剂、潮气、霜、泥土等污染物或其他有碍黏结材料，并应剔除墙面的凸出物。基层墙中松动或风化的部分应清除，并用水泥砂浆填充找平。基层墙体的表面平整度不符合要求时，可用1∶3水泥砂架找平。

（3）黏结聚苯板。根据设计图纸的要求，在经过平整处理的外墙上沿散水标高用墨线弹出散水及勒角水平线，当需设系统变形缝时，应在墙面相应位置弹出变形缝及宽度线，标出聚苯板的黏结位置。

黏结胶泥配制：加水泥前先搅拌一下强力胶，然后将强力胶与普通硅酸盐水泥按比例（1∶1重量比）配制，边加边搅拌，直至均匀。应避免过度搅拌。胶泥随用随配，配好的胶泥最好在2h内用完，最长不得超过3h，遇炎热天气适当缩短存放时间。

沿聚苯板的周围用不锈钢抹子涂抹配制的黏结胶泥，胶泥带宽20mm、厚15mm。如采用标准尺寸聚苯板，应在板的中间部位均匀布置一般为6个点的水泥胶泥。每点直径为50mm，厚15mm，中心距200mm。抹完胶泥后，应立即将板平贴在基层墙体上滑动就位，应随时用2m长的靠尺进行整平操作。

聚苯板由建筑物的外墙勒角开始，自上而下黏结。上下板互相错缝，上下排板间竖向接缝应垂直交错连接，以保证转角处板材安装垂直度。窗口带造型的应在墙面聚苯板黏结后另外贴造型聚苯板，以保证板不产生裂缝。

黏结上墙后的聚苯板应用粗砂纸磨平，然后再将整个聚苯板打磨一遍。操作工人应戴防护面具。打磨墙面的动作应是轻柔的圆周运动，不得沿与聚苯板接缝平行的方向打磨。聚苯板施工完毕后，至少需静置24h才能打磨，以防聚苯板移动，减弱板材与基层墙体的黏结强度。

（4）网格布的铺设。标准网格布的铺设方法为二道抹面胶浆法。

涂抹抹面胶浆前，应先检查聚苯板是否干燥、表面是否平整，并去除板面的有害物质、杂质或变质部分。用不锈钢抹子在聚苯板表面均匀涂抹一层面积略大于一块网格布的抹面胶浆，厚度约为1.6mm。立即将网格布压入湿的抹面胶浆中，待胶浆稍干硬至可以碰触时，再用抹子涂抹第二道抹面胶浆，直至网格布全部被覆盖。此时，网格布均在两道抹面胶浆的中间。

网格布应自上而下沿外墙铺设。当遇到门窗洞口时，应在洞口四角处沿45°方向补贴一块标准网格布，以防开裂。标准网格布间应相互搭接至少150mm，但加强网格布间必须对接，其对接边缘应紧密。翻网处网宽不少于100mm。窗口翻网处及第一层起始边处侧面打水泥胶，面网用靠尺规方找平，胶泥压实。翻网处网格布需将胶泥压出。外墙阳、阴角直接搭接200mm。铺设网格布时，网格布的弯曲面应朝向墙面，并从中央向四周用抹子抹平，直至网格布完全埋入抹面胶浆内，目测无任何可分辨的网格布纹路。如有裸露的网格布，应再抹适量的抹面胶浆进行修补。

网格布铺设完毕后，静置养护24h后，方可进行下一道工序的施工，在潮湿的气候条件下，应延长养护时间，保护已完工的成品，避免雨水的渗透和冲刷。

（5）面层涂料的施工。面层涂料施工前，应首先检查胶浆上是否有抹子刻痕、网格布是否完全埋入，然后修补抹面浆的缺陷或凹凸不平处，并用专用细砂纸打磨一遍，必要时可抹腻子。

面层涂料用滚涂法施工，应从墙的上端开始，自上而下进行。涂层干燥前，墙面不得沾水，以免颜色变化。

（三）胶粉EPS颗粒保温浆料外墙外保温系统施工

胶粉EPS颗粒保温浆料外墙外保温系统（以下简称保温浆料系统）由界面层、胶粉EPS颗粒保温浆料保温层、抗裂砂浆薄抹面层和饰面层组成。胶粉EPS颗粒保温浆料经现场拌和后喷涂或抹在基层上形成保温层。EPS板内表面（与现浇混凝土接触的表面）沿水平方向开有矩形齿槽，内、外表面均满涂界面砂浆。在施工时将EPS板置于外模板内侧，并安装锚栓作为辅助固定件。浇灌混凝土后，墙体与EPS板及锚栓结合为一体。

薄抹面层中应满铺玻璃纤维网；胶粉EPS颗粒保温浆料保温层设计厚度不宜超过100mm，必要时应设置抗裂分格缝。

第二节 饰面工程

饰面工程是指将块料面层镶贴（或安装）在墙、柱表面从而形成装饰层。块料面层基本可分为饰面砖和饰面板两大类。

一、饰面砖镶贴

（一）外墙面砖施工

1.工艺流程

基层处理→吊垂直、套方、找规矩→贴灰饼→抹底层砂浆→弹分格线→排砖→浸砖→镶贴面砖→面砖勾缝与擦缝。

2.工艺要点

（1）基层处理：首先将凸出墙面的混凝土别平，大钢模施工的混凝土墙面应凿毛，并用钢丝刷满刷一遍，再浇水湿润。如果基层混凝土表面很光滑，亦可采取"毛化处理"办法，即先将表面尘土、污垢清扫干净，用10%火碱水将板面的油污刷掉，随之用净水将碱液冲净，晾干板面，然后将1∶1水泥细砂浆内掺20%108胶喷或用笤帚甩到墙上，甩点要均匀，终凝后浇水养护，直至水泥砂架疙瘩全部粘到混凝土光面上，并有较高的强度（用手掰不动）为止。

（2）吊垂直、套方、找规矩、贴灰饼：建筑物为高层时，应在四大角和门窗口边用经纬仪打垂直线找直。

（3）抹底层砂浆：先刷一道掺10%108胶的水泥素浆，紧跟着分层分遍抹底层砂浆（常温时采用配合比为1∶3的水泥砂浆），第一遍厚度约为5mm，抹后用木抹子搓平，隔天浇水养护；待第一遍六七成干时，即可抹第二遍，8-12mm，随即用木杠刮平、木抹子搓毛，隔天浇水养护；若需要抹第三遍，其操作方法同第二遍，直至把底层砂浆抹平为止。

（4）弹分格线：待基层灰六七成干时，即可按图纸要求进行分段分格弹线，同时可进行面层贴标准点的工作，以控制面层出墙尺寸及垂直度、平整度。

（5）排砖：根据大样图及墙面尺寸横竖向排砖，以保证面砖缝隙均匀，符合设计图纸要求，注意大墙面、通天柱子和垛子要排整砖，同一墙面上的横竖排列均不得有一行以上的非整砖。非整砖行应排在次要部位，如窗间墙或阴角处等，但亦要注意一致和对称。如遇有突出的卡件，应用整砖套割吻合，不得用非整砖随意拼凑镶贴。

（6）浸砖：外墙面砖镶贴前，首先要将面砖清扫干净，放入净水中浸泡2h以上，取出待表面晾干或擦干净后方可使用。

（7）镶贴面砖：镶贴应自下而上进行。高层建筑采取措施后，可分段进行。在每一分段或分块内的面砖，均应自下而上镶贴。从最下一层砖下皮的位置线稳好靠尺，以此托住第一皮面砖。在面砖外皮上口拉水平通线，作为镶贴的标准。

面砖背面可采用1∶2水泥砂浆或1∶0.2∶2=水泥∶白灰膏∶砂的混合砂浆镶贴，砂浆厚度为6-10mm，贴砖后用灰伊柄轻轻敲打，使之附线，再用钢片开刀调整竖缝，并用小杠通过标准点调整平面和垂直度。

另外一种做法是，用1∶1水泥砂浆加20%的108胶，在砖背面抹3-4mm厚粘贴即可。但这种做法基层灰必须抹得平整，而且砂子必须用窗纱筛后方可使用。

另外也可用胶粉来粘贴面砖，其厚度为2~3mm，采用此种做法基层灰必须更平整。

如要求面砖拉缝镶贴时，面砖之间的水平缝宽度用米厘条控制，米厘条贴在已镶贴好的面砖上口，为保证平整，可临时加垫小木楔。

女儿墙压顶、窗台、腰线等部位平面镶贴面砖时，除流水坡度符合设计要求外，应采取平面面砖压立面面砖的做法，预防向内渗水，引起空裂；同时还应采取立面中最低一排面砖必须压底平面面砖，并低出底平面面砖3~5mm的做法，起滴水线的作用，防止尿檐而引起空裂。

（8）面砖勾缝与擦缝：面砖铺贴拉缝时，用1∶1水泥砂浆勾缝，先勾水平缝再勾竖缝，勾好后要求凹进面砖外表面2~3mm。若横竖缝为干挤缝，或小于3mm，应用白水泥配颜料进行擦缝处理。面砖缝子勾完后，用布或棉丝蘸稀盐酸擦洗干净。

（二）饰面砖镶贴质量要求

1.主控项目

表5-7　饰面砖镶贴主控项目质量要求

项目	检验方法
饰面砖的品种、规格、图案、颜色和性能应符合设计要求	观察；检查产品合格证书、进场验收记录、性能检测报告和复验报告
饰面砖粘贴工程的找平、防水、黏结、勾缝材料及施工方法应符合设计要求及国家现行产品标准和工程技术标准的规定	检查产品合格证书、复验报告和隐蔽工程验收记录
饰面砖粘贴必须牢固（按《建筑工程饰面砖黏结强度检验标准》JGJ/T 110—2017检验）	检查样板件黏结强度检测报告和施工记录
满粘法施工的饰面砖工程应无空鼓、裂缝	观察；用小锤轻击检查

2.一般项目

表 5-8　饰面砖镶贴一般项目质量要求

项　目	检验方法
饰面砖表面应平整、洁净、色泽一致，无裂痕和缺损	观察
阴阳角处搭接方式、非整砖使用部位应符合设计要求	观察
墙面突出物周围的饰面砖应整砖套割吻合，边缘应整齐；墙裙、贴脸突出墙面的厚度应一致	观察；尺量检查
饰面砖接缝应平直、光滑，填嵌应连续、密实；宽度和深度应符合设计要求	观察；尺量检查
有排水要求的部位应做滴水线（槽），滴水线（槽）应顺直，流水坡向应正确，坡度应符合设计要求	观察；用水平尺检查

3.饰面砖粘贴的允许偏差和检验方法

表 5-9　饰面砖粘贴的允许偏差和检验方法

项目	允许偏差/mm		检验方法
	外墙面砖	内墙面砖	
立面垂直度	3	2	用 2m 垂直检测尺检查
表面平整度	4	3	用 2m 靠尺和塞尺检查
阴阳角方正	3	3	用直角检测尺检查
接缝直线度	3	2	拉 5m 线，不足 5m 拉通线，用钢直尺检查
接缝高低差	1	0.5	用钢直尺和塞尺检查
接缝宽度	1	1	用钢直尺检查

二、大理石板、花岗石板、青石板等饰面板的安装

1.小规格饰面板的安装

小规格大理石板、花岗石板、青石板，板材尺寸小于 300mm×300mm，板厚 8~12mm，粘贴高度低于 1m 的踢脚线板、勒脚、窗台板等，可采用水泥砂浆粘贴的方法安装。施工中常用的粘贴法有碎拼大理石、踢脚线粘贴、窗台板安装等。

2.湿法铺贴工艺

湿法铺贴工艺适用于板材厚 20~30mm 的大理石板、花岗石板或预制水磨石板，墙体为砖墙或混凝土墙。湿法铺贴工艺是传统的铺贴方法，即在竖向基体上预挂钢筋网，用铜丝或镀锌钢丝绑扎板材并灌水泥砂浆粘牢。这种方法的优点是牢固可靠；缺点是工序繁琐，卡箍多样，板材上钻孔易损坏，特别是灌注砂浆易污染板面和使板材移位。

3.干挂法

（1）板材切割。按照设计图纸要求在施工现场切割板材，由于板块规格较大，宜采用石材切割机切割，注意保持板块边角的挺直和规矩。

（2）磨边。板材切割后，为使其边角光滑，可采用手提式磨光机进行打磨。

（3）钻孔。相邻板块采用不锈钢销钉连接固定，销钉插在板材侧面孔内。孔径小 5mm，深度 12mm，用电钻打孔。钻孔关系到板材的安装精度，因而要求位置准确。

（4）开槽。大规格石板的自重大，除了由钢扣件将板块下口托牢以外，还需在板块中部开槽设置承托扣件以支承板材的自重。

（5）涂防水剂。在板材背面涂刷一层丙烯酸防水涂料，以增强外饰面的防水性能。

（6）墙面修整。混凝土外墙表面有局部凸出处影响扣件安装时，必须凿平修整。

（7）弹线。从结构中引出楼面标高和轴线位置，在墙面上弹出安装板材的水平和垂直控制线，并做出灰饼以控制板材安装的平整度。

（8）墙面涂刷防水剂。由于板材与混凝土墙身之间不填充砂浆，为了防止因材料性能或施工质量可能造成的渗漏，在外墙面上涂刷一层防水剂，以增强外墙的防水性能。

（9）板材安装。安装板块的顺序是自下而上，在墙面最下一排板材安装位置的上下口拉两条水平控制线，板材从中间或墙面阳角开始安装。先安装好第一块作为基准，其平整度以事先设置的灰饼为依据，用线垂吊直，经校准后加以固定。一排板材安装完毕，再进行上一排扣件固定和安装。板材安装要求四角平整，纵横对缝。

（10）板材固定。钢扣件和墙身用膨胀螺栓固定，扣件为一块钻有螺栓安装孔和销钉孔的平钢板，根据墙面与板材之间的安装距离，在现场用手提式折压机将其加工成角型钢。扣件上的孔洞均呈椭圆形，以便安装时调节位置。

（11）板材接缝的防水处理。石板饰面接缝处的防水处理采用密封硅胶嵌缝。嵌缝之前先在缝隙内嵌入柔性条状泡沫聚乙烯材料作为衬底，以控制接缝的密封深度和加强密封硅胶的黏结力。

三、金属饰面板施工

（一）彩色压型钢板复合墙板

彩色压型钢板复合墙板的安装，是用吊挂件把板材挂在墙身檩条上，再把吊挂件与檩条焊牢；板与板之间连接，水平缝为搭接缝，竖缝为企口缝。所有接缝处，除用超细玻璃棉塞缝外，还需用自攻螺钉钉牢，钉距为200mm。门窗洞口、管道穿墙及墙面端头处，墙板均为异型复合墙板，压型钢板与保温材料按设计规定尺寸进行裁割，然后按照标准板的做法进行组装。女儿墙顶部、门窗周围均设防雨泛水板，泛水板与墙板的接缝处用防水油膏嵌缝。压型板墙转角处用槽形转角板进行外包角和内包角，转角板用螺栓固定。

（二）铝合金饰面板

铝合金饰面板的施工流程一般为：弹线定位→安装固定连接件→安装骨架→饰面板安装→收口构造处理→板缝处理。

（三）不锈钢饰面板

不锈钢饰面板的施工流程为：柱体成型→柱体基层处理→不锈钢板滚圆→不锈钢板定位安装→焊接和打磨修光。

四、玻璃幕墙施工

（一）玻璃幕墙分类

1.明框玻璃幕墙：玻璃板镶嵌在铝框内，成为四边有铝框的幕墙构件，幕墙构件镶嵌在横梁上，形成横梁、主框均外露且铝框分格明显的立面。

2.隐框玻璃幕墙：将玻璃用结构胶黏结在铝框上，大多数情况下不再加金属连接件。因此，铝框全部隐蔽在玻璃后面，形成大面积全玻璃镜面。

3.半隐框玻璃幕墙：将玻璃两对边嵌在铝框内，另两对边用结构胶粘在铝框上形成半隐框玻璃幕墙。立柱外露、横梁隐蔽的称为竖框横隐幕墙；横梁外露、立柱隐蔽的称为竖隐横框幕墙。

4.全玻幕墙：为游览观光需要，在建筑物底层、顶层及旋转餐厅的外墙使用玻璃板，支承结构采用玻璃肋，这种幕墙称为全玻幕墙。

（二）玻璃幕墙的施工工艺

定位放线→骨架安装→玻璃安装→密封胶嵌缝。

第三节　地面工程和吊顶

一、地面工程

楼地面是房屋建筑底层地坪与楼层地坪的总称，主要由面层、垫层和基层构成。

（一）整体面层施工

1.水泥砂浆面层施工

（1）工艺流程

基层处理→找标高、弹线→洒水湿润→抹灰饼和标筋→搅拌砂浆→刷水泥浆结合层→铺水泥砂浆面层→木抹子搓平→铁抹子压第一遍→第二遍压光→第三遍压光→养护。

（2）工艺要点

1）基层处理：扫灰尘，剔掉灰浆皮和灰渣层（钢刷子），去油污（火碱水溶液），去碱液（清水）。

2）找标高、弹线：量测出面层标高，并在墙上弹线。

3）洒水湿润：将地面基层均匀洒水一遍（喷壶）。

4）抹灰饼和标筋（或称"冲筋"）：根据面层标高弹线，确定面层抹灰厚度，拉水平线抹灰饼（尺寸 5cm×5cm，横竖间距为 1.5~2m），灰饼上平面即为地面面层标高；若房间较大，还需要抹标筋。

5）搅拌砂浆：水泥：砂≈1：2（体积比），稠度≤35mm，强度等级≥M15。

6）刷水泥浆结合层：在铺设水泥砂浆之前，应涂刷水泥浆一层，随刷随铺面层砂浆。

7）铺水泥砂浆面层：在灰饼之间（或标筋之间）将砂浆铺均匀，并用木刮杠按灰饼（或标筋）高度刮平，敲掉灰饼，并用砂浆填平。

8）木抹子搓平：从内向外推着用木抹子搓平，并用2m靠尺检查其平整度。

9）铁抹子压第一遍：铁抹子压第一遍，直到出浆为止（砂浆过稀，表面有泌水现象时，可均匀撒一遍干水泥和砂的拌和料，再用木抹子用力抹压，结合为一体后用铁抹子压平）。

10）第二遍压光：面层砂浆初凝后（人踩上去有脚印但不下陷时）用铁抹子压第二遍，边抹压边把坑凹处填平。

11）第三遍压光：面层砂浆终凝前（人踩上去稍有脚印）用铁抹子压第三遍，把第二遍抹压时留下的全部抹纹压平、压实、压光。

12）养护：压光后24h，用锯末或其他材料覆盖，洒水养护，当抗压强度达5MPa才能上人。

13）抹踢脚板：墙基体抹灰时，踢脚板的底层砂浆和面层砂浆分两次抹，墙基体不抹灰时，踢脚板只抹面层砂浆。

2.水磨石面层施工

（1）工艺流程

基层处理→找标高→弹水平线→抹找平层砂浆→养护→弹分格线→镶分格条

→拌制水磨石拌和料→涂刷水泥浆结合层→铺水磨石拌和料→滚压、抹平→试磨粗磨→细磨→磨光→草酸擦洗→打蜡上光。

（2）工艺要点

1）基层处理：将混凝土基层上的杂物清理干净，不得有油污、浮土。用钢錾子和钢丝刷将沾在基层上的水泥浆皮錾掉铲净。

2）找标高，弹水平线：根据墙面上的+50cm标高线，往下量测出水磨石面层的标高，弹在四周墙上，并考虑其他房间和通道面层的标高要相互一致。

3）抹拭平层砂浆。

①根据墙上弹出的水平线，留出面层厚度（10~15mm厚），抹1∶3水泥砂浆找平层，为了保证找平层的平整度，先抹灰饼（纵横方向间距1.5m左右），大小8~10cm。

灰饼砂浆硬结后，以灰饼高度为标准，抹宽度为8~10cm的纵横标筋。

③在基层上洒水湿润，刷一道水灰比为0.4~0.5的水泥浆，面积不得过大，随刷浆随抹1∶3找平层砂浆，并用2m长刮杠以标筋为标准刮平，再用木抹子搓平。

4）养护：抹好找平层砂浆后养护24h，待抗压强度达到1.2MPa，方可进行下道工，序施工。

5）弹分格线：根据设计要求的分格尺寸（一般采用1m×1m），在房间中部弹十字线，计算好周边的镶边宽度后，以十字线为准弹分格线。如果设计有图案要求时，应按设计要求弹出清晰的线条。

6）镶分格条：用小铁抹子抹稠水泥浆将分格条固定住（分格条安在分格线上），抹成30°八字形，高度应低于分格条条顶3mm。分格条应平直、牢固、接头严密，不得有缝隙，作为铺设面层的标志。另外在粘贴分格条时，在分格条十字交叉接头处，为了使拌和料填塞饱满，在距交点40~50mm内不抹水泥浆。采用铜条时，应预先在两端头下部1/3处打眼，穿入22号铁丝，锚固于下口八字角水泥浆内。镶条12h后开始浇水养护，最少2d，一般洒水养护3~4d，在此期间房间应封闭，禁止各工序施工。

7）拌制水磨石拌和料（或称石渣浆）。

①拌和料的体积比宜采用1∶1.5~1∶2.5（水泥∶石粒），要求配合比准确，拌和均匀。

②彩色水磨石拌和料，除彩色石粒外，还加入耐光耐碱的矿物颜料，其掺入量为水泥重量的3%~6%，普通水泥与颜料配合比、彩色石子与普通石子配合比，在施工前都需经实验室试验后确定。同一彩色水磨石面层应使用同厂、同批颜料。在拌制前应根据整个面层所需的用量，将水泥和颜料一次统一配好、配足。配料时不仅要用铁铲拌和，还要用筛子筛匀后，用包装袋装起来存放在干燥的室内，

避免受潮。彩色石粒与普通石粒拌和均匀后，集中贮存待用。

③各种拌和料在使用前加水拌和均匀，稠度约6cm。

8）涂刷水泥浆结合层：先用清水将找平层洒水湿润，涂刷与面层颜色相同的水泥浆结合层，其水灰比宜为0.4~0.5，要刷均匀，亦可在水泥浆内掺加胶黏剂，要随刷随铺拌和料，不得刷的面积过大，防止浆层风干导致面层空鼓。

9）铺水磨石拌和料。

①水磨石拌和料的面层厚度，除有特殊要求以外，宜为12~18mm，并应按石料粒径确定。铺设时将搅拌均匀的拌和料先铺抹分格条边，后铺入分格条方框中间，用铁抹子由中间向边角推进，在分格条两边及交角处特别注意压实抹平，随抹随用直尺进行平整度检查。如局部地面铺设过高时，应用铁抹子将其挖去一部分，再将周围的水泥石子浆抹平（不得用刮杠刮平）。

②几种颜色的水磨石拌和料不可同时铺抹，要先铺抹深色的，后铺抹浅色的，待前一种凝固后，再铺后一种（因为深色的掺矿物颜料多，强度增长慢，影响机磨效果）。

10）滚压、抹平：用滚筒滚压前，先用铁抹子或木抹子在分格条两边宽约10cm范围内轻轻拍实（避免将分格条挤移位）。滚压时用力要均匀（要随时清理掉粘在滚筒上的石渣），应从横、竖两个方向轮换进行，直到表面平整密实、出浆石粒均匀为止。待石粒浆稍收水后，再用铁抹子抹平、压实，如发现石粒浆不均匀之处，应补石粒浆，后用铁抹子抹平、压实。24h后浇水养护。

11）试磨：一般根据气温情况确定养护天数，气温在20℃~30℃时2~3d即可开始机磨，过早石粒易松动，过迟磨光困难。所以需进行试磨，以面层不掉石粒为准。

12）粗磨：第一遍用60~90号粗金刚石磨，使磨石机机头在地面上走横"8"字形，边磨边加水（如水磨石面层养护时间太长，可加细砂，加快机磨速度），随时清扫水泥浆，并用靠尺检查平整度，直至表面磨平、磨匀，分格条和石粒全部露出（边角处人工磨成同样效果），用水清洗晾干，然后用较稠的水泥浆（掺有颜料的面层，应用同样掺有颜料的水泥浆）擦一遍，特别是面层的洞眼、小孔隙要填实抹平，脱落的石粒应补齐。浇水养护2-3d。

13）细磨：第二遍用90~120号金刚石磨，要求磨至表面光滑为止，然后用清水冲净，满擦第二遍水泥浆，仍注意小孔隙要填实抹平。养护2~3d。

14）磨光：第三遍用200号细金刚石磨，磨至表面石子显露均匀，无缺石粒现象，平整、光滑，无孔隙。

普通水磨石面层磨光遍数不应少于三遍，高级水磨石面层的厚度、磨光遍数及油石规格应根据设计确定。

15）草酸擦洗：为了取得打蜡后显著的效果，在打蜡前水磨石面层要进行一次适量限度的酸洗，一般用草酸擦洗。使用时，先将水和草酸混合成约10%浓度的溶液，用扫帚蘸后洒在地面上，再用油石轻轻磨一遍；磨出水泥及石粒本色后，用水冲洗，软布擦干。此道工序必须在各工种完工后才能进行，经酸洗后的面层不得再受污染。

16）打蜡上光：将蜡包在薄布内，在面层上薄薄涂一层，待干后用钉有帆布或麻布的木块代替油石，装在磨石机上研磨，用同样方法打第二遍蜡，直到光滑洁亮为止。

17）现制水磨石面层冬期施工时，环境温度应保持在+5℃以上。

18）水磨石踢脚板。

①抹底灰：与墙面抹灰厚度一致，在阴阳角处套方、量尺、拉线，确定踢脚板厚度，按底层灰的厚度冲筋，间距1~1.5m。然后装档用短杠刮平，用木抹子搓成麻面并划毛。

②抹踢脚板拌和料：将底灰用水湿润，在阴阳角及上口用靠尺按水平线找好规矩，贴好靠尺板，先涂刷一层薄水泥浆，紧跟着将拌和料抹平、压实。刷水两遍将水泥浆轻轻刷去，达到石子面上无浮浆。常温下养护24h后，开始人工磨面。

第一遍用粗油石，先竖磨再横磨，要求把石淹磨平，阴阳角倒圆，擦第一遍素灰，将孔隙填抹密实，养护1~2d，再用细油石磨第二遍，用同样方法磨完第三遍，用油石出光打草酸，用清水擦洗干净。

人工涂蜡：擦两遍，直到光亮为止。

（二）板块面层施工

1.大理石、花岗石及碎拼大理石地面施工

（1）工艺流程

准备工作→试拼→弹线→试排→刷水泥浆及铺砂浆结合层→铺砌板块→灌缝、擦缝→打蜡。

（2）施工要点

1）准备工作：熟悉了解各部位尺寸和做法；基层处理（清除杂物，刷掉黏结在垫层上的砂浆）。

2）试拼：应按图案、颜色、纹理试拼，试拼后按两个方向编号排列，然后按编号码放整齐。

3）弹线：在房间内拉十字控制线，并弹线于垫层上，依据墙面+50cm标高线找出面层标局，在墙上弹出水平标局线。

4）试排：在两个相互垂直的方向铺两条干砂（宽度大于板块宽度，厚度不小于 3cm），排板块，以便检查板块之间的缝隙，核对板块与墙面、柱、洞口等部位的相对位置。

5）刷水泥浆及铺砂浆结合层：试铺后清扫干净，用喷壶洒水湿润，随铺砂浆随刷；根据板面水平线确定结合层砂浆厚度，拉十字控制线，铺结合层干硬性水泥砂浆。

6）铺砌板块：板块应先用水浸湿，待擦干或表面晾干后方可铺设；根据房间拉的十字控制线，纵横各铺一行，用于大面积铺砌标筋。

7）灌缝、擦缝：在板块铺砌后 1~2 昼夜进行灌浆擦缝。用浆壶将水泥浆徐徐灌入板块之间的缝隙中，并用长刮板把流出的水泥浆刮向缝隙内，灌浆 1~2h 后用棉纱团擦缝使之与板面平齐，同时将板面上的水泥浆擦净。

8）养护。

9）打蜡：水泥砂浆结合层达到强度后方可打蜡，使面层光滑洁亮。

①测踢脚板上口水平线并弹在墙上，用线坠吊线确定踢脚板的出墙厚度。

②水泥砂浆打底找平，并在面层划纹。

③拉踢脚板上口的水平线，往底灰上粘贴踢脚板（板背面抹素水泥砂浆），并用木槌敲实，根据水平线找直。

④擦缝与打蜡。

2.水泥花砖和混凝土板地面施工

铺贴方法与预制水磨石板铺贴方法基本相同，板材缝隙宽度为：水泥花砖不大于 2mm，预制混凝土板不大于 6mm。

3.陶瓷锦砖地面施工

铺贴→拍实→揭纸→灌缝→养护。

4.陶瓷地砖与墙地砖面层施工

铺结合层砂浆→弹线定位→铺贴地砖→擦缝。

5.地毯面层施工

地毯的铺设方法分为活动式与固定式两种。

活动式是将地毯浮搁在地面基层上，不需将地毯同基层固定。固定式则相反，一般是用倒刺板条或胶黏剂将地毯固定在基层上。

（三）木质地面施工

木地板有实铺和空铺两种。空铺木地板由木搁栅、企口板、剪刀撑等组成，一般均设在首层房间。当搁栅跨度较大时，应在房中间加设地垄墙，地垄墙顶上要铺油毡或抹防水砂浆及放置沿缘木。实铺木地板是将木搁栅铺在钢筋混凝土板或垫层上，它由木搁栅及企口板等组成。

工艺流程：安装木搁栅→钉木地板→刨平→净面细刨、磨光→安装踢脚板。

二、吊顶

吊顶采用悬吊方式将装饰顶棚支承于屋顶或楼板下面。

（一）吊顶的组成

吊顶主要由支承、基层和面层三部分组成。

1.支承：吊顶支承由吊杆（吊筋）和主龙骨组成。

①木龙骨：方木 50mm×70mm~60mm×100mm、薄壁槽钢 60mm×6mm~70mm×7mm，间距 1m 左右，用 8~10mm 螺栓或 8 号铁丝与楼板连接。

②金属龙骨：有 U、T、C、L 形等，间距 1~1.5m，通过吊杆与楼板连接。

2.基层：由用木材、型钢或其他轻金属材料制成的次龙骨组成。

3.面层：木龙骨吊顶多用人造板面层或板条抹灰面层，金属龙骨吊顶多用装饰吸声板。

（二）轻钢龙骨吊顶的施工

1.弹顶棚标高水平线：根据楼层标高水平线，用尺竖向量至顶棚设计标高，沿墙往四周弹顶棚标高水平线。

2.画龙骨分档线：按设计要求的主、次龙骨间距布置，在已弹好的顶棚标高水平线上画龙骨分档线。

3.安装主龙骨吊杆：确定吊杆下端头标高，将吊杆无螺栓丝扣的一端与楼板预埋钢筋连接固定，未预埋钢筋时可用膨胀螺栓。

4.安装主龙骨：配装吊杆螺母；在主龙骨上安装吊挂件，按分档线位置使吊挂件穿入相应的吊杆螺栓，拧好螺母；主龙骨相接处装好连接件，拉线调整标高、起拱度和平直度；安装洞口附加主龙骨。

5.安装次龙骨：按已弹好的次龙骨分档线，卡放次龙骨吊挂件。

6.吊挂次龙骨：将次龙骨通过吊挂件吊挂在大龙骨上；用连接件连接次龙骨，调直固定。

7.安装罩面板：检查验收各种管线，安装罩面板。

8.安装压条：拉缝均匀，对缝平整，按压条位置弹线，然后接线进行压条安装。

9.刷防锈漆：轻钢龙骨罩面板顶棚、碳钢或焊接处未作防腐处理的表面（如预埋件、吊挂件、连接件、钉固附件等），应在安装工序前刷防锈漆。

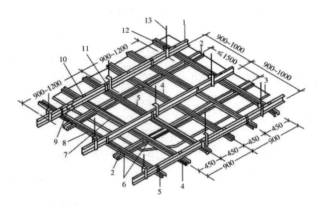

1.BD大龙骨；2.UZ横撑龙骨；3吊顶板；4.UZ龙骨；5.UX龙骨；
6.UZ3支托连接；7.UZ2连接件；8.UX2连接件；9.BD2连接件；
10.UZ1吊挂；11.UX1吊挂；12.BD1吊件；13.吊杆

图5-5 U形龙骨吊顶示意图（单位：mm）

第四节 涂料和刷浆工程

一、油漆工程（木料表面施涂混色磁漆）

基层处理：首先用开刀或碎玻璃片将木料表面的油污、灰浆等清理干净，然后用砂纸磨一遍，要磨光、磨平，木毛茬要磨掉，阴阳角胶迹要清除，阳角要倒棱、磨圆，上下一致。

刷底油：底油由光油、清油、汽油拌和而成，要涂刷均匀，不可漏刷。节疤处及小孔抹石膏腻子，拌和腻子时可加入适量醇酸磁漆。用刮腻子板满刮石膏腻子（调制腻子时要加适量醇酸磁漆，腻子要调得稍稀些），要刮光、刮平。干燥后磨砂纸，将野腻子磨掉，清扫并用湿布擦净。满刮第二道腻子，大面用钢片刮板刮，要平整光滑；小面用开刀刮，阴角要直。腻子干透后，用零号砂纸磨平、磨光，清扫并用湿布擦净。

刷第一道醇酸磁漆：头道漆可加入适量醇酸稀料，要注意横平竖直涂刷，不得漏刷和流坠，待漆干透后磨砂纸，清扫并用湿布擦净。如发现有不平之处，要及时复抹腻子，干燥后局部磨平、磨光，清扫并用湿布擦净。刷每道漆间隔时间，应根据当时气温而定，一般夏季约6h，春、秋季约12h，冬季约24h。

刷第二道醇酸磁漆：刷该道漆不加醇酸稀料，注意不得漏刷和流坠。干透后磨木砂纸，如表面痱子疙瘩多，可用280号水砂纸磨。如局部有不光、不平处，应及时复抹腻子，待腻子干透后，磨砂纸，清扫并用湿布擦净。刷完第二道漆后，便可进行玻璃安装工作。

刷第三道醇酸磁漆：刷漆的方法与要求同第二道，这一道可用320号水砂纸打磨，但要注意不得磨破棱角，磨好后应清扫并用湿布擦净。

刷第四道醇酸磁漆：刷漆的方法与要求同上。刷完7d后应用320~400号水砂纸打磨，磨时用力要均匀，应将刷纹基本磨平，并注意棱角不得磨破，磨好后清扫并用湿布擦净。

打砂蜡：先将原砂蜡加入煤油化成粥状，然后用棉丝蘸砂蜡涂布满一个门面或窗面，用手按棉丝来回揉擦多次，揉擦时用力要均匀，擦至出现暗光、大小面上下一致（不得磨破棱角），最后用棉丝蘸汽油将浮蜡擦洗干净。

擦光蜡：用干净棉丝蘸光蜡薄薄地抹一层，注意要擦匀擦净，达到光泽饱满为止。

冬期施工：室内油漆工程应在采暖条件下进行，室温保持均衡，一般宜不低于10℃，且不得突然变化。同时应设专人负责测温和开关门窗，以利于通风、排除湿气。

二、刷浆工程

基层处理：混凝土墙表面的浮砂、灰尘、疙瘩等要清除干净，表面的隔离剂、油污等应用火碱水（火碱∶水=1∶10）刷干净，然后用清水冲洗掉墙面上的碱液等。

喷、刷胶水：刮腻子前在混凝土墙面上先喷、刷一道胶水（重量比为水∶乳液=5∶1），要注意喷、刷均匀，不得有遗漏。

填补缝隙、局部刮腻子：用水石膏将墙面缝隙及坑洼不平处分遍找平，并将野腻子收净，待腻子干燥后用1号砂纸磨平，并把浮尘等扫净。

石膏板墙面拼缝处理：接缝处应用嵌缝腻子填塞满，上糊一层玻璃网格布或绸布条，用乳液将布条粘在拼缝上，粘布条时应把布条拉直、糊平，并刮石膏腻子一道。

满刮腻子：墙体基层和浆液等级要求不同，刮腻子的遍数和材料也不同。一般情况为三遍，腻子的配合比为重量比，有两种：一是适用于室内的腻子，其配合比为聚乙酸乙烯乳液（即白乳胶）∶滑石粉或大白粉∶2%羧甲基纤维素溶液=1∶5∶3.5；二是适用于外墙、厨房、厕所、浴室的腻子，其配合比为聚乙酸乙烯乳液∶水泥∶水=1∶5∶1。刮腻子时应横竖刮，并注意接搓和收头时腻子要刮净，每遍腻子干后应磨砂纸，腻子磨平后将浮尘清理干净。如面层要涂刷带颜色的浆料，则腻子亦要掺入适量与浆料颜色相协调的颜料。

刷、喷第一遍浆：刷、喷浆前应先将门窗口用排笔刷好，如墙面和顶棚为两种颜色，应在分色线处用排笔齐线并刷20cm宽以利接槎，然后再大面积刷、喷浆。刷、喷顺序应先顶棚后墙面，先上后下。喷浆时喷头距墙面宜为20~30cm，移动速度要平稳，使涂层厚度均匀。如顶板为槽形板，应先喷凹面四周的内角，再喷中间平面，浆液配合比与调制方法如下。

（1）调制石灰浆：

①将生石灰块放入容器内加入适量清水，等块灰熟化后再按比例加入相应的清水。其配合比为生石灰：水=1：6（重量比）。

②将食盐化成盐水，掺盐量为石灰浆重量的0.3%~0.5%，将盐水倒入石灰浆内搅拌均匀后，再用50~60目铜丝箩过滤，所得的浆液即可喷、刷。

③采用生石灰粉时，将所需生石灰粉放入容器中直接加清水搅拌，掺盐量同上，搅拌均匀后，过箩使用。

（2）调制大白浆：

①将大白粉破碎后放入容器中，加清水拌和成浆，再用50~60目铜丝箩过滤。

②将羧甲基纤维素放入缸内，加水搅拌使之溶解。其配合比为羧甲基纤维素：水=1：40（重量比）。

③聚乙酸乙烯乳液加水稀释后与大白粉拌和，其掺量比例为大白粉：乳液=10：1。

④将以上三种浆液按大白粉：乳液：纤维素=100：13：16混合搅拌后，过80目铜丝箩，拌匀后即成大白浆。

⑤如配色浆，则先将颜料用水化开，过箩后放入大白浆中。

（3）配可赛银浆：将可赛银粉末放入容器内，加清水溶解搅匀后即为可赛银浆。

复找腻子：第一遍浆干后，将墙面上的麻点、坑洼、刮痕等用腻子复找刮平，干后用细砂纸轻磨，并把粉尘扫净，达到表面光滑平整。

刷、喷第二遍浆：方法同上。

刷、喷交活浆：待第二遍浆干后，用细砂纸将粉尘、溅沫、喷点等轻轻磨去，并打扫干净，即可刷、喷交活浆。交活浆应比第二遍浆的胶量适当增大一点，防止刷、喷浆的涂层掉粉。

刷、喷内墙涂料和耐擦洗涂料等：基层处理与喷、刷浆相同。面层涂料使用建筑产品时，要注意外观检查，参照产品使用说明书处理和涂刷即可。

三、裱糊顶棚壁纸

基层处理：首先将混凝土顶面的灰渣、浆点、污物等清理干净，并用笤帚将粉尘扫净，满刮腻子一道。腻子的体积配合比为聚乙酸乙烯乳液：石膏或滑石粉：

2%羧甲基纤维素溶液=1：5：3.5。腻子干后磨砂纸，满刮第二遍腻子，待腻子干后用砂纸磨平、磨光。

吊直、套方、找规矩、弹线：首先将顶子的对称中心线通过吊直、套方、找规矩的办法弹出中心线，以便从中间向两边对称控制。墙顶交接处的处理原则：有挂镜线的按挂镜线，没有挂镜线的则按设计要求弹线。

计算用料、裁纸：根据设计要求决定壁纸的粘贴方向，然后计算用料、裁纸。应按所量尺寸每边留出 2~3cm 余量，如采用塑料壁纸，应在水槽内先浸泡 2~3min，拿出后抖去余水，将纸面用净毛巾沾干。

刷胶、糊纸：在纸的背面和顶棚的粘贴部位刷胶，应注意按壁纸宽度刷胶，不宜过宽，应从中间开始向两边铺贴。第一张一定要按已弹好的线找直粘牢，应注意纸的两边各甩出 1~2cm 不压死，以满足与第二张铺贴时拼花压控对缝的要求。然后依上法铺贴第二张，两张纸搭接 1~2cm，用钢板尺比齐，两人将尺按紧，一人用劈纸刀裁切，随即将搭槎处两张纸条撕去，用刮板带胶将缝隙压实刮牢。随后将顶子两端阴角处用钢板尺比齐、拉直，用刮板及辊子压实，最后用湿温毛巾将接缝处辊压出的胶痕擦净，依次进行。

修整：壁纸粘贴完后，应检查是否有空鼓不实之处、接槎是否平顺、有无翘进现象、胶痕是否擦净、有无小包、表面是否平整、多余的胶是否清理干净等，直至符合要求。

四、裱糊墙面壁纸

基层处理：若为混凝土墙面，可根据原基层质量的好坏，在清扫干净的墙面上满刮 1~2 道石膏腻子，干后用砂纸磨平、磨光；若为抹灰墙面，可满刮大白腻子 1~2 道，找平、磨光，但不可磨破灰皮；石膏板墙用嵌缝腻子将缝堵实堵严，粘贴玻璃网格布或丝绸条、绢条等，然后局部刮腻子补平。

吊直、套方、找规矩、弹线：房间四角的阴阳角吊直、套方、找规矩，确定从哪个阴角开始按照壁纸的尺寸进行分块弹线控制（习惯做法是进门左阴角处铺贴第一张）。有挂镜线的按挂镜线，没有挂镜线的按设计要求弹线。

计算用料、裁纸：按已量好的墙体高度放大 2~3cm，按此尺寸计算用料、裁纸，一般应在案子上裁割，将裁好的纸用湿温毛巾擦后，折好待用。

刷胶、糊纸：应分别在纸上及墙上刷胶，刷胶宽度应吻合，墙上刷胶一次不应过宽。糊纸时从墙的阴角开始铺贴第一张，按已画好的垂直线吊直，并从上往下用手铺平，用刮板刮实，并用小辊子将上、下阴角处压实。第一张贴好后留 1~2cm 彼拐过阴角约 2cm），然后铺贴第二张，依同法压平、压实，与第一张搭槎 1~2cm，要自上而下对缝，拼花要端正，用刮板刮平，用钢板尺在第一、第二张搭槎处切割开，将纸边撕去，边槎边带胶压实，并及时将挤出的胶液用湿温毛巾擦净，然后按同法将接顶、接踢脚的边切割整齐，并带胶压实。墙面上遇有电门、插销盒时，应在其位置上破纸作为标记。在裱糊时，阳角处不允许甩槎接缝，阴角处必须裁纸搭缝，不允许整张纸铺贴，避免产生空鼓与皱折。

花纸拼接：

（1）纸的拼缝处花形要对接拼搭好

（2）铺贴前应注意花形及纸的颜色力求一致。

（3）墙与顶壁纸的搭接应根据设计要求而定，一般有挂镜线的房间应以挂镜线为界，无挂镜线的房间则以弹线为准。

（4）花形拼接出现困难时，错槎应尽量甩到不显眼的阴角处，大面不应出现错槎和花形混乱的现象。

（5）壁纸修整：糊纸后应认真检查，对墙纸翘边翘角、气泡、皱折及胶痕未擦净等，应及时处理和修整，使之完善。

第六章 建筑工程项目资源管理

第一节 建筑工程项目资源管理概述

一、项目资源管理

（一）项目资源概念

项目资源是对项目实施中使用的人力资源、材料、机械设备、技术、资金和基础设施等的总称。资源是人们创造出产品（即形成生产力）所需要的各种要素，也被称为生产要素。

项目资源管理的目的是在保证施工质量和工期的前提下，通过合理配置和调控，充分利用有限资源，节约使用资源，降低工程成本。

（二）项目资源管理概念

项目资源管理是对项目所需的各种资源进行的计划、组织、指挥、协调和控制等系统活动。项目资源管理的复杂性主要表现为如下几项。

1.工程实施所需资源的种类多、需求量大。

2.建设过程对资源的消耗极不均衡。

3.资源供应受外界影响很大，具有一定的复杂性和不确定性，且资源经常需要在多个项目间进行调配。

4.资源对项目成本的影响最大。加强项目管理，必须对投入项目的资源进行市场调查与研究，做到合理配置，并在生产中强化管理，以尽量少地消耗获得产出，达到节约劳动和减少支出的目的。

（三）项目资源管理的主要原则

在项目施工过程中，对资源的管理应该着重坚持以下四项原则。

1.编制管理计划的原则

编制项目资源管理计划的目的，是对效法投入量、投入时间和投入步骤，做出一个合理的安排，以满足施工项目实施的需要，对施工过程中所涉及的资源，都必须按照施工准备计划、施工进度总计划和主要分项进度计划，根据工程的工作量，编制出详尽的需用计划表。

2.资源供应的原则

按照编制的各种资源计划，进行优化组合，并实施到项目中去，保证项目施工的需要。

3.节约使用的原则

这是资源管理中最为重要的一环，其根本意义在于节约活劳动及物化劳动，根据每种资源的特性，制订出科学的措施，进行动态配置和组合，不断地纠正偏差，以尽可能少的资源，满足项目的使用。

4.使用核算的原则

进行资源投入、使用与产生的核算，是资源管理的一个重要环节，完成了这个程序，便可以使管理者心中有数。通过对资源使用效果的分析，一方面是对管理效果的总结，另一方面又为管理提供储备与反馈信息，以指导以后的管理工作。

（四）项目资源管理的过程和程序

1.项目资源管理的全过程应包括资源的计划、配置、控制和处置。

2.项目资源管理应遵循下列程序

（1）按合同或根据施工生产要求，编制资源配置计划，确定投入资源的数量与时间。

（2）根据资源配置计划，做好各种资源的供应工作。

（3）根据各种资源的特性，采取科学的措施，进行有效组合，合理投入，动态管理。

（4）对资源的投入和使用情况进行定期分析，找出问题，总结经验持续改进。

3.项目资源管理应注意以下几个方面：

（1）要将资源优化配置，适时、适量、按比例配置资源投入生产，满足需求。

（2）投入项目的各种资源在施工项目中搭配适当、协调，能够充分发挥作用，更有效地形成生产力。

（3）在整个项目运行过程中，对资源进行动态管理，以适应项目建设需要，并合理规避风险。项目实施是一个变化的过程，对资源的需求也在不断发生变化，必须适时调整，有效地计划组织各种资源，合理流动，在动态中求得平衡。

（4）在项目实施中，应建立节约机制，有利于节约使用资源。

（五）资源配置与资源均衡

在资源配置时，必须考虑如何进行资源配置及资源分配是否均衡。在项目资源十分有限的情况下，合理的资源配置和实现资源均衡是提高项目资源配置管理能力的有效途径。

1.资源配置

资源配置是将项目资源根据项目活动及进度需求，将资源分配到项目的各项活动中去，以保证项目按计划执行。有限资源的合理分配也被称为约束型资源的均衡。在编制约束型资源计划时，必须考虑其他项目对于可共享类资源的竞争需求。在进行型号项目资源分配时，必须考虑所需资源的范围、种类、数量及特点。

资源配置方法属于系统工程技术的范畴。项目资源的配置结果，不但应保证项目各子任务得到合适的资源，也要力求达到项目资源使用均衡。此外，还应保证让项目的所有活动都可及时获得所需资源，使项目的资源能够被充分利用，力求使项目的资源消耗总量最少。

2.资源均衡

资源均衡是一种特殊的资源配置问题，是对资源配置结果进行优化的有效手段。资源均衡的目的是努力将项目资源消耗控制在可接受的范围内。在进行资源均衡时，必须考虑资源的类型及其效用，以确保资源均衡的有效性。

二、项目资源管理计划

项目资源是工程项目实施的基本要素，项目资源管理计划是对工程项目资源管理的规划或安排，一般涉及决定选用什么样的资源，将多少资源用于项目的每一项工作的执行过程中（即资源的分配）以及将项目实施所需要的资源按正确的时间、正确的数量供应到正确的地点，并尽可能地降低资源成本的消耗，如采购费用、仓库保管费用等。

（一）项目资源管理计划的基本要求

1.资源管理计划应包括建立资源管理制度，编制资源使用计划、供应计划和处置计划，规定控制程序和责任体系。

2.资源管理计划应依据资源供应、现场条件和项目管理实施规划编制。

3.资源管理计划必须纳入进度管理中。由于资源作为网络的限制条件，在安排逻辑关系和各工程活动时就要考虑到资源的限制和资源的供应过程对工期的影响。通常在工期计划前，人们已假设可用资源的投入量。因此，如果网络编制时不顾及资源供应条件的限制，则网络计划是不可执行的。

4.资源管理计划必须纳入项目成本管理中，以作为降低成本的重要措施。

5.在制订实施方案以及技术管理和质量控制中必须包括资源管理的内容。

（二）项目资源管理计划的内容

1.资源管理制度

资源管理制度包括人力资源管理制度、材料管理制度、机械设备管理制度、技术管理制度、资金管理制度。

2.资源使用计划

资源使用计划包括人力资源使用计划、材料使用计划、机械设备使用计划、技术计划、资金使用计划。

3.资源供应计划

资源供应计划包括人力资源供应计划、材料供应计划、机械设备供应计划、资金供应计划。

4.资源处置计划

资源处置计划包括人力资源处置计划、材料处置计划、机械设备处置计划、技术处置计划、资金处置计划。

（三）项目资源管理计划编制的依据

1.项目目标分析

通过对项目目标的分析，把项目的总体目标分解为各个具体的子目标，以便于了解项目所需资源的总体情况。

2.工作分解结构

工作分解结构确定了完成项目目标所必须进行的各项具体活动，根据工作分解结构的结果可以估算出完成各项活动所需资源的数量、质量和具体要求等信息。

3.项目进度计划

项目进度计划提供了项目的各项活动何时需要相应的资源以及占用这些资源的时间，据此，可以合理地配置项目所需的资源。

4.制约因素

在进行资源计划时，应充分考虑各类制约因素，如项目的组织结构、资源供应条件等。

5.历史资料

资源计划可以借鉴类似项目的成功经验，以便于项目资源计划的顺利完成，既可节约时间又可降低风险。

（四）项目资源管理计划编制的过程

项目资源管理计划是施工组织设计的一项重要内容，应纳入工程项目的整体计划和组织系统中。通常，项目资源计划应包括如下过程。

1.确定资源的种类、质量和用量

根据工程技术设计和施工方案，初步确定资源的种类、质量和需用量，然后再逐步汇总，最终得到整个项目各种资源的总用量表。

2.调查市场上资源的供应情况

在确定资源的种类、质量和用量后，即可着手调查市场上这些资源的供应情况。其调查内容主要包括各种资源的单价，据此进而确定各种资源所需的费用；调查如何得到这些资源，从何处得到这些资源，这些资源供应商的供应能力怎样、供应的质量如何、供应的稳定性及其可能的变化；对各种资源供应状况进行对比分析等。

3.资源的使用情况

主要是确定各种资源使用的约束条件，包括总量限制、单位时间用量限制、供应条件和过程的限制等。对于某些外国进1：3的材料或设备，在使用时还应考虑资源的安全性、可用性、对周围环境的影响、国家的法规和政策以及国际关系等因素。

在安排网络时，不仅要在网络分析和优化时加以考虑，在具体安排时更需注意，这些约束性条件多是由项目的环境条件，或企业的资源总量和资源的分配政策决定的。

4.确定资源使用计划

通常是在进度计划的基础上确定资源的使用计划的，即确定资源投入量一时间关系直方图（表），确定各资源的使用时间和地点。在做此计划时，可假设它在活动时间上平均分配，从而得到单位时间的投入量（强度）。进度计划的制订和资源计划的制订，往往需要结合在一起共同考虑。

5.确定具体资源供应方案

在编制的资源计划中，应明确各种资源的供应方案、供应环节及具体时间安排等，如人力资源的招雇、培训、调遣、解聘计划，材料的采购、运输、仓储、生产、加工计划等。如把这些供应活动组成供应网络，应与工期网络计划相互对应，协调一致。

6.确定后勤保障体系

在资源计划中，应根据资源使用计划确定项目的后勤保障体系，如确定施工现场的水电管网的位置及其布置情况，确定材料仓储位置、项目办公室、职工宿舍、工棚、运输汽车的数量及平面布置等。这些虽不能直接作用于生产，但对项目的施工具有不可忽视的作用，在资源计划中必须予以考虑。

第二节　建筑工程项目资源管理内容

一、生产要素管理

（一）生产要素概念

生产要素是指形成生产力的各种要素，主要包括人、机器、材料、资金与管理。对建筑工程来说，生产要素是指生产力作用于工程项目的有关要素，也可以说是投入到工程要素中的诸多要素。由于建筑产品的一次性、固定性、建设周期长、技术含量高等特殊的特性，可以将建筑工程项目生产要素归纳为：人、材料、机械设备、技术等方面。

（二）建筑工程项目生产要素管理概述

生产要素管理就是对诸要素的配置和使用所进行的管理，其根本目的是节约劳动成本。

1.建筑工程项目生产要素管理的意义

（1）进行生产要素优化配置，即适时、适量、比例恰当、位置适宜地配备或投入生产要素，以满足施工需要。

（2）进行生产要素的优化组合，即投入工程项目的各种生产要素在施工过程中搭配适当，协调地在项目中发挥作用，有效地形成生产力，适时、合格地完成建筑工程。

（3）在工程项目运转过程中，对生产要素进行动态管理。项目的实施过程是一个不断变化的过程，对生产要素的需求在不断变化，平衡是相对的，不平衡是绝对的。因此生产要素的配置和组合也就需要不断调整，这就需要动态管理。动态管理的目的和前提是优化配置与组合，动态管理是优化配置和组合的手段与保证。动态管理的基本内容就是按照项目的内在规律，有效地计划、组织、协调、控制各生产要素，使之在项目中合理流动，在动态中寻求平衡。

（4）在工程项目运行中，合理地、节约地使用资源，以达到节约资源（资金、材料、设备、劳动力）的目的。

2.建筑工程项目生产要素管理的内容

生产要素管理的主要内容包括生产要素的优化配置、生产要素的优化组合、生产要素的动态管理三个方面。

（1）生产要素的优化配置

　　生产要素的优化配置，就是按照优化的原则安排生产要素，按照项目所必需的生产要素配置要求，科学而合理地投入人力、物力、财力，使之在一定资源条件下实现最佳的社会效益和经济效益。

　　具体来说，对建筑工程项目生产要素的优化配置主要包括对人力资源（即劳动力）的优化配置、对材料的优化配置、对资金的优化配置和对技术的优化配置等几个方面。

　　（2）生产要素的优化组合

　　生产要素的优化组合是生产力发展的标志，随着科学技术的进步，现代管理方法和手段的运用，生产要素优化组合将对提高施工企业管理集约化程度起推动作用。

　　其内容一是指生产要素的自身优化，即各种要素的素质提高的过程。二是优化基础上的结合，各要素有机结合发挥各自优势。

　　（3）生产要素的动态管理

　　生产要素的动态管理是指依据项目本身的动态过程而产生的项目施工组织方式。项目动态管理以施工项目为基点来优化和管理企业的人、财、物，以动态的组织形式和一系列动态的控制方法来实现企业生产诸要素按项目要求的最佳组合。

（三）生产要素管理的方法和工具

　　1.生产要素优化配置方法

　　不同的生产要素，其优化配置方法各不相同，可根据生产要素特点确定。常用的方法有网络优化方法、优选方法、界限使用时间法、单位工程量成本法、等值成本法及技术经济比较法。

　　2.生产要素动态管理方法

　　动态管理的常用方法有动态平衡法、日常调度、核算、生产要素管理评价、现场管理与监督、存储理论与价值工程等。

二、人力资源管理

（一）建筑工程项目人力资源管理概述

　　1.人力资源管理含义

　　人力资源管理这一概念主要是指通过掌握的科学管理办法，来对一定范围内的人力资源进行必要的培训，进行科学的组织，以便达到人力资源与物力资源充分利用。在人力资源管理工作中，较为重要的一点就是对工作人员的思想情况、心理特征以及实际行为进行有效的引导，以便充分激发工作人员的工作积极性，让工作人员能够在自己的工作岗位上发光发热，适应企业的发展脚步。

2.人力资源管理在建筑工程项目管理中的重要性

人力资源管理工作作为企业管理工作中的重要组成部分，其工作质量会对企业的长远发展产生极为重要的影响。而对于建筑企业来说也是如此，这是由于在建筑工程项目管理中充分发挥人力资源管理工作的效用，就能够帮助企业累积人才，并将人才转化为企业的核心竞争力，通过优化配置人力资源来推动建筑企业的可持续发展。

（二）建筑工程项目人力资源管理问题

1.管理者观念的落后

随着社会的不断发展，各行各业在寻求可持续发展的道路上都应与时俱进地更新管理观念，特别是对于建筑行业来说，就目前而言，大部分建筑企业在人力资源管理工作中所应用的管理观念都较为落后，不仅不能够对企业中的人力资源进行合理配置与培训，不能为企业培养出精兵强将，同时还会因管理观念落后而对人力资源管理工作重要性的发挥严重阻碍，会对企业工作人员岗位培训与调动等产生不良影响。再加上，部分人力资源的管理工作人员缺乏对信息技术的正确认识，不能利用现代化的眼光来对人力资源管理工作理念进行变革，不利于建筑企业的长远发展。

2.人力资源管理体系的不完善

当前我国部分建筑企业都缺乏对人力资源管理工作的重视，没有建立应有的人力资源管理体系，使得人力资源管理工作的开展无法得到制度保障。在这种不完善的管理体系指导下的人力资源管理工作质量也就不能得到有效保证。还有的建筑企业建立了人力资源管理体系，但是却没有及时对其进行更新与优化，使其不能满足当前人力资源管理工作的需求，也就无法为企业发展提供坚实的人力基础。因此，人力资源管理体系的不健全也是影响建筑企业人力资源管理工作质量的重点。

3.缺乏完善的激励机制

当前我国建筑企业人力资源管理工作大多还缺乏完善的激励机制，而导致这一问题出现的原因主要在于部分人力资源管理工作人员忽视了奖金对工作人员的激励作用，不会利用奖金来充分调动工作人员的积极性与工作热情，也就无法在建筑企业内部创造一个良好的竞争环境，不利于实现企业的长远发展。与此同时，还包括晋升机制的不完善。

我国大部分建筑企业在对工作人员进行岗位晋升时都不重视对其工作绩效的考察，或是对其工作绩效情况进行了考察，但是并没有起到应有的作用，进而在一定程度上影响了工作人员的积极性，也就无法保证工作人员能够全身心地投入到岗位工作中，这对于实现企业经营发展目标是十分不利的。

（三）建筑工程项目人力资源管理优化

1.管理者观念的转变

建筑工程企业应重视对先进管理理念的学习与应用，摒弃传统落后的管理观念，为提高自身人力资源管理水平奠定理念基础。这就需要企业的人力资源管理者能够对重视对自身专业水平的提升，积极学习新的管理理念，并充分利用互联网信息技术等来进行人力资源管理能力的自我锻炼，以便为提高建筑工程项目人力资源管理水平奠定基础。

2.健全管理人才培养模式

健全管理人才培养模式，要从提高管理团队的综合素质与专业水平出发，通过这些方面来实现对人力资源管理工作质量的提升。这是由于工作人员是建筑企业开展人力资源管理工作的主体，其素质状况直接影响着人力资源管理工作效果的发挥。

3.建立完善的激励机制

建筑企业要重视对激励机制的建立与完善，以便能够充分调动工作人员的积极性。要将工作人员的工作绩效与薪资水平挂钩，以激发工作人员的主观能动性。同时，还应对工作态度认真且有突出表现的工作人员给予口头表扬等精神层面的鼓励，进而在企业内部形成一种积极向上、不断提升自己能力的工作氛围。此外，企业还应将工作人员平时的绩效考核情况与其岗位升迁等进行紧密联系，并重视对人才晋升机制的完善与优化，引导工作人员实现自主提升，并逐渐推动企业的健康发展。

三、建筑材料管理

（一）材料供应管理

一般而言，当前材料选择通常指的是在建筑相关工程立项后通过相关施工单位展开自主采购，且在实际采购过程中在严格遵循相关条例的规定的同时，还要满足设计中的材料说明要求。对材料供应商应该具有正规合法的采购合同，而对防水材料、水电材料、装饰材料、保温材料、砌筑材料、碎石、沙子、钢筋、水泥等采取材料备案证明管理，同时实施材料进厂记录。

1.供应商的选择

供应商的选择是材料供应管理的第一步，在对建筑材料市场上诸多供应商进行选择时，应该注意以下几个方面：首先，采购员应该对各供应商的材料进行比较，认真核查材料的生产厂家，仔细审核供应商的资质，所有的建筑材料必须符合国家标准；其次，在对采购合同进行签订之前，还应该验证现场建筑材料的检测报告、进出厂合格证明文件以及复试报告等；最后，与供应商所直接签订的合同需要在法律保障下才可以发挥其行之有效的作用。

2.制订采购计划文件

当前在确定好供应商之后，就要开始编制相应的计划文件，这就需要相关的采购员严格依据施工进度方案、施工内容以及设计内容对具体的采购计划通过比较细致的研究从而制订出完善的采购方案。并且，采购员必须对其质量进行科学化的检测，进而确保材料其本身所具备的功能可以达到施工要求，更加有效地进行成本把控。

3.材料价格控制

建筑工程相应项目中所涉及的材料种类比较，有时需要同时和多家材料供应商合作，因此，在建筑材料采购过程中，采购员应该对所采购的材料完成相应的市场调查工作，多走访几家，对实际的价格做好管控工作。最终购买的材料在保证满足设计和施工要求的同时，尽可能地使价格降到最低，综合材料实际的运费，在最大限度上减少成本投入，进而达到材料资料等方面的有效控制。

4.进厂检验管理

在建筑材料购买之后，要严格进行材料进场验收，由监理单位和施工企业对进厂材料进行检验，对材料的证明文件、检测报告、复试报告以及出厂合格证进行审核。同时，委托具有相应资质的检测单位对进厂材料按批次取样检验，并做好备案书。检验结果不合格的材料坚决不能进厂使用，只有检验结果合格的材料才能使用。

（二）施工材料管理

1.材料的存放

建设单位要有专人负责掌管材料，将材料分好类别，以免材料之间发生化学反应，影响建筑材料的使用，同时，还要对材料的入库和出库时间、合作的生产厂家、材料之间的报告等做好登记，在项目部门领取材料进行施工时，项目施工人员必须凭小票领取材料，并签字，这样有利于施工后期建筑材料的回收再利用。

在建筑施工接近尾声之际，建设单位的工作人员应该将实际应用的建筑材料和计划用量进行比较，将使用的建筑材料数据记录下来，将剩余的建筑材料回收再利用，将建筑现场清理好，以免造成建筑材料的浪费，同时，还要把剩余的材料做好分类管理，减少施工材料的成本。

2.材料的使用

在建筑材料的使用过程中，要根据建筑材料的实际用量和计划用量做好建筑材料的使用，避免运输的材料超过计划上限，要严格控制材料的使用情况，做到不过多地损耗、浪费。总之，在施工阶段的建筑材料管理工作中，要合理安排材料的进库和验收工作，同时，还要掌握好施工进程，从而保证施工需要，管理人员要时常对建筑材料进行检查和记录，以防止材料的损失。

3.材料的维护

工程施工中的一些周转材料，应当按照其规格、型号摆放，并在上次使用后，及时除锈、上油，对于不能继续使用的，应及时更换。

4.工程收尾材料管理

做好工程的收尾工作，将主要力量、精力，放在新施工项目的转移方面，在工程接近收尾时，材料往往已经使用超过70%，需要认真检查现场的存料，估计未完工程实际用料量，在平衡基础上，调整原有的材料计划，消减多余，补充不足，以防止出现剩料情况，从而为清理场地创造优良条件。

四、机械设备管理

（一）建筑机械设备管理与维护的重要性

1.提高生产效率

建筑机械是建筑生产必不可少的工具，其也是建筑企业投入最多的方面。随着科学技术的日新月异，机械现代化是建筑现代化的标志。机械设备的不断更新要求建筑企业要不断更新技术知识，不断适应新环境的要求。机械设备可极大提高生产效率，降低生产成本，从而使建筑企业具有更高的竞争力，在激烈的市场中赢得先机。

2.在建筑中发挥重要作用

机械设备现代化是建筑现代化的基本条件，越先进的机械设备越能发挥整体效能，越能提高建筑生产质量，不断更新机械设备是建筑企业提高核心竞争力的关键。一些老旧设备、带病运转、安全措施不到位、产品型号混杂、安装不合理等问题都会影响到建筑企业的发展，所以，适当地对建筑机械设备进行管理与维护，对建筑工程项目的建设具有很重要的意义。

（二）建筑工程项目机械设备管理问题

1.建筑机械设备自身缺点

施工机械的制造厂商很多，厂商之间的建设基地与生产规模、生产能力等差距很大，因此建筑机械产品质量、产品结构、产品价格也存在很大的差距，为此一些建筑机械制造厂技术水平不高，导致市场建筑机械设备参差不齐，产品质量与产品安全未能保障，大大增加了建筑事故的发生率。如某市为塔机制造大城市，生产的塔机在全国范围内普遍使用，但塔吊倒塌事故时有发生，虽然导致事故的发生因素可能有多种，但是厂家对生产吊塔质量不合格或是不符合标准，也是导致此事故的发生因素之一。

随着有效机制加大，很多用的机械设备都是租赁的，一部分施工升降机是自购的，一部分小型机械是班组自带的机械设备，不论机械设备是自带还是租赁，由于项目施工现场中的机械设备长期缺乏维护和维修保养，安装随意装置、随意拆卸，再加上设备管理人员工作失控，建筑机械设备损坏的部分未及时修补，对配有皮带的机械设备与木工电锯设备未配置防护罩的现象较为严重。

2.建筑施工人员素质有待提高

在建筑施工场地，机械设备的操作人员素质不高，多数操作人员文化程度相对较低，对操作功能不熟悉、操作技能不熟练、操作经验不足导致对突发事件的反应能力相对薄弱，更不能预测危险事项带来的后果，建筑招工人员未对员工进行岗前培训，或是岗前培训过于走形式，对施工现场需要注意的事项和技巧未能准确告知，从而导致了事故安全隐患。

3.建筑机械设备的使用过于频繁

由于施工项目的不确定性，有些建筑施工项目未完工而另一个施工项目急需开工，建筑机械设备几乎两边跑，频繁使用造成设备保养不及时、工程机械磨损大、易发生建筑机械设备"带病"工作，加大了工作中的安全隐患。

（三）建筑机械设备维修与管理措施

1.设立专职部门

施工单位应该对建筑机械设备维修与管理足够的重视，可以设立一个专门的部门负责机械管理维修，部门中各个成员的职责必须明确规定，一旦出现问题，要立即追责，当然如有维修与管理人员表现良好，也要给予一定的奖励；其次，施工单位应该完善建筑机械管理与维修档案制度，同时做好统计工作，以便能够对机械设备进行统一的管理；最后，工程实践中，施工人员必须安排足够的人员来负责建筑机械设备管理，做到定人、定岗、定机，以保证每个机械设备都能够检查到位，作业时不会出现任何故障。

2.提高防范意识

施工人员应该意识到机械设备的维修与管理也是自己分内的工作，尤其是专门负责这项工作的施工人员。平时要不断加强自身素质，避免维修管理不当的行为出现。另外，机械设备操作人员操作过程中，要爱惜机械设备，进行合理操作，作业技术之后，应对机械设备进行检查，这既能够保证机械设备性能始终处于优良状态，也能够保证操作人员的自身安全。此外，待到工程竣工之后，施工人员一定要全面进行检查，再将机械设备调到其他工程场地中，以免影响其他工程进度。

3.做好建筑机械设备的日常保养

建筑机械设备既需要定期保养，也需要做好日常保养，这样才能够最大限度地保证机械设备始终保持良好状态。首先，有关部门要依据现实情况，制订科学合理的保养制度，编写保养说明书，并且依据机械设备种类来制订不同的保养措施，以便机械设备保养更具合理性、针对性；其次，机械设备维修与管理人员与机械设备的操作人员要进行时常沟通，要求操作人员必须依据保养制度的要求进行操作，如果是新型的机械设备，维修与管理人员还需要将操作要点告知操作人员，并且操作人员误操作，损坏机械设备；最后，建立激励制度，将建筑机械设备的技术情况、安全运行、消耗费用和维护保养等纳入奖惩制度中，以调动建筑机械设备管理人员和操作人员的工作积极性。组织开展一些建筑机械设备检查评比的活动，来推动机械设备的管理部门的工作。

五、项目技术管理

（一）项目技术管理的重要性

技术管理研究源于20世纪80年代初，技术管理作为专有词汇也是在该时期出现的。技术管理是一门边缘科学，比技术有更广一层的含义，即使技术贯穿于整个组织体系，使过去仅表现在车间及设备等方面的技术也可应用到财务、市场份额和其他事务中，将技术的竞争优势因素转为可靠的竞争能力，搞好技术管理是企业家或经营者的职责。

各工程项目均为典型项目，在实际工程项目管理中存在技术管理部门和人员。同时，可在很多与工程项目管理相关的期刊、文章中找到关于项目技术管理重要性的论述。技术管理在施工项目管理中是施工项目管理实施成本控制的重要手段、是施工项目质量管理的根本保证措施、是施工项目管理进度控制的有效途径。

（二）项目技术管理的作用

分析项目技术管理的作用，离不开项目目标实现，技术管理的作用包括保证、服务及纠偏作用。利用科学手段方法，制订合理可行的技术路线，起到项目目标实现保证作用；以项目目标为技术管理目标，其所有工作内容均围绕目标并服务于目标。在项目实施过程中，依靠检测手段，出现偏差时要通过技术措施纠正偏差。

技术管理在项目中的作用大小会因项目不同而不同，是以科学手段，提供保证项目各项目标实现的方法，是其他管理无法替代的。

（三）建筑工程项目技术管理内容

1.技术准备阶段的内容

为保证正式施工的进行，在前期的准备工作中，不仅要保证施工中需要的图纸等资料的完善无误，还需对施工方案进行反复确认。准备工作的强调，能有效降低图纸中存在的质量隐患。在对施工方案最终确定之前，应由项目经理以及技术管理的相关负责人对其进行审核，并让设计方案保留一定的调整空间，以便在实际施工中遇到有出入的地方可及时进行协调。在对施工相关资料进行审核中，各个负责人应对关键部分或有争议的部分进行反复讨论，最终确定最为科学的施工方案。同时，在技术准备阶段，确定施工需要的相关设备与材料等，能为接下来的施工节约一定的材料选择时间，保证施工能顺利完成。

2.施工阶段的内容

施工阶段的技术管理内容更加复杂，需要调整的空间也较大。在施工期间，工程变更与洽谈、技术问题的解决、材料选择以及规范的贯穿等事项都需要技术管理的参与。具体来讲，技术管理主要对施工过程中的施工技术与施工工艺等进行管理与监督。但是，施工工程是一个整体，技术管理也会涉及其他方面的内容。同时，也只有加强各个方面管理内容的协调与沟通，促使整个施工项目均衡发展，才能使其顺利完工。此外，技术管理还包括对施工工艺的开发与创新，有效解决施工过程中遇到的技术难题，并积极运用新的施工技术与理念，促进施工工艺的现代化及其不断进步。

3.贯穿于整个施工工程

技术管理是企业在施工工程中所进行的一系列技术组织与控制内容的总称。技术管理是贯穿于整个施工工程的全过程，所以其在施工管理中起着重要的影响作用。技术管理涉及施工方案的制订、施工材料的确定、施工工艺以及现场安全等事项的分配，对整个施工工程的顺利进行有着直接影响。众所周知，一个施工项目包含的内容比较多，涉及的事项也比较复杂。所以，在具体的施工过程中，技术管理包含的事项以及内容也比较多。技术管理的进行，应与施工管理与安全管理等内容同样重要，只有各个方面的管理能够均衡，才能促使施工工程的质量得到保证并顺利完成。

第三节 建筑工程项目资源管理优化

一、项目资源管理的优化

工程项目施工需要大量劳动力、材料、设备、资金和技术，其费用一般占工程总费用80%以上。因此，项目资源的优化管理在整个项目的经营管理中，尤其是成本的控制中占有重要的地位。资源管理优化时应遵循以下原则：资源耗用总量最少、资源使用结构合理、资源在施工中均衡投入。

项目资源管理贯穿工程项目施工的整个过程，主要体现在施工实施阶段。承包商在施工方案的制订中要依据工程施工实际需要采购和储存材料，配置劳动力和机械设备，将项目所需的资源按时按需、保质保量地供应到施工地点，并合理地减少项目资源的消耗，降低成本。

（一）利用工序编组优化调整资源均衡计划

大型工程项目中需要的资源种类繁多，数量巨大，资源供应的制约因素多，资源需求也不平衡。因此，资源计划必须包括对所有资源的采购、保管和使用过程建立完备的控制程序和责任体系，确定劳动力、材料和机械设备的供应和使用计划。

资源计划对施工方案的进度、成本指标的实现有重要的作用。施工技术方案决定了资源在某一时间段的需求量，而作为施工总体网络计划中限制条件的资源，对于工程施工的进度有着重要的影响，同时，均衡项目资源的使用，合理地降低资源的消耗也有助于施工方案成本指标的优化。

1.单资源的均衡优化

对于单项资源的均衡优化，建筑企业可以利用削峰法进行局部的调整，但是对于大型工程项目整体资源的均衡，应采用"方差法"进行均衡优化。"方差法"的原理是通过逐个地对非关键线路上的某一工序的开始和完成时间进行调整，然后在这些调整所产生的许多工序优化组合中找出资源需求量最小的那个组合。然而，对于大型工程项目而言，网络计划上非关键线路上工序的数量很多，资源需求情况也很复杂，调整所产生的工序优化组合会非常的多，往往使优化工作变得耗时或不可行，达不到最佳的优化效果。

实际工程中，可以通过将初始总时差相等且工序之间没有时间间隔的一组非关键线路上的工序并为一个工序链，减少非关键线路上工序的数量，降低工序优化的组合。

2.多资源的均衡优化

对于施工中的多资源均衡优化，可以利用模糊数学方法，综合资源在各种状况下的相对重要程度并排序，确定优化调整的顺序，然后再对资源进行优化调整。资源的优越性排序后，利用方差法对每一种资源计划进行优化调整。资源调整有冲突时，应根据资源的优越性排序确定调整的优先等级。

（二）推进组织管理中的团队建设与伙伴合作

项目组织作为一种组织资源，对于建筑企业在施工中节约项目管理费用有着重要的作用。建筑企业应在大型工程项目的施工与管理中加强项目管理机构的团队建设，与项目参与各方建立合作伙伴关系。

1.承包商项目管理团队建设

项目管理团队建设可以提高管理人员的参与度和积极性，增强工作的归属感和满意度，形成团队的共同承诺和目标，改善成员的交流和沟通，进而提升工作效率。项目管理团队建设还可以有效地防范承包商管理的内部风险，节约管理成本。

建筑企业将项目管理团队建设统一在工程项目人力资源管理中。通过制订规范化的组织结构图和工作岗位说明书，建立绩效管理和激励评价机制，来拓展团队成员的工作技能，使团队管理运行流畅，实现团队共同目标。

2.与项目各方建立合作伙伴关系

大型工程项目需要不同组织的众多人员共同参与，项目的成功取决于项目参与各方的密切合作。各方的关系不应仅仅是用合同语言表述的冷冰冰的工作关系，更需要建立各方更加紧密和高效的合作伙伴关系。

在工程项目的建设中，工程的庞大规模和施工的复杂性决定了项目参与各方建立合作伙伴关系的必要性。建筑企业应在项目施工管理方案中增加与业主、设计院和监理工程师等其他各方建立伙伴合作的内容，以期顺利成功地完成工程项目的施工。

合作伙伴关系对于项目管理的主要目标——进度、质量、安全和成本管理的影响是明显的。成功的伙伴合作关系不仅能缩短项目工期，降低项目成本，提高工程质量，而且能使项目运行更加安全。

3.优化材料采购和库存管理

材料的采购与库存管理是建筑工程项目资源管理的重要内容。材料采购管理的任务是保证工程施工所需材料的正常供应，在材料性能满足要求的前提下，控制、减少所有与采购相关的成本，包括直接采购成本（材料价格）和间接采购成本（材料运输、储存等费用），建立可靠、优秀的供应配套体系，努力减少浪费。

大型工程项目材料品种、数量多、体积庞大，规格型号复杂。而且施工多为露天作业，易受时间、天气和季节的影响，材料的季节性消耗和阶段性消耗问题突出。同时，施工过程中的许多不确定性因素，如设计变更、业主对施工要求的调整等，也会导致材料需求的变更。采购人员在材料采购时，不仅要保证材料的及时供应，还要考虑市场价格波动对于整个工程成本的影响。

二、建筑工程项目资源优化

（一）建筑工程项目中资源优化的必要性与可行性

当前我国社会化大生产使资源优化的矛盾日益凸显，土地供给紧张，主要原材料纷纷告缺，资源的利用和保护再次成为关注的焦点。建筑工程的建设是一个资源高消耗工程，不但需要消耗大量的钢材、水泥等建筑资源，还要占用土地、植被等自然资源。建筑工程项目可以从全局上来分配资源，平衡各个项目的需求，达成整体工程项目的目标。这是传统职能型管理的一大优点，因为局部最优并不一定是整体最优。但是职能部门对项目缺少直接的、及时的了解和关注。而"项目"具有实施难度很难准确估测、随时可能有突发事件发生这么一个的特点，这种情况下，职能部门按部就班的工作模式就无法应对项目的各种突发事件，无法及时向有需求的项目组提供资源。

（二）资源优化的程序和方法

可以将建筑资源优化过程划分为：更新策划与资源评价、方案设计与施工设计、工程实施三个阶段来进行。

建筑资源评价是在建筑资源调查的基础上，从合理开发利用和保护建筑资源及取得最大的社会、经济、环境效益的角度出发，选择某些因子，运用科学方法，对一定区域内建筑资源本身的规模、质量、分级及开发前景和施工开发条件进行综合分析和评判鉴定的过程。

资源评价与更新策划的工作是最为重要的环节，这也是现阶段旧建筑资源优化工作的瓶颈所在。从工作内容上来讲，资源评价与概念策划是建筑师职能的拓展，将建筑师的研究领域从传统的仅注重空间尺度、比例、造型，拓展到了对人、社会、环境生态、经济等方面。

通过资源利用的可靠性评价环节可以与规划相互沟通，将可利用资源通过定性与定量的方式表现出来，并通过文字将更新思想程序化、逻辑化表达给投资商、政策管理机构，最后将策划成果直接用于改造设计。在工作中始终保持连续性将有利地保证更新在持续合理状态中进行。比如在建筑设计中，在标准阶段进行优化，要有精细化的设计，要根据每个建筑的不同特性去做精细化的设计，所以一定要强调"优生优育"。选择钢筋时，细而密的钢筋一般会同时具有经济和安全的双重优点：比如，细钢筋用作板和梁的纵筋时，锚固长度可以缩短，裂缝宽度一定会减小；用作箍筋时，弯钩可以缩短，安全度又不会降低。追求性价比的概念不是说性价比最高的那个方案就是开发商应该要的，而是最适合的才是应当被选择被采纳的。

（三）建筑工程项目资源优化的意义

资源是一个工程项目实施的最主要的要素，是支撑整个项目的物质保障，是工程实施必不可少的前提条件。真正做到资源优化管理，将项目实施所需的资源按正确的时间、正确的数量供应到正确的地点，可以降低资源成本消耗，是工程成本节约的主要途径。

只有不断地提高人力资源的开发和管理水平，才能充分开发人的潜能。以全面、缜密的思维和更优化的管理方式，保证项目以更低的投入获得更高的产出，切实保障进度计划的落实、工程质量的优良、经济效益的最佳；只有重视项目计划和资源计划控制的实践性，真正地去完善项目管理行为，才能够根据建筑项目的进度计划，合理地、高效地利用资源；才能实现提高项目管理综合效益，促进整体优化的目的。

三、建筑工程项目资源管理优化内容

（一）施工资源管理环节

在项目施工过程中，对施工资源进行管理；应注意以下几个环节。

1.编制施工资源计划

编制施工资源计划的目的是对资源投入量、投入时间和投入步骤做出合理安排，以满足施工项目实施的需要，计划是优化配置和组合的手段。

2.资源的供应

按照编制的计划，从资源来源到投入到施工项目上实施，使计划得以实现，施工项目的需要得以保证。

3.节约使用资源

根据每种资源的特性，制订出科学的措施，进行动态配置和组合，协调投入，合理使用，不断地纠正偏差，以尽可能少的资源满足项目的使用，达到节约的目的。

4.合理预算

进行资源投入、使用与产出的核算，实现节约使用的目的。

5.进行资源使用效果的分析

一方面是对管理效果的总结，找出经验和问题，评价管理活动；另一方面为管理提供储备和反馈消息，以指导以后（或下一循环）的管理工作。

（二）建筑项目资源管理的优化

目前国内在建的一些工程项目中，相当一部分施工企业还没有真正地做到科学管理，在项目的计划与控制技术方面，更是缺少科学的手段和方法。要解决好这些问题，应该做到以下几点。

1.科学合理地安排施工计划，提高施工的连续性和均衡性

安排施工计划时应考虑人工、机械、材料的使用问题。使各工种能够相互协调，密切配合，有次序、不间断地均衡施工。因此，科学合理安排人工、机械、材料在全施工阶段内能够连续均衡发挥效益是必要的，这就需要对工程进行全面规划，编制出与实际相适应的施工资源计划。

2.做好人力资源的优化

人力资源管理是一种人的经营。一个工程项目是否能够正常发展，关键在于对人力资源的管理。

（1）实行招聘录用制度

对所有岗位进行职务分析，制订每个岗位的技能要求和职务规范。广泛向社会招聘人才，对通过技能考核的人员，遵照少而精、宁缺毋滥原则录用，做到岗位与能力相匹配。

（2）合理分工，开发潜能

对所有的在岗员工进行合理分工，并充分发挥个人特长，给予他们更多的实际工作机会。开发他们的潜能，做到"人尽其才"。

（3）为员工搭建一个公平竞争的平台

只有通过公平竞争才能使人才脱颖而出，才能吸引并留住真正有才能的人。

（4）建立绩效考核体系，明确考核条线，纵横对比

确立考核内容，对技术水平、组织能力等进行考核，不同的考核运用不同的考核方法。

（5）建立晋升、岗位调换制度

以绩效为基础，以技能为主。通过考核把真正有能力、有水平的员工晋升至更重要的岗位，以发挥更大的作用。

（6）建立薪酬分配机制

对有能力、有水平的在岗员工，项目管理者应该着重使高额报酬与高中等的绩效奖励相结合，并给予中等水平的福利待遇，调动在岗员工的积极性，使人人都有一个奋发向上的工作热情，形成一个有技能、创业型的团队。

（7）建立末位淘汰制度

以绩效技能考核为依据，制订并严格遵循"末位淘汰制度"，将不适应工作岗位、不能胜任本职工作的人员淘汰出局，以达到"留住人才，淘汰庸才"的目的。

3.要做好物质资源的优化

（1）对建筑材料、资金进行优化配置

即适时、适量、比例适当、位置适宜地投入，以满足施工需要。

（2）对机械设备优化组合

即对投入施工项目的机械设备在施工中适当搭配，相互协调地发挥作用。

（3）对设备、材料、资金进行动态管理

动态管理的基本内容就是按照项目的内在规律，有效地计划、组织、协调、控制各种物质资源，使之在项目中合理流动，在动态中寻求平衡。

第七章　建筑工程项目进度管理

第一节　建筑工程项目进度管理概述

一、项目进度管理

（一）引例

下面是一则关于项目进度管理的例子。

H 公司前不久接下了一个软件项目，其主要的内容是为一个餐饮公司做一个 MIS 系统，并且要求整个项目在 3 个月之内完成。合同签署之后，该公司指派了一名项目经理，在经过了需求调查之后，该项目经理向公司提交了一份详细的项目计划书，而且项目完成的时间也完全与合同要求相同，整整 3 个月。

时间过得很快，项目似乎也进展得很顺利，项目经理也严格按照规定每周上交了漂亮的进度报告，项目完成的百分比也一直和项目计划保持着一致。

很快到了第 11 周，项目进度指标已完成 85%。但是，第 12 周出了问题，项目无法按时交付，希望能够再延长 3 周。H 公司的市场部门急了，你不是上周就完成了 85% 吗？这周出了什么问题！项目经理解释说，项目的需求一直有变化，增加了不少工作量。没办法，市场部门开始向客户解释。3 周过去后，进度报告上指标完成了 90%，希望能够再延长 3 周。

这时候不仅是市场部门火了，客户也气急败坏。但是这并没有解决问题，项目一直拖到了第 5 个月才完成，延期交付给 H 公司造成了巨大的经济与信誉损失。

通过分析以上案例，可以发现，问题的主要原因是软件开发项目的进度管理没有做好，主要存在以下问题。

（1）所有的项目进度计划均是由项目经理的估计值制订的，也就是说项目经理包办了整个项目进度计划的制订工作。

（2）在项目进度计划中只是简单地在每个阶段的结束时间上标上了一个里程碑符号。

（3）进度报告中的项目完成百分比，可能是直接通过"已经历的时间"计算得到的。

（4）项目过程中，需求在变化，但项目计划却没有跟进。

（5）项目延迟的主要原因在于两个方面：项目需求增加以及系统设计和编码实现的时间都超过了原先的计划。

（二）项目进度管理的基本概念

1.进度的概念

进度是指项目活动在时间上的排列，强调的是一种工作进展以及对工作的协调和控制，所以常有加快进度、赶进度、拖了进度等称谓。对于进度，通常还常以其中的一项内容——"工期"来代称，讲工期也就是讲进度。只要是项目，就有一个进度问题。

2.进行项目进度管理的必要性

项目管理集中反映在成本、质量和进度三个方面，这反映了项目管理的实质，这三个方面通常称为项目管理的"三要素"。进度是三要素之一，它与成本、质量两要素有着辩证的有机联系。对进度的要求是通过严密的进度计划及合同条款的约束，使项目能够尽快地竣工。

实践表明，质量、工期和成本是相互影响的一般来说，在工期和成本之间，项目进展速度越快，完成的工作量越多，则单位工程量的成本越低。但突击性的作业，往往也增加成本。在工期与质量之间，一般工期越紧，如采取快速突击、加快进度的方法，项目质量就较难保证。项目进度的合理安排，对保证项目的工期、质量和成本有直接的影响，是全面实施"三要素"的关键环节。科学而符合合同条款要求的进度，有利于控制项目成本和质量。仓促赶工或任意拖拉，往往伴随着费用的失控，也容易影响工程质量。

3.项目进度管理概念

项目进度管理又称为项目时间管理，是指在项目进展的过程中，为了确保项目能够在规定的时间内实现项目的目标，对项目活动进度及日程安排所进行的管理过程。

4.项目进度管理的重要性

据专家分析，对于一个大的信息系统开发咨询公司，有25%的大项目被取消，

60%的项目远远超过成本预算，70%的项目存在质量问题是很正常的事情，只有很少一部分项目确实按时完成并达到了项目的全部要求，而正确的项目计划、适当的进度安排和有效的项目控制可以避免上述这些问题。

（三）项目进度管理的基本内容

项目进度管理包括两大部分内容：一个是项目进度计划的编制，要拟定在规定的时间内合理且经济的进度计划；另一个是项目进度计划的控制，是指在执行该计划的过程中，检查实际进度是否按计划要求进行，若出现偏差，要及时找出原因，采取必要的补救措施或调整、修改原计划，直至项目完成。

1.项目进度管理过程

（1）活动定义

确定为完成各种项目可交付成果所必须进行的各项具体活动。

（2）活动排序

确定各活动之间的依赖关系，并形成文档。

（3）活动资源估算

估算完成每项确定时间的活动所需要的资源种类和数量。

（4）活动时间估算

估算完成每项活动所需要的单位工作时间。

（5）进度计划编制

分析活动顺序、活动时间、资源需求和时间限制，以编制项目进度计划。

（6）进度计划控制

运用进度控制方法，对项目实际进度进行监控，对项目进度计划进行调整。项目进度管理更过程的工作是在项目管理团队确定初步计划后进行的。有些项目，特别是一些小项目，活动排序、活动资源估算、活动时间估算和进度计划编制这些过程紧密相连可视为一个过程，可由一个人在较短时间内完成。

2.项目进度计划编制

项目进度计划编制是通过项目的活动定义、活动排序、活动时间估算，在综合考虑项目资源和其他制约因素的前提下，确定各项目活动的起始和完成日期、具体实施方案和措施，进而制订整个项目的进度计划。其主要目的是：合理安排项目时间，从而保证项目目标的完成；为项目实施过程中的进度控制提供依据；为各资源的配置提供依据；为有关各方时间的协调配合提供依据。

3.项目进度计划控制

项目进度计划控制是指项目进度计划制订以后，在项目实施过程中，对实施进展情况进行检查、对比、分析、调整，以保证项目进度计划总目标得以实现的活动。按照不同管理层次对进度控制的要求项目进度控制分为三类。

（1）项目总进度控制

即项目经理等高层管理部门对项目中各里程碑时间的进度控制。

（2）项目主进度控制

主要是项目部门对项目中每一主要事件的进度控制；在多级项目中，这些事件可能是各个分项目；通过控制项目主进度使其按计划进行，就能保证总进度计划的如期完成。

（3）项目详细进度控制

主要是各作业部门对各具体作业进度计划的控制；这是进度控制的基础，只有详细进度得到较强的控制才能保证主进度按计划进行，最终保证项目总进度，使项目目标得以顺利实现。

二、建筑工程项目进度管理

（一）建筑工程项目进度管理概念

建筑工程项目进度管理是指根据进度目标的要求，对建筑工程项目各阶段的工作内容、工作程序、持续时间和衔接关系编制计划，将该计划付诸实施，在实施的过程中，经常检查实际工作是否按计划要求进行，对出现的偏差分析原因，采取补救措施或调整、修改原计划直至工程竣工、交付使用。进度管理的最终目的是确保项目工期目标的实现。

建筑工程项目进度管理是建筑工程项目管理的一项核心管理职能。由于建筑项目是在开放的环境中进行的，置身于特殊的法律环境之下，并且生产过程中的人员、工具与设备具有流动性，产品的单件性等都决定了进度管理的复杂性及动态性，必须加强项目实施过程中的跟踪控制。进度控制与质量控制、投资控制是工程项目建设中并列的三大目标之一。它们之间有着密切的相互依赖和制约关系。通常，进度加快，需要增加投资，但工程能提前使用就可以提高投资效益；进度加快有可能影响工程质量，而质量控制严格则有可能影响进度，但如因质量的严格控制而不致返工，又会加快进度。因此，项目管理者在实施进度管理工作中，要对三个目标全面、系统地加以考虑，正确处理好进度、质量和投资的关系，提高工程建设的综合效益。特别是对一些投资较大的工程，在采取进度控制措施时，要特别注意其对成本和质量的影响。

（二）建筑工程项目进度管理的方法和措施

建筑工程项目进度管理的方法主要有规划、控制和协调。规划是指确定施工项目总进度控制目标和分进度控制目标，并编制其进度计划；控制是指在施工项目实施的全过程中，比较施工实际进度与施工计划进度，出现偏差及时采取措施调整；协调是指协调与施工进度有关的单位、部门和施工工作队之间的进度关系。

建筑工程项目进度管理采取的主要措施有组织措施、技术措施、合同措施和经济措施。

1.组织措施

组织措施主要包括建立施工项目进度实施和控制的组织系统，制订进度控制工作制度，检查时间、方法，召开协调会议，落实各层次进度控制人员、具体任务和工作职责；确定施工项目进度目标，建立施工项目进度控制目标体系。

2.技术措施

采取技术措施时应尽可能采用先进施工技术、方法和新材料、新工艺、新技术，保证进度目标的实现。落实施工方案，在发生问题时，及时调整工作之间的逻辑关系，加快施工进度。

3.合同措施

采取合同措施时以合同形式保证工期进度的实现，即保持总进度控制目标与合同总工期一致，分包合同的工期与总包合同的工期相一致，供货、供电、运输、构件加工等合同规定的提供服务时间与有关的进度控制目标一致。

4.经济措施

经济措施是指落实进度目标的保证资金，签订并实施关于工期和进度的经济承包责任制，建立并实施关于工期和进度的奖惩制度。

（三）建筑工程项目进度管理的内容

1.项目进度计划

建筑工程项目进度计划包括项目的前期、设计、施工和使用前的准备等内容。项目进度计划的主要内容就是制订各级项目进度计划，包括进行总控制的项目总进度计划、进行中间控制的项目分阶段进度计划和进行详细控制的各子项进度计划，并对这些进度计划进行优化，以达到对这些项目进度计划的有效控制。

2.项目进度实施

建筑工程项目进度实施就是在资金、技术、合同、管理信息等方面进度保证措施落实的前提下，使项目进度按照计划实施。施工过程中存在各种干扰因素，其将使项目进度的实施结果偏离进度计划，项目进度实施的任务就是预测这些干扰因素，对其风险程度进行分析，并采取预控措施，以保证实际进度与计划进度吻合。

3.项目进度检查

建筑工程项目进度检查的目的是了解和掌握建筑工程项目进度计划在实施过

程中的变化趋势和偏差程度。项目进度检查的主要内容有跟踪检查、数据采集和偏差分析。

4.项目进度调整

建筑工程项目进度调整是整个项目进度控制中最困难、最关键的内容。其包括以下几个方面的内容。

（1）偏差分析

分析影响进度的各种因素和产生偏差的前因后果。

（2）动态调整

寻求进度调整的约束条件和可行方案。

（3）优化控制

调控的目标是使工程项目的进度和费用变化最小，达到或接近进度计划的优化控制目标。

三、建筑工程项目进度管理的基本原理

（一）动态控制原理

动态控制是指对建设工程项目在实施的过程中在时间和空间上的主客观变化而进行项目管理的基本方法论。由于项目在实施过程中主客观条件的变化是绝对的，不变则是相对的；在项目进展过程中平衡是暂时的，不平衡则是永恒的，因此在项目的实施过程中必须随着情况的变化进行项目目标的动态控制。

建筑工程进度控制是一个不断变化的动态过程，在项目开始阶段，实际进度按照计划进度的规划进行运行，但由于外界因素的影响，实际进度的执行往往会与计划进度出现偏差，出现超前或滞后的现象。这时应通过分析偏差产生的原因，采取相应的改进措施，调整原来的计划，使二者在新的起点上重合，并发挥组织管理作用，使实际进度继续按照计划进行。在一段时间后，实际进度和计划进度又会出现新的偏差。因此，建筑工程进度控制出现了一个动态的调整过程。

（二）系统原理

系统原理是现代管理科学的一个最基本的原理。它是指人们在从事管理工作时，运用系统的观点、理论和方法对管理活动进行充分的系统分析，以达到管理的优化目标，即从系统论的角度来认识和处理企业管理中出现的问题。

系统是普遍存在的，它既可以应用于自然和社会事件，又可应用于大小单位组织的人际关系之中。因此，通常可以把任何一个管理对象都看成是特定的系统。组织管理者要实现管理的有效性，就必须对管理进行充分的系统分析，把握住管理的每一个要素及要素间的联系，实现系统化的管理。

建筑工程项目是一个大系统，其进度控制也是一个大系统，进度控制中，计划进度的编制受到许多因素的影响，不能只考虑某一个因素或几个因素。进度控制组织和进度实施组织也具有系统性，因此，工程进度控制具有系统性，应该综合考虑各种因素的影响。

（三）信息反馈原理

通俗地说，信息反馈就是指由控制系统把信输送出去，又把其作用结果返送回来，并对信息的再输出发生影响，起到制的作用，以达到预定的目的。

信息反馈是建筑工程进度控制的重要环节，施工的实际进度通过信息反馈给基层进度控制工作人员，在分工的职责范围内，信息经过加工逐级反馈给上级主管部门，最后到达主控制室，主控制室整理统计各方面的信息，经过比较分析做出决策，调整进度计划。进度控制不断调整的过程实际上就是信息不断反馈的过程。

（四）弹性原理

所谓弹性原理，是指管理必须要有很强的适应性和灵活性，用以适应系统外部环境和内部条件千变万化的形势，实现灵活管理。

建筑工程进度计划工期长、影响因素多，因此，进度计划的编制就会留出余地，使计划进度具有弹性。进行进度控制时应利用这些弹性，缩短有关工作的时间，或改变工作之间的搭接关系，使计划进度和实际进度吻合。

（五）封闭循环原理

项目的进度计划控制的全过程是计划、实施、检查、比较分析、确定调整措施、再计划。从编制项目施工进度计划开始，经过实施过程中的跟踪检查，收集有关实际进度的信息，比较和分析实际进度与施工计划进度之间的偏差，找出产生原因和解决办法，确定调整措施，再修改原进度计划，形成一个封闭的循环系统。

（六）网络计划技术原理

网络计划技术是指用于工程项目的计划与控制的一项管理技术，依其起源有关键路径法（CPM）与计划评审法（PERT）之分。通过网络分析研究工程费用与工期的相互关系，并找出在编制计划及计划执行过程中的关键路线，这种方法称为关键路线法（CPM）。另一种注重对各项工作安排的评价和审查的方法被称为计划评审法（PERT）。CPM主要应用于以往在类似工程中已取得一定经验的承包工程，PERT更多地应用于研究与开发项目。

网络计划技术原理是建筑工程进度控制的计划管理和分析计算的理论基础。

在进度控制中，要利用网络计划技术原理编制进度计划，根据实际进度信息，比较和分析进度计划，又要利用网络计划的工期优化、工期与成本优化和资源优化的理论调整计划。

第二节　建筑工程项目进度影响因素

一、影响建筑工程项目进度的因素

（一）自然环境因素

由于工程建设项目具有庞大、复杂、周期长、相关单位多等特点，且建筑工程施工进程会受到地理位置、地形条件、气候、水文及周边环境好坏的影响，一旦在实际的施工过程中这些不利因素中的某一类因素出现，都将对施工进程造成一定的影响。当施工的地理位置处于山区交通不发达或者是条件恶劣的地质条件下时，由于施工工作面较小，施工场地较为狭窄，建筑材料无法及时供应，或者是运输建筑材料时需要花费大的时间，再加上野外环境中对工作人员的考验，一些有毒有害的蚊虫等都将对员工造成伤害，对施工进程造成一定的影响。

天气不仅影响到施工进程，而且有时候天气过于恶劣，会对施工路面、场地，和已经施工完成的部分建筑物以及相关施工设备造成严重破坏，这将进一步制约施工的进行。反之，如果建筑工程施工的地域处于平坦地形，且交通便利便于设备和建筑材料的运输，且环境气候宜人，则有利于施工进程的控制。

（二）建筑工程材料、设备因素

材料、构配件、机具、设备供应环节的差错，品种、规格、质量、数量、时间不能满足工程的需要；特殊材料及新材料的不合理使用；施工设备不配套，造型不当，安装失误、有故障等，都会影响施工进度。

比如建筑材料供应不及时，就会出现缺料停工的现象，而工人的工资还需正常计费，这无疑是对企业的重创，不仅没有带来利润而且还消耗了人力资源。此外，在资金到位，所有材料一应俱全的时候，还需要注意材料的质量，确保材料质量达标，如果材料存在质量问题，在施工的过程中将会出现塌方、返工，影响施工质量，最终延误工期进程。

（三）施工技术因素

施工技术是影响施工进程的直接因素，尤其是一些大型的建筑项目或者是新型的建筑。即便是对于一些道路或者房屋建筑类的施工项目其中蕴含的施工技术也是大有讲究的，科学、合理的施工技法明显能够加快施工进程。

由于建筑项目的不同，因此建筑企业在选择施工方案的时候也有所不同，首先施工人员与技术人员要正确、全面地分析、了解项目的特点和实际施工情况，实地考察施工环境。并设计好施工图纸，施工图纸要求简单明了，在需要标注的地方一定要勾画出来，以免图纸会审工作中出现理解偏差，选择合适的施工技术保障在规定的时期内完成工程，在具体施工的过程中由于业主对需求功能的变更，原设计将不再符合施工要求，因此要及时调整、优化施工方案和施工技术。

（四）项目管理人员因素

整个建筑工程的施工中，排除外界环境的影响，人作为主体影响着整个工程的工期，其建筑项目的主要管理人员的能力与知识和经验直接影响着整个工程的进度，在实际的施工过程中，由于项目管理人员没有实践活动的经验基础，或者是没有真才实学，缺乏施工知识和技术，无法对一些复杂的影响工程进度的因素有一个好的把控。再或者是项目管理人员不能正确地认识工程技术的重要性，没有认真投入到项目建设中去，人为主观地降低了项目建设技术、质量标准，对施工中潜在的危险没有意识到，且对风险的预备处理不足，将造成对整个工程施工进程的严重影响。

此外，由于项目管理人员的管理不到位，工厂现场的施工工序和建筑材料的堆放不够科学、合理，造成对施工人员施工动作的影响，对后期的建筑质量造成了一定的冲击。对于施工人力资源和设备的搭配不够合理，浪费了较多的人力资源，致使施工中出现纰漏等等都将直接或间接地对施工进程造成一定的影响。最主要的一点就是项目管理人员在建筑施工前几个月内，对地方建设行政部门审批工作不够及时，也会影响施工工期，这种因素下对施工的影响可以说是人为主观对工程项目的态度不够端正直接造成的，一旦出现这种问题，企业则需要认真考虑是否重新指定相关项目负责人，防止对施工进程造成延误。

（五）其他因素

1.建设单位因素

如建设单位即业主使用要求改变而进行设计变更，应提供的施工场地条件不能及时提供或所提供的场地不能满足工程正常需要，不能及时向施工承包单位或材料供应商付款等都会影响到施工进度。

2.勘察设计因素

如勘察资料不准确，特别是地质资料错误或遗漏，设计内容不完善，规范应用不恰当，设计有缺陷或错误等。还有设计对施工的可能性未考虑或考虑不周，施工图纸供应不及时、不配套，出现重大差错等都会影响到施工进度。

（六）资金因素

工程项目的顺利进行必须要有雄厚的资金作为保障，由于其涉及多方利益，因此往往成为最受关注的因素。按其计入成本的方法划分，一般分为直接费用、间接费用两部分。

1.直接费用

直接费用是指直接为生产产品而发生的各项费用，包括直接材料费、直接人工费和其他直接支出。工程项目中的直接费用是指施工过程中直接耗费构成的支出。

2.间接费用

间接费用是指企业的各项目经理部为施工准备、组织和管理施工生产所发生的全部施工间接支出。

此外，如有关方拖欠资金，资金不到位、资金短缺、汇率浮动和通货膨胀等也都会影响建筑工程的进度。

二、建筑工程施工进度管理的具体措施

（一）对项目组织进行控制

在进行施工组织人员的组建过程中，要尽量选取施工经验丰富的人，为了能够实现工期目标，在签署合同过程后，要求项目管理人员及时到施工工地进行实地考察，制订实施性施工组织设计，还要与施工当地的政府和民众建立联系，确保获得当地民众的支持，从而为建筑工程的施工创造有利的外界环境条件，确保施工顺利进行。在建筑工程项目施工前，要结合现场施工条件，来制订具体的建筑施工方案，确保在施工中实现施工的标准化，能够在施工中严格按照规定的管理标准来合理安排工序。

1.选择一名优秀合格的项目经理

在建筑工程施工中选择一名优秀合格的项目经理，对于工程项目的工程进度的提升具有十分积极的影响。在实际的建筑工程项目中会面临着众多复杂的状况，难以解决。如果选择一名优秀合格的项目经理的话，由于项目经理自身掌握着扎实的理论知识和过硬的专业技能，能够结合实际的建筑工程项目施工情况，最大限度地去利用现有资源去提升施工工程的施工效率。因此，在选择项目经理的时候，要注重考察项目经理的管理能力、执行能力、专业技能、人际交往能力等，只有这样才能够实现工程的合理妥善管理，对于缩短建筑工程施工工期有着巨大的帮助。

2.选择优秀合格的监理

要想对建筑施工工程工期进行合理控制，除了对施工单位采取措施外，还必须发挥工程监理的作用，协调各个承包单位之间的关系，实现良好的合作关系，缩短施工工期。而对于那些难以进行协调控制的环节和关系，在总的建筑工程施工进度安排计划中则要预留充分的时间进行调节。对于一名工程的业主和由业主聘请的监理工程师来说，要努力尽到自身的义务，尽力在规定的工期内完成施工任务。

（二）对施工物资进行控制

为了确保建筑工程施工进度符合要求，必须要对施工过程的每个环节中的材料、配件、构件等进行严格的控制。在施工过程中，要对所有的物资进行严格的质量检验工作。在制订出整个工程进度计划后，施工单位要根据实际情况来制订最合理的采购计划，在采购材料的过程中要重视材料的供货时间、供货地点、运输时间等，确保施工物资能够符合建筑工程施工过程中的需求。

（三）对施工机械设备进行控制

施工机械设备对建筑工程施工进度影响非常大，要避免因施工机械设备故障影响进度。在建筑施工中应用最广的塔吊对于整个工程项目的施工进度有着决定性作用，所以要重视塔吊问题，在塔吊的安装过程中就要确保塔吊的稳定性安装，然后必须要经过专门的质量安全机构进行检查，检查合格后才能够投入施工建设工作中，避免后续出现问题。然后，操作塔吊的工作人员必须是具有上岗证的专业人员。在施工场地中的所有建筑机械设备都要通过专门的部门检查和证明，所有的设备操作人员都要符合专业要求，并且要实施岗位责任制。此外，塔吊位置设置应科学合理，想方设法物尽其用。

（四）对施工技术和施工工序进行控制

尽量选用合适的技术加快进度，减少技术变更加快进度。在施工开展前要对施工工程的图纸进行审核工作，确保施工单位明确施工图纸中的每个细节，如果出现不懂或者疑问的地方，要及时地和设计单位进行联系，然后确保对图纸的全面理解。在对图纸全面理解过后，要对项目总进度计划和各个分项目计划做出宏观调控，对关键的施工环节编制严格合理的施工工序，确保施工进度符合要求。

第三节　建筑工程项目进度优化控制

一、项目进度控制

（一）项目进度控制的过程

项目进度控制是项目进度管理的重要内容和重要过程之一，由于项目进度计划只是根据相关技术对项目的每项活动进行估算，并做出项目的每项活动进度的安排。然而在编制项目进度计划时事先难以预料的问题很多，因此在项目进度计划执行过程中往往会发生程度不等的偏差，这就要求项目经理和项目管理人员对计划做出调整、变更，消除偏差，以使项目按合同日期完成。

项目进度计划控制就是对项目进度计划实施与项目进度计划变更所进行的控制工作，具体地说，进度计划控制就是在项目正式开始实施后，要时刻对项目及其每项活动的进度进行监督，及时、定期地将项目实际进度与项目计划进度进行比较，掌握和度量项目的实际进度与计划进度的差距，一旦出现偏差，就必须采取措施纠正偏差，以维持项目进度的正常进行。

根据项目管理的层次，项目进度计划控制可以分为项目总进度控制，即项目经理等高层管理部门对项目中各里程碑事件的进度控制；项目主进度控制，主要是项目部门对项目中每一主要事件的进度控制；项目详细进度控制，主要是各具体作业部门对各具体活动的进度控制，这是进度控制的基础，只有详细进度得到较强的控制才能保证主进度按计划进行，最终保证项目总进度，使项目按时实现。因此，项目进度控制要首先定位于项目的每项活动中。

（二）项目进度控制的目标

项目进度控制总目标是依据项目总进度计划确定的，然后对项目进度控制总目标进行层层分解，形成实施进度控制、相互制约的目标体系。

项目进度目标是从总的方面对项目建设提出的工期要求。但在项目活动中，是通过对最基础的分项工程的进度控制来保证各单项工程或阶段工程进度控制目标的完成，进而实现项目进度控制总目标的。因而需要将总进度目标进行一系列的从总体到细部、从高层次到基础层次的层层分解，一直分解到可以直接调度控制的分项工程或作业过程为止。在分解中，每一层次的进度控制目标都限定了下一级层次的进度控制目标，而较低层次的进度控制目标又是较高一级层次进度控制目标得以实现的保证，于是就形成了一个自上而下层层约束，由下而上级级保证，上下一致的多层次的进度控制目标体系。例如，可以按项目实施阶段、项目所包含的子项目、项目实施单位以及时间来设立分目标。为了便于对项目进度的控制与协调，可以从不同角度建立与施工进度控制目标体系相联系配套的进度控制目标。

二、施工进度计划管理

（一）工程项目施工进度计划的任务

施工进度计划是建筑工程施工的组织方案，是指导施工准备和组织施工的技术、经济文件。编制施工进度计划必须在充分研究工程的客观情况和施工特点的基础上结合施工企业的技术力量、装备水平，从人力、机械、资金、材料和施工方法等五个基本要素，进行统筹规划，合理安排，充分利用有限的空间与时间，采用先进的施工技术，选择经济合理的施工方案，建立正常的生产秩序，用最少的资源和资金取得质量高、成本低、工期短、效益好、用户满意的建筑产品。

（二）工程项目施工进度计划的作用

工程项目施工进度计划是施工组织设计的重要组成部分，是施工组织设计的核心内容。编制施工进度计划是在施工方案已确定的基础上，在规定的工期内，对构成工程的各组成部分（如各单项工程、各单位工程、各分部分项工程）在时间上给予科学的安排这种安排是按照各项工作在工艺上和组织上的先后顺序，确定其衔接、搭接和平行的关系，计算出每项工作的持续时间，确定其开始时间和完成时间。根据各项工作的工程量和持续时间确定每项工作的日（月）工作强度，从而确定完成每项工作所需要的资源数量（工人数、机械数以及主要材料的数量）。

施工进度计划还表示出各个时段所需各种资源的数量以及各种资源强度在整个工期内的变化，从而进行资源优化，以达到资源的合理安排和有效利用。根据优化后的进度计划确定各种临时设施的数量，并提出所需各种资源数量的计划表。在施工期间，施工进度计划是指导和控制各项工作进展的指导性文件。

（三）工程项目进度计划的种类

根据施工进度计划的作用和各设计阶段对施工组织设计的要求，将施工进度计划分为以下几种类型。

1.施工总进度计划

施工总进度计划是整个建设项目的进度计划，是对各单项工程或单位工程的进度进行优化安排，在规定的建设工期内，确定各单项工程和或单位工程的施工顺序，开始和完成时间，计算主要资源数量，用以控制各单项工程或单位工程的进度。

施工总进度计划与主体工程施工设计、施工总平面布置相互联系，相互影响。当业主提出一个控制性的进度时，施工组织设计据此选择施工方案，组织技术供应和场地布置。相反，施工总进度计划又受到主体施工方案和施工总平面布置的限制，施工总进度计划的编制必须与施工场地布置相协调。在施工总进度计划中选定的施工强度应与施工方法中选用的施工机械的能力相适应。

在安排大型项目的总进度计划时，应使后期投资多，以提高投资利用系数。

2.单项工程施工进度计划

单项工程施工进度计划以单项工程为对象，在施工图设计阶段的施工组织设计中进行编制，用于直接组织单项工程施工。它根据施工总进度计划中规定的各单项工程或单位工程的施工期限，安排各单位工程或各分部分项工程的施工顺序、开竣工日期，并根据单项工程施工进度计划修正施工总进度计划。

3.单位工程施工进度计划

单位工程施工进度计划是以单位工程为对象，一般由承包商进行编制，可分为标前和标后施工进度计划。在标前（中标前）的施工组织设计中所编制的施工进度计划是投标书的主要内容，作为投标用。在标后（中标后）的施工组织设计中所编制的施工进度计划，在施工中用以指导施工。单位工程施工进度计划是实施性的进度计划，根据各单位工程的施工期限和选定的施工方法安排各分部分项工程的施工顺序和开竣工日期。

4.分部分项工程施工作业计划

对于工程规模大、技术复杂和施工难度大的工程项目，在编制单位工程施工进度计划之后，常常需要编制某些主要分项工程或特殊工程的施工作业计划，它是直接指导现场施工和编制月、旬作业计划的依据。

5.各阶段，各年、季、月的施工进度计划

各阶段的施工进度计划，是承包商根据所承包的项目在建设各阶段所确定的进度目标而编制的，用以指导阶段内的施工活动。

为了更好地控制施工进度计划的实施，应将进度计划中确定的进度目标和工程内容按时序进行分解，即按年、季、月（旬）编制作业计划和施工任务书，并编制年、季、月（旬）所需各种资源的计划表，用以指导各项作业的实施。

（四）施工进度计划编制的原则

1.施工过程的连续性

施工过程的连续性是指施工过程中的各阶段、各项工作的进行，在时间上应是紧密衔接的，不应发生不合理的中断，保证时间有效地被利用。保持施工过程的连续性应从工艺和组织上设法避免施工队发生不必要的等待和窝工，以达到提高劳动生产率、缩短工期、节约流动资金的目的。

2.施工过程的协调性

施工过程的协调性是指施工过程中的各阶段、各项工作之间在施工能力或施工强度上要保持一定的比例关系。各施工环节的劳动力的数量及生产率、施工机械的数量及生产率、主导机械之间或主导机械与辅助机械之间的配合都必须互相协调，不要发生脱节和比例失调的现象。例如，混凝土工程中的混凝土的生产、运输和浇筑三个环节之间的关系，混凝土的生产能力应满足混凝土浇筑强度的要求，混凝土的运输能力应与混凝土生产能力相协调，使之不发生混凝土拌和设备等待汽车，或汽车排队等待装车的现象。

3.施工过程的均衡性

施工过程的均衡性是指施工过程中各项工作按照计划要求，在一定的时间内完成相等或等量递增（或递减）的工程量，使在一定的时间内，各种资源的消耗保持相对的稳定，不发生时紧时松、忽高忽低的现象。在整个工期内使各种资源都得到均衡的使用，这是一种期望，绝对的均衡是难以做到的，但通过优化手段安排进度，可以求得资源消耗达到趋于均衡的状态。均衡施工能够充分利用劳动力和施工机械，并能达到经济性的要求。

4.施工过程的经济性

施工过程的经济性是指以尽可能小的劳动消耗来取得尽可能大的施工成果，在不影响工程质量和进度的前提下，尽力降低成本。在工程项目施工进度的安排上，做到施工过程的连续性、协调性和均衡性，即可达到施工过程的经济性。

（五）　编制施工进度计划必须考虑的因素

编制施工进度计划必须考虑的因素如下：工期的长短；占地和开工日期；现场条件和施工准备工作；施工方法和施工机械；施工组织与管理人员的素质；合同与风险承担。

1.工期的长短

对编制施工进度计划最有意义的是相对工期，即相对于施工企业能力的工期。相对工期长即工期充裕，施工进度计划就比较容易编制，施工进度控制也就比较容易，反之则难。除总工期外，还应考虑局部工期充裕与否，施工中可能遇到哪些"卡脖子"问题，有何备用方案。

2.占地和开工日期

由于占地问题影响施工进度的例子很多。有时候，业主在形式上完成了对施工用地的占有，但在承包商进场时或在施工过程中还会因占地问题遇到当地居民的阻挠。其中有些是由于拆迁赔偿问题没有彻底解决，但更多的是当地居民的无理取闹。这需要加强有关的立法和执法工作。对占地问题，业主方应尽量做好拆迁赔偿工作，使当地居民满意，同时应使用法律手段制止不法居民的无理取闹。例如某船闸在开工时遇到居民的无理取闹，业主依靠法律手段由公安部门采取强制措施制止，保证了工程顺利开工。最根本的办法是加强法制教育，提高群众的法治意识。

3.现场条件和施工准备工作

现场条件包括连接现场与交通线的道路条件、供电供水条件、当地工业条件、机械维修条件、水文气象条件、地质条件、水质条件以及劳动力资源条件等。其中当地工业条件主要是建筑材料的供应能力，例如水泥、钢筋的供应条件以及生活必需品和日用品的供应条件。劳动力资源条件主要是当地劳动力的价格、民工的素质及生活习惯等。水质条件主要是现场有无充足的、满足混凝土拌和要求的水源。有时候地表水的水质不符合要求，就要打深井取水或进行水质处理，这对工期有一定的影响。气象条件主要是当地雨季的长短、年最高气温、最低气温、无霜期的长短等。供电和交通条件对工期的影响也是很大的，对一些大型工程往往要单独建立专用交通线和供电线路，而小型工程则要完全依赖当地的交通和供电条件。

业主方施工准备工作主要有施工用地的占有、资金准备、图纸准备以及材料供应的准备；承包商方施工准备工作则为人员、设备和材料进场，场内施工道路、临时车站、临时码头建设，场内供电线路架设，通信设施、水源及其他临时设施准备。

对于现场条件不好或施工准备工作难度较大的工程，在编制施工进度计划时一定要留有充分的余地。

4.施工方法和施工机械

一般地说采用先进的施工方法和先进的施工机械设备时施工进度会快一些，但是当施工单位开始使用这些新方法施工时，往往不会提高多少施工速度，有时甚至还不如老方法来得快，这是因为施工单位对新的施工方法有一个适应和熟练的过程。所以从施工进度控制的角度看，不宜在同一个工程同时采用过多的新技术（相对施工单位来讲是新的技术）。

如果在一项工程中必须要同时采用多项新技术时，那么最好的办法就是请研制这些新技术的科研单位到现场指导，进行新技术应用的试验和推广，这样不仅为这些科研成果的完善提供了现场试验的条件，也为提高施工质量，加快施工进度创造了良好条件，更重要的是使施工单位很快地掌握了这些新技术，大大提高了市场竞争力。

5.施工组织与管理人员的素质

良好的施工组织管理应既能有效地制止施工人员的一切不良行为，又能充分调动所有施工人员的积极性，有利于不同部门、不同工作的协调。

对管理人员最基本的要求就是要有全局观念，即管理人员在处理问题时要符合整个系统的利益要求，在施工进度控制中就是施工总工期的要求。在西部地区某堆石坝施工中，施工单位管理人员在内部管理的某些问题上处理不当，导致工人怠工；从而影响工程进度。这时业主单位（当地政府主管部门）果断地采取经济措施，调动工人的积极性，从而在汛期到来之前将坝体填筑到了汛期挡水高程。还有一点要强调的是，作为施工管理人员，特别是施工单位的上层管理人员，无论何时都要将施工质量放在首要的地位。

因为质量不合格的工程量是无效的工程量，质量不合格的工程是要进行返工或推倒重做的。所以工程质量事故必然会在不同程度上影响施工进度。

6.合同与风险承担

这里的合同是指合同对工期要求的描述和对拖延工期处罚的约定。从业主方面讲，拖延工期的罚款数量应与报期引起的经济损失相一致。同时在招标时，工期要求应与标底价相协调。这里所说的风险是指可能影响施工进度的潜在因素以及合同工期实现的可能性大小。

三、建筑工程进度优化管理

（一）建筑工程项目进度优化管理的意义

知道整个项目的持续时间时，可以更好地计算管理成本（预备），包括管理、监督和运行成本；可以使用施工进度来计算或肯定地检查投标估算；以投标价格提交投标表，从而向客户展示如何构建该项目。正确构建的施工进度计划可以通过不同的活动来实现。这个过程可以缩短或延长整个项目的持续时间。通过适当的资源调度，可以改变活动的顺序，并延长或缩短持续时间，使资源的配置更加优化。这有助于降低资源需求并保持资源的连续性。

进度表显示团队的目标以及何时必须满足这些目标。此外它还显示了团队必须遵循的路线——它提供了一系列的任务来指导项目经理和主管需要从事哪些活动，哪些是他们应该计划的活动。如果没有这一计划，施工单位可能不知道何时应当实现预定目标。施工进度计划提供了在项目工地上需要建筑材料的日期，可以用来监测分包商和供应商的进度。更为重要的是，进度表提供了施工进度是否按进度进行的反馈，以及项目是否能按时完成。当发现施工进度下降时，可以采取行动来提高施工效率。

（二）工程项目的成本与质量进度的优化

工程项目控制三大目标即工程项目质量、成本、进度。这三者之间相互影响、相互依赖。在满足规定成本、质量要求的同时使工程施工工期缩短也是项目进度控制的理想状态。在工程项目的实际管理中，工程项目管理人员要根据施工合同中要求的工期和要求的质量完成项目，与此同时工程项目管理人员也要控制项目的成本。

为保证建筑工程项目在保证高质量、低成本的同时，又能够提高工程项目进度的完成时间，这就需要工程管理人员能够有效地协调工程项目质量、成本和进度，尽可能达到工程项目的质量、成本的要求完成工程项目的进度。但是，在工程项目进度估算过程中会受到部分外来因素影响，造成与工程合同承诺不一致的特殊情况，就会导致项目进度再难以依照计划进度完成。

所以，在实际的工程项目管理中，管理人员要结合实际情况与工项目程定量、定向的工程进度，对项目成本与工程质量约束下的工程工期进行理性的研究与分析，进而对有问题的工程进度及时采取有效措施调整，以便实现工程项目的工程质量和项目成本中进度计划的优化。

（三）工程项目进度资源的总体优化

在建筑工程项目进度实现过程中和施工所耗用的资源看，只有尽可能节约资源和合理地对资源进行配置，才能实现建设项目工程总体的优化。因此，必须对工程项目中所涉及的工程资源、工程设备以及工人进行总体优化。在建筑工程项目的进度中，只有对相关资源合理投入与配置，在一定的期限内限制资源的消耗，才能获得最大经济效益与社会效益。

所以，工程施工人员就需要在项目进行的过程中坚持几点原则：第一，用最少的货币来衡量工程总耗用量；第二，合理有效地安排建筑工程项目需要的各种资源与各种结构；第三，要做到尽量节约以及合理替代枯竭型和稀缺型资源；第四，在建筑工程项目的施工过程中，尽量均衡在施工过程中资源投入。

为了使上述要求均可以得到实现，建筑施工管理人员必须做好以下几点要求一是要严格遵循工程项目管理人员制订的关于项目进度计划的规定，提前对工程项目的劳动计划进度合理做出规划。二是要提前对工程项目中所需用的工程材料及与之相关的资源进行预期估计，从而达到优化和完善采购计划的目的，避免出现资源材料浪费的情况。三是要根据工程项目的预计工期、工程量大小。工程质量、项目成本，以及各项条件所需要的完备设备，从而合理地去选择工程中所需设备的购买以及租赁的方式。

第八章 建筑工程项目成本管理

第一节 建筑工程项目成本管理概述

一、成本管理

（一）成本管理的概念

成本管理，通常在习惯上被称为成本控制。所谓控制，在字典里的定义是命令、指导、检查或限制的意思。它是指系统主体采取某种力所能及的强制性措施，促使系统构成要素的性质数量及其相互间的功能联系按照一定的方式运行，以便达到系统目标的管理过程。而成本管理是企业生产经营过程中各项成本核算、成本分析、成本决策和成本控制等一系列科学管理行为的总称，具体是指在生产经营成本形成的过程中，对各项经营活动进行指导、限制和监督，使之符合有关成本的各项法令、方针、政策、目标、计划和定额的规定，并及时发现偏差予以纠正，使各项具体的和全部的生产耗费被控制在事先规定的范围之内。成本管理一般有成本预测、成本决策、成本计划、成本核算、成本控制、成本分析、成本考核等职能。

1.狭义的成本管理

成本管理有广义和狭义之分。狭义的成本管理是指日常生产过程中的产品成本管理，是根据事先制订的成本预算，对日常发生的各项生产经营活动按照一定的原则，采用专门方法进行严格的计算、监督、指导和调节，把各项成本控制在一个允许的范围之内。狭义的成本管理又被称为"日常成本管理"或"事中成本管理"。

2.广义的成本管理

广义的成本管理则强调对企业生产经营的各个方面、各个环节以及各个阶段的所有成本的控制，既包括"日常成本管理"，又包括"事前成本管理"和"事后成本管理"。广义的成本管理贯穿企业生产经营全过程，它与成本预测、成本决策、成本规划、成本考核共同构成了现代成本管理系统。传统的成本管理是适应大工业革命的出现而产生和发展的，其中的标准成本法、变动成本法等方法得到了广泛的应用。

（二）现代的成本管理

随着新经济的发展，人们不仅对产品在使用功能方面提出了更高的要求，还强调在产品中能体现使用者的个性化。在这种背景下，现代的成本管理系统应运而生，无论是在观念还是在所运用的手段方面，其都与传统的成本管理系统有着显著的差异。从现代成本管理的基本理念看，主要表现在下列几项。

1.成本动因的多样化

成本动因的多样化即成本动因是引起成本发生变化的原因。要对成本进行控制，就必须了解成本为何发生，它与哪些因素有关、有何关系。

2.时间是一个重要的竞争要素

在价值链的各个阶段中，时间都是一个非常重要的因素，很多行业和各项技术的发展变革速度已经加快，产品的生命周期变得很短。在竞争激烈的市场上，要获得更多的市场份额，企业管理人员必须能够对市场的变化做出快速反应，投入更多的成本用于缩短设计、开发和生产时间，以缩短产品上市的时间。另外，时间的竞争力还表现在顾客对产品服务的满意程度上。

3.成本管理全员化

成本管理全员化即成本控制不单单是控制部门的一种行为，而是已经变成一种全员行为，是一种由全员参与的控制过程。从成本效能看，以成本支出的使用效果来指导决策，成本管理从单纯地降低成本向以尽可能少的成本支出来获得更大的产品价值转变，这是成本管理的高级形态。同时，成本管理以市场为导向，将成本管理的重点放在面向市场的设计阶段和销售服务阶段。

企业在市场调查的基础上，针对市场需求和本企业的资源状况，对产品和服务的质量、功能、品种及新产品、新项目开发等提出需要，并对销量、价格、收入等进行预测，对成本进行估算，研究成本增减或收益增减的关系，确定有利于提高成本效果的最佳方案。

实行成本领先战略，强调从一切来源中获得规模经济的成本优势或绝对成本优势。重视价值链分析，确定企业的价值链后，通过价值链分析，找出各价值活动所占总成本的比例和增长趋势，以及创造利润的新增长，识别成本的主要成分和那些占有较小比例而增长速度较快、最终可能改变成本结构的价值活动，列出各价值活动的成本驱动因素及相互关系。同时，通过价值链的分析，确定各价值活动间的相互关系，在价值链系统中寻找降低价值活动成本的信息、机会和方法；通过价值链分析，可以获得价值链的整个情况及环与环之间的链的情况，再利用价值流分析各环节的情况，这种基于价值活动的成本分析是控制成本的一种有效方式，能为改善成本提供信息。

二、建筑工程项目成本的分类

根据建筑产品的特点和成本管理的要求，项目成本可按不同的标准和应用范围进行分类。

（一）按成本计价的定额标准分类

按照成本计价的定额标准分类，建筑工程项目成本可以分为预算成本、计划成本和实际成本。

1.预算成本

预算成本是按建筑安装工程实物量和国家或地区或企业制订的预算定额及取费标准计算的社会平均成本或企业平均成本，是以施工图预算为基础进行分析、预测、归集和计算确定的。预算成本包括直接成本和间接成本，是控制成本支出、衡量和考核项目实际成本节约或超支的重要尺度。

2.计划成本

计划成本是在预算成本的基础上，根据企业自身的要求，如内部承包合同的规定，结合施工项目的技术特征、自然地理特征、劳动力素质、设备情况等确定的标准成本，亦称目标成本。计划成本是控制施工项目成本支出的标准，也是成本管理的目标。

3.实际成本

实际成本是工程项目在施工过程中实际发生的可以列入成本支出的各项费用的总和，是工程项目施工活动中劳动耗费的综合反映。

以上各种成本的计算既有联系，又有区别。预算成本反映施工项目的预计支出，实际成本反映施工项目的实际支出。实际成本与预算成本相比较，可以反映对社会平均成本（或企业平均成本）的超支或节约，综合体现了施工项目的经济效益；实际成本与计划成本的差额即是项目的实际成本降低额，实际成本降低额与计划成本的比值称为实际成本降低率；预算成本与计划成本的差额即是项目的计划成本降低额，计划成本降低额与预算成本的比值称为计划成本降低率。通过几种成本的相互比较，可以看出成本计划的执行情况。

（二）按计算项目成本对象的范围分类

施工项目成本可分为建设项目工程成本、单项工程成本、单位工程成本、分部工程成本和分项工程成本。

1.建设项目工程成本

建设项目工程成本是指在一个总体设计或初步设计范围内，由一个或几个单项工程组成，经济上独立核算，行政上实行统一管理的建设单位，建成后可独立发挥生产能力或效益的各项工程所发生的施工费用的总和，如某个汽车制造厂的工程成本。

2.单项工程成本

单项工程成本是指具有独立的设计文件，在建成后可独立发挥生产能力或效益的各项工程所发生的施工费用，如某汽车制造厂内某车间的工程成本、某栋办公楼的工程成本等。

3.单位工程成本

单位工程的成本是指单项工程内具有独立的施工图和独立施工条件的工程施工中所发生的施工费用，如某车间的厂房建筑工程成本、设备安装工程成本等。

4.分部工程成本

分部工程成本是指单位工程内按结构部位或主要工种部分进行施工所发生的施工费用，如车间基础工程成本、钢筋混凝土框架主体工程成本、屋面工程成本等。

5.分项工程成本

分项工程成本是指分部工程中划分最小施工过程施工时所发生的施工费用，如基础开挖、砌砖、绑扎钢筋等的工程成本，是组成建设项目成本的最小成本单元。

（三）按工程完成程度的不同分类

施工项目成本分为本期施工成本、本期已完成施工成本、未完成施工成本和竣工施工成本。

1.本期施工成本

本期施工成本是指施工项目在成本计算期间进行施工所发生的全部施工费用，包括本期完工的工程成本和期末未完工的工程成本。

2.本期已完成施工成本

本期已完成施工成本是指在成本计算期间已经完成预算定额所规定的全部内容的分部分项工程成本。包括上期未完成由本期完成的分部分项工程成本，但不包括本期期末的未完成分部分项工程成本。

3.未完成施工成本

未完施工成本是指已投料施工，但未完成预算定额规定的全部工序和内容的分部分项工程所支付的成本。

4.竣工施工成本

竣工施工成本是指已经竣工的单位工程从开工到竣工整个施工期间所支出的成本。

（四）按生产费用与工程量的关系分类

按照生产费用与工程量的关系分类，可以将建筑工程项目成本分为固定成本和变动成本。

1.固定成本

固定成本是指在一定期间和一定的工程量范围内，发生的成本额不受工程量增减变动的影响而相对固定的成本，如折旧费、大修理费、管理人员工资、办公费等。所谓固定，是指其总额而言，对于分配到每个项目单位工程量上的固定成本，则与工程量的增减成反比关系。

固定成本通常又分为选择性成本和约束性成本。选择性成本是指广告费、培训费、新技术开发费等，这些费用的支出无疑会带来收入的增加，但支出的数量却并非绝对不可变；约束性成本是通过决策也不能改变其数额的固定成本，如折旧费、管理人员工资等。要降低约束性成本，只有从经济合理地利用生产能力、提高劳动生产率等方面入手。

2.变动成本

变动成本是指发生总额随着工程量的增减变动而成正比变动的费用，如直接用于工程的材料费、实行计划工资制的人工费等。所谓变动，就其总额而言，对于单位分项工程上的变动成本往往是不变的。

将施工成本划分为固定成本和变动成本，对于成本管理和成本决策具有重要作用，也是成本控制的前提条件。由于固定成本是维持生产能力所必需的费用，要降低单位工程量分担的固定费用，可以通过提高劳动生产率、增加企业总工程量数额以及降低固定成本的绝对值等途径来实现；降低变动成本则只能从降低单位分项工程的消耗定额入手。

三、建筑工程项目成本管理的职能及地位

（一）建筑工程项目成本管理的职能

建筑工程项目成本管理是建筑工程项目管理的一个重要内容。建筑工程项目

成本管理是收集、整理有关建筑工程项目的成本信息，并利用成本信息对相关项目进行成本控制的管理活动。建筑工程项目成本管理包括提供成本信息、利用成本信息进行成本控制两大活动领域。

1.提供建筑工程项目的成本信息

提供成本信息是施工项目成本管理的首要职能。成本管理为以下两方面的目的提供成本信息。

（1）为财务报告目的提供成本信息

施工企业编制对外财务报告至少在两个方面需要施工项目的成本信息：资产计价和损益计算。施工企业编制对外财务报表，需要对资产进行计价确认，这一工作的相当一部分是由施工项目成本管理来完成的。如库存材料成本、未完工程成本、已完工程成本等，要通过施工项目成本管理的会计核算加以确定。施工企业的损益是收入和相关的成本费用配比以后的计量结果，损益计算所需要的成本资料主要通过施工项目成本管理取得。为财务报告目的提供的成本信息，要遵循财务会计准则和会计制度的要求，按照一般的会计核算原理组织施工项目的成本核算。为此目的所进行的成本核算，具有较强的财务会计特征，属于会计核算体系的内容之一。

（2）为经营管理目的提供成本信息

经营管理需要各种成本信息，这些成本信息，有些可以通过与财务报告目的相同的成本信息得到满足，如材料的采购成本、已完工程的实际成本等。这类成本信息可以通过成本核算来提供。有些成本信息需要根据经营管理所设计的具体问题加以分析计算，如相关成本、责任成本等。这类成本信息要根据经营管理中所关心的特定问题，通过专门的分析计算加以提供。为经营管理提供的成本信息，一部分来源于成本核算提供的成本信息，一部分要通过专门的方法对成本信息进行加工整理。经营管理中所面临的问题不同，所需要的成本信息也有所不同。为了不同的目的，成本管理需要提供不同的成本信息。"不同目的，不同成本"是施工项目成本管理提供成本信息的基本原则。

2.建筑工程项目成本控制

建筑工程项目成本管理的另一个重要职能就是对工程项目进行成本控制。按照控制的一般原理，成本控制至少要涉及设定成本标准、实际成本的计算和评价管理者业绩三个方面的内容。从建筑工程项目成本管理的角度，这一过程是由确定工程项目标准成本、标准成本与实际成本的差异计算、差异形成原因的分析这两个过程来完成的。

随着建筑工程项目现代化管理的发展，工程项目成本控制的范围已经超过了设定标准、差异计算、差异分析等内容。建筑工程项目成本控制的核心思想是通过改变成本发生的基础条件来降低工程项目的工程成本。为此，就需要预测不同条件下的成本发展趋势，对不同的可行方案进行分析和选择，采取更为广泛的措施控制建筑工程项目成本。

总之，建筑工程项目成本管理的职能体现在提供成本信息和实施成本控制两个方面，可以概括为建筑工程项目的成本核算和成本控制。

（二）建筑工程项目成本管理在建筑工程项目管理中的地位

随着建筑工程项目管理在广大建筑施工企业中逐步推广普及，项目成本管理的重要性也日益为人们所认识。可以说，项目成本管理正在成为建筑工程项目管理向深层次发展的主要标志和不可缺少的内容。

1.建筑工程项目成本管理体现建筑工程项目管理的本质特征

建筑施工企业作为我国建筑市场中独立的法人实体和竞争主体，之所以要推行项目管理，原因就在于希望通过建筑工程项目管理，彻底突破传统管理模式，以满足业主对建筑产品的需求为目标，以创造企业经济效益为目的。成本管理工作贯彻于建筑工程项目管理的全过程，施工项目管理的一切活动实际也是成本活动，没有成本的发生和运动，施工项目管理的生命周期随时可能中断。

2.建筑工程项目成本管理反映施工项目管理的核心内容

建筑工程项目管理活动是一个系统工程，包括工程项目的质量、工期、安全、资源、合同等各方面的管理工作，这一切的管理内容，无不与成本的管理息息相关。与此同时，各项专业管理活动的成果又决定着建筑工程项目成本的高低。因此，建筑工程项目成本管理的好坏反映了建筑工程项目管理的水平，成本管理是项目管理的核心内容。建筑工程项目成本若能通过科学、经济的管理达到预期的目的，则能带动建筑工程项目管理乃至整个企业管理水平的提高。

第二节　建筑工程项目成本管理问题

一、建筑工程项目成本管理中存在的问题

当前我国施工企业在工程项目成本管理方面，存在着制度不完善，管理水平不高等问题，造成成本支出大，效益低下的不良局面。

（一）没有形成一套完善的责权利相结合的成本管理体制

任何管理活动，都应建立责权利相结合的管理体制才能取得成效，成本管理也不例外。成本管理体系中专案经理享有至高无上的权力，在成本管理及专案效益方面对上级领导负责，其他业务部门主管以及各部门管理人员都应有相应的责

任、权力及利益分配相配套的管理体制加以约束和激励。而现行的施工专案成本管理体制，没有很好地将责权利三者结合起来。

有些专案经理部简单地将专案成本管理的责任归于成本管理主管，没有形成完善的成本管理体系。例如某工程项目，因质量问题导致返工，造成直接经济损失10多万元，结果因职责分工不明确，找不到直接负责人，最终不了了之，使该工程蒙受了巨大的损失，而真正的责任人却逃脱了应有的惩罚。又如某专案经理部某技术员提出了一个经济可行的施工方案，为专案部节省了10多万元的支出，此种情况下，如果不进行奖励，就会在一定程度上挫伤技术发明人的积极性，不利于专案部更进一步的技术开发，也就不利于工程项目的成本管理与控制。

（二）忽视工程项目"质量成本"的管理和控制

"质量成本"是指为保证和提高工程质量而发生的一切必要费用，以及因未达到质量标准而蒙受的经济损失。"质量成本"分为内部故障成本（如返工、停工等引起的费用）、外部故障成本（如保修、索赔等引起的费用）、质量预防费用和质量检验费用等4类。保证质量往往会引起成本的变化，但不能因此把质量与成本对立起来。长期以来，我国施工企业未能充分认识质量和成本之间的辩证统一关系，习惯强调工程质量，而对工程成本关心不够，造成工程质量虽然有了较大提高，但增加了提高工程质量所付出的质量成本，使经济效益不理想，企业资本积累不足；专案经理部却存在片面追求经济效益，而忽视质量，虽然就单项工程而言，利润指数可能很高，但是因质量上不去，可能会增加因未达到质量标准而付出的额外质量成本，既增加了成本支出，又对企业信誉造成很坏的不良影响。

（三）忽视工程项目"工期成本"的管理和控制

"工期成本"是指为实现工期目标或合同工期而采取相应措施所发生的一切费用。工期目标是工程项目管理三大主要目标之一，施工企业能否实现合同工期是取得信誉的重要条件。工程项目都有其特定的工期要求，保证工期往往会引起成本的变化。我国施工企业对工期成本的重视也不够，特别是专案经理部虽然对工期有明确的要求，但对工期与成本的关系很少进行深入研究，有时会盲目地赶工期要进度，造成工程成本的额外增加。

（四）专案管理人员经济观念不强

目前，我国的施工专案经理部普遍存在一种现象，即在专案内部，搞技术的只负责技术和质量，搞工程的只负责施工生产和工程进度，搞材料的只负责材料的采购及进场点验工作。这样表面上看来职责清晰，分工明确，但专案的成本管理是靠大家来管理、去控制的，专案效益是靠大家来创造的。如果搞技术的为了保证工程质量，选用可行、却不经济的方案施工，必然会保证了质量，但增大了成本；如果搞材料的只从产品质量角度出发，采购高强优质高价材料，即使是材料使用没有一点浪费，成本还是降不下来。

二、建筑工程项目成本管理措施

（一）建立全员、全过程、全方位控制的目标成本管理体系

要使企业成本管理工作落到实处，降低工程成本、提高企业效益，必须建立一套全员、全过程、全方位控制的目标成本管理体系，做到每个员工都有目标成本可考核，每个员工都必须对目标成本的实施和提高作出贡献并对目标成本的实施结果负有责任和义务，使成本的控制按工程项目生产的准备、施工、验收、结束等发生的时间顺序建立目标成本事前测算、事中监督、执行、事后分析、考核、决策的全过程紧密衔接、周而复始的目标成本管理体系。

（二）采取组织措施控制工程成本

首先要明确成本控制贯穿于工程建设的全过程，而成本控制的各项指标有其综合性和群众性，所有的项目管理人员，特别是项目经理，都要按照自己的业务分工各负其责，只有把所有的人员组织起来，共同努力，才能达到成本控制的目的。因此必须建立以项目经理为核心的项目成本控制体系。

成本管理是全企业的活动，为使项目成本消耗保持在最低限度，实现对项目成本的有效控制，项目经理应将成本责任落实到各个岗位、落实到专人，对成本进行全过程控制、全员控制、动态控制，形成一个分工明确、责任到人的成本管理责任体系。应协调好公司与公司之间的责、权、利的关系。同时，要明确成本控制者及任务，从而使成本控制有人负责。同时还可以设立项目部成本风险抵押金，激励管理人员参与成本控制，这样就大大地提高了项目部管理人员控制成本的积极性。

（三）工程项目招标投标阶段的成本控制

工程建筑项目招标活动中，各项工作的完成情况均对工程项目成本产生一定的影响，尤其是招标文件编制、标底或招标控制价编制与审查。

1.做好招标文件的编制工作

造价管理人员应收集、积累、筛选、分析和总结各类有价值的数据、资料，对影响工程造价的各种因素进行鉴别、预测、分析、评价，然后编制招标文件。对招标文件中涉及费用的条款要反复推敲，尽量做到"知己知彼"。

2.合理低价者中标

目前推行的工程量清单计价报价与合理低价中标，作为业主方应杜绝一味寻求绝对低价中标，以避免投标单位以低于成本价恶意竞争。做好合同的签订工作，

应按合同内容明确协议条款，对合同中涉及费用的如工期、价款的结算方式、违约争议处理等，都应有明确的约定。此外，应争取工程保险、工程担保等风险控制措施，使风险得到适当转移、有效分散和合理规避，提高工程造价的控制效果。

（四）采用先进工艺和技术，以降低成本

工程在施工前，要制定施工技术规章制度，特别是在节约措施方面，要采用适合本工程的新技术、新设备和新材料等工艺方面。认真对工程的各个方面进行技术告知，严格执行技术要求，确保工程质量和工程安全。通过这些措施可以保证工程质量，控制工程成本，还可以达到降低工程成本的目的。建筑承包商在签订承包协议后，应该马上开始准备有关工程的承包和材料订购事宜。承包商与分包商所签署的协议要明确各自的权利和义务，内容要完善严谨，这样可以降低发生索赔的概率。订货合同是承包各方所签订的合同，要写明材料的类别、名称、数量和总额，方便建筑工程成本控制。

（五）完善合同文本，避免法律损失以及保险的理赔

施工项目的各种经济活动，都是以合同或协议的形式出现，如果合同条款不严谨。就会造成自己蒙受损失时应有的索赔条款不能成立，产生不必要的损失。所以必须细致周密地订立严谨的合同条款。首先，应有相对固定的经济合同管理人员，并且精通经济合同法规有关知识，必要时应持证上岗；其次，应加强经济合同管理人员的工作责任心；最后，要制订相应固定的合同标准格式。各种合同条款在形成之前应由工程、技术、合同、财务、成本等业务部门参与定稿，使各项条款内涵清楚。

（六）加强机械设备的管理

正确选配和合理使用机械设备，搞好机械设备的保养维修，提高机械的完好率、利用率和使用效率，从而加快施工进度、增加产量、降低机械使用费。在决定购置设备前应进行技术经济可行性分析，对设备购买和租赁方案进行经济比选，以取得最佳的经济效益。项目部编制施工方案时，必须在满足质量、工期的前提下，合理使用施工机械，力求使用机械设备最少和机械使用时间最短，最大程度发挥机械利用效率。应当做好机械设备维修保养工作，操作人员应坚持搞好机械设备的日常保养，使机械设备经常保持良好状态。专业修理人员应根据设备的技术状况、磨损情况、作业条件、操作维修水平等情况，进行中修或大修，以保障施工机械的正常运转使用。

（七）加强材料费的控制

严格按照物资管理控制程序进行材料的询价、采购、验收、发放、保管、核

算等工作。采购人员按照施工人员的采购计划，经主管领导批准后，通过对市场行情进行调查研究，在保质保量的前提下，货比三家，择优购料（大宗材料实施公司物资部门集中采购的制度）。主要工程材料必须签订采购合同后实施采购。合理组织运输，就近购料，选用最经济的运输方法，以降低运输成本，考虑资金的时间价值，减少资金占用，合理确定进货批量和批次，尽可能降低材料储备。

坚持实行限额领料制度，各班组只能在规定限额内分期分批领用，如超出限额领料，要分析原因，及时采取纠正措施，低于定额用料，则可以进行适当的奖励；改进施工技术，推广使用降低消耗的各种新技术、新工艺、新材料；在对工程进行功能分析、对材料进行性能分析的基础上，力求用价格低的材料代替价格高的。同时认真计量验收，坚持废旧物资处理审批制度，降低料耗水平；对分包队伍领用材料坚持三方验证后签字领用，及时转嫁现场管理风险。

总之，进行项目成本管理，可以改善经营管理，合理补偿施工耗费，保证企业再生产的进行，提升企业整体竞争力。建筑施工企业应加强工程安全、质量管理，控制好施工进度，努力寻找降低工程项目成本的方法和途径，使建筑施工企业在竞争中立于不败之地。

三、建筑工程成本的降低

（一）降低建筑工程成本的重要性

1.降低建筑工程项目成本，能有效地节约资源

从工程项目实体构成看，项目实体是由诸多的建筑材料构成的。从项目成本费用看，建筑工程项目实体材料消耗一般超过总成本的60%，所用资源及材料涉及钢材、水泥、木材、石油、淡水、土地等众多种类。目前我国经济保持快速稳定的发展，资源短缺将成为制约我国经济发展的主要障碍。中国自然资源总量虽然居世界前列，但人均占有量落后于世界平均水平，我们不能盲目将未来能源寄托在未来技术发展之上，节能是一种战略选择，而建筑节能是节能中的重中之重。

2.降低建筑工程项目成本，是提高企业竞争能力的需要

企业生存的基础是以利润的实现为前提。利润的实现是企业扩大再生产，增强企业实力、提高行业竞争力的必要条件。成本费用高，经济效益低是中国建筑业的基本状况，要提高建筑企业利润，提高行业竞争力，促进企业有效竞争，必须降低建筑工程项目成本。

3.降低建筑工程项目成本是促进国民经济快速发展的需要

劳动密集型作业，生产效率低，是目前我国建筑工程项目的主要特点。制订最佳施工组织设计或施工方案，提高劳动生产率，降低建筑工程项目成本，是建

筑企业提高经济效益和社会效益的手段，是促进国民经济快速发展的前提条件。

（二）降低建工程成本的措施

降低建筑成本既是我国市场经济的外在需要，同时，也是企业自身发展的内在需求。建筑企业要想提高竞争力，获得更多的利润，就必须在保证建筑产品质量的前提下，降低建筑成本。

1.降低人工成本

人工成本是指企业在一定时期内生产经营和提供劳务活动中因使用劳动力所发生的各项直接和间接人工费用的总和。在现代企业中，员工的价值不再仅仅表现为企业必须支付的成本，而是可为企业增值的资本，他能为企业带来远高于成本的价值。因而，要降低人工成本，不能像传统企业那样，盲目地减少员工的薪金福利，而是要保障他们的利益，提高工作效率。

首先，企业要积极地贯彻执行国家法律法规及各项福利政策，按时效地支付社会保险费、医疗费、住房费等，为员工提供社会保障，解除他们的后顾之忧。其次，企业要对员工进行培训，提高员工的综合素质，使工作态度和工作动机得到改善，从而工作效率得到提高。使员工具有可竞争性、可学习性、可挖掘性、可变革性、可凝聚性和可延续性。再次，各部门要做好协调配合工作。一个企业要想有效地控制人工成本，仅仅依赖人力资源部门的工作是不够的，需要财务、计划、作业等各部门的协调配合并贯彻实施。所以，在进行人工成本控制的同时，必须确保各部门都能通力合作。最后，要建立最优的用工方案。

2.降低材料成本

材料成本占总实际成本的65%~70%，降低材料成本对减少整个工程的成本具有很大的意义。

首先，在工程预算前对当地市场行情进行调查，遵循"质量好、价格低、运距短"的原则，做到货比三家，公平竞标，坚持做到同等质量比价格，同等价格比服务，订制采购计划。

其次，根据工程的大小和以往工程的经验估计材料的消耗，避免材料浪费。在施工过程中要定期盘点，随时掌握实际消耗和工程进度的对比数据，避免出现停工待料事件的发生。在工程结束后对周转材料要及时回收、整理，使用完毕及时退场，这样有利于周转使用和减少租赁费用，从而降低成本。

再次，要加强材料员管理。在以往的施工过程中，施工现场的材料员一个人负责材料的验收、管理、记账等工作，全过程操作没有完善的监督，给企业的材料管理带来了很大的隐患，如果改为材料员与专业施工员共同验收，材料员负责联系供货、记账，专业施工员负责验收材料的数量和质量，这样，既有了相互的监控，又杜绝了出现亏损相互推诿现象。

最后，在使用管理上严格执行限额领料制度，在下达班组技术安全交底时就明确各种材料的损耗率，对材料超耗的班组严格罚款，从而杜绝使用环节上的漏洞，对于做到材料节约的班组，按节约的材料价值给予一定的奖励。

3.降低机械及运输成本

机械费用对施工企业是十分重要的。使用机械时要先进行技术经济分析再决定购买还是租赁。在购买大型机械方面要从长远利益出发，要对建筑市场发展有充分的估计，避免工程结束后机械的大量闲置和浪费造成资金周转不灵，合理调度以便提高机械使用率，严格执行机械维修保养制度，来确保机械的完好和正常运转。在租赁机械方面要选择信誉较好的租赁公司，对租赁来的机械进行严格检查，在使用过程中做好机械的维护和保养工作，合理选配机械设备，充分发挥机械技术性能。同时，还应采用新技术、新工艺，提高劳动生产率，减少人工材料浪费和消耗，力求做到一次成为合格优良，杜绝因质量原因造成的材料损失、返工损失。

减少运输成本，一方面要做好批量运输批量存放工作。企业在运输过程中应尽量进行一些小批量组合、较大批量运输。货物堆放时也要用恰当的方法，根据货物的种类和数量，做出不同的决策，减少货损，提高效益。做好运输工具的选择。各类商品的性质不同，运输距离相同，决定了不同运输工具的选择。设计合理的运输路线，避免重复运输、往返运输及迂回运输，尽量减少托运人的交接手续。选择最短的路线将货物送达目的地。为避免因回程空驶造成的成本增加，企业要广泛收集货源信息，在保证企业自身运输要求的前提下实现回程配载，降低运输成本。一方面可考虑采用施工企业主材统一采购和配送管理。联合几家施工单位进行材料统一采购，统一运输，集成规模运输，也可以减少运输成本。

4.加强项目招投标成本控制

作为整个项目成本的一部分，招投标成本控制不可忽视。业主应根据要求委托合法的招投标代理机构主持招投标活动，制订招标文件，委托具有相应资质的工程造价事务所编制、审核工程量清单及工程的最高控制价，并对其准确性负责；根据工程规模、技术复杂程度、施工难易程度、施工自然条件按工程类别编制风险包干系数计入工程最高控制价，同时制订合理工期。业主在开标前应按照程序从评标专家库中选取相应评标专家组建评标委员会进行评标，评标委员会对投标人的资格进行严格审查，资格审查合格后投标人的投标文件才能参加评审。评标委员会通过对投标人的总投标报价、项目管理班子、机械设备投入、工期和质量的承诺及以往的成绩等进行评审，最终确定中标人。

第三节　建筑工程项目成本控制

一、建筑工程项目施工成本控制措施

为了取得施工成本控制的理想成效，应当从多方面采取措施实施管理，通常可以将这些措施归纳为组织措施、技术措施、经济措施、合同措施。

（一）组织措施

1.落实组织机构和人员

落实组织机构和人员是指施工成本管理组织机构和人员的落实，各级施工成本管理人员的任务和职能分工、权利和责任的明确。施工成本管理不仅是专业成本管理人员的工作，各级项目管理人员都负有成本控制的责任。

2.确定工作流程

编制施工成本控制工作计划，确定合理详细的工作流程。

3.做好施工采购规划

通过生产要素的优化配置、合理使用、动态管理，有效控制实际成本；加强施工定额管理和施工任务单管理，控制劳动消耗。

4.加强施工调度

避免因施工计划不周和盲目调度造成窝工损失、机械利用率低、物料积压等，从而使施工成本增加。

5.完善管理体制、规章制度

成本控制工作只有建立在科学管理的基础之上，具备合理的管理体制、完善的规章制度、稳定的作业秩序以及完整准确的信息传递，才能取得成效。

（二）技术措施

1.进行技术经济分析，确定最佳的施工方案

在进行技术方面的成本控制时，要进行技术经济分析，确定最佳施工方案。

2.结合施工方法，进行材料使用的选择

在满足功能要求的前提下，通过代用、改变配合比、使用添加剂等方法降低材料消耗的费用；确定最适合的施工机械、设备使用方案。结合项目的施工组织设计及自然地理条件，降低材料的库存成本和运输成本。

3.先进施工技术的应用，新材料的运用，新开发机械设备的使用等

在实践中，也要避免仅从技术角度选定方案而忽视了对其经济效果的分析论证。

4.运用技术纠偏措施

一是要能提出多个不同的技术方案，二是要对不同的技术方案进行技术经济分析。

（三）经济措施

1.编制资金使用计划，确定、分解施工成本管理目标。

2.进行风险分析，制订防范性对策。

3.及时准确地记录、收集、整理、核算实际发生的成本。

对各种变更，及时做好增减账，及时落实业主签证，及时结算工程款。通过偏差分析和未完成工程预测，可发现一些潜在的问题将引起未完工程施工成本的增加，对这些问题应该以主动控制为出发点，及时采取预防措施。由此可见，经济措施的运用绝不仅仅是财务人员的事。

（四）合同措施

1.对各种合同结构模式进行分析、比较

在合同谈判时，要争取选用适合于工程规模、性质和特点的合同结构模式。

2.注意合同的细节管控

在合同的条款中应仔细考虑影响成本和效益的因素，特别是潜在的风险因素。通过对引起成本变动的风险因素的识别和分析，采取必要的风险对策，如通过合理的方式，增加承担风险的个体数量，降低损失发生的必然性，并最终使这些策略反映在合同的具体条款中。

3.合理注意合同的执行情况

在合同执行期间，合同管理的措施既要密切注意对方合同执行的情况，以寻求合同索赔的机会；同时也要密切关注自己履行合同的情况，以防止被对方索赔。

二、建筑工程项目施工成本核算

（一）建筑工程项目成本核算目的

施工成本核算是施工企业会计核算的重要组成部分，它是指对工程施工生产中所发生的各项费用，按照规定的成本核算对象进行归集和分配，以确定建筑安装工程单位成本和总成本的一种专门方法。施工成本核算的任务包括以下几方面

第一，执行国家有关成本开支范围，费用开支标准，工程预算定额和企业施工预算，成本计划的有关规定，控制费用，促使项目合理，节约地使用人力、物力和财力。这是施工成本核算的先决前提和首要任务。

第二，正确及时地核算施工过程中发生的各项费用，计算施工项目的实际成本。这是施工成本核算的主体和中心任务。

第三，反映和监督施工项目成本计划的完成情况，为项目成本预测，为参与项目施工生产、技术和经营决策提供可靠的成本报告和有关资料，促进项目改善经营管理，降低成本，提高经济效益，这是施工成本核算的根本目的。

（二）建筑工程成本核算的正确认识

1.做好成本预算工作

成本预算是施工成本核算与管理工作开展的基础，成本预算工作人员需要结合已经中标的价格，并且根据工程建设区域的实际情况、现有的施工条件和施工技术人员的综合素质，多方面地进行思考，最终合理、科学地对工程施工成本进行预测。通过预测可以确定工程项目施工过程中各项资源的投入标准，其中包括人力、物力资源等，并且制订限额控制方案，要求施工单位需要将施工成本投入控制在额定范围之内。

2.以成本控制目标为基础，明确成本控制原则

工程项目施工过程中对于资金的消耗、施工进度，都是依据工程施工成本核算与管理来进行监督和控制的。加强施工过程成本管理相关工作人员需要坚持以下原则：首先就是节约原则，在保证工程建设质量的前提下节约工程建设资源投入。其次就是全员参与原则，工程施工成本管理并不仅仅是财务工作人员的责任，而是所有参与工程项目建设工作人员的责任。还有就是动态化控制原则，在工程项目施工过程中会受到众多不利因素的影响，导致工程项目发生变更，这些内容会导致施工成本的增加，只有落实动态化控制原则才能全面掌握施工成本控制变化情况。

（三）建筑工程成本预算方法

1.降低损耗，精准核算

相关工作人员在对施工成本进行核算的过程中，需要从施工人员、工程施工资金、原材料投入等众多方面切入，还需要深入考虑工程建设区域的实际情况，再利用本身具有的专业知识，科学、合理地确定工程施工成本核算定额。工作人员还需要注重的是，对于工程施工过程中人工、施工机械设备、原材料消耗等费用相关的管理资金投入进行严格的审核。对于工程施工原材料采购需要给予高度的重视，采购前要派遣专业人员进行建筑市场调查，对于材料的价格、质量，以及供应商的实力进行全面的了解。尽可能地做到货比三家，应用低廉的价格购买质量优异的原材料。

当施工材料运送到施工现场后，需要对材料的质量检验合格证书进行检验，只有质量合格的施工材料才能进入到施工现场。在对施工队伍进行管理的过程中，还需要注重激励制度的落实，设置多个目标阶段激励奖项，对考核制度进行健全

和完善。这样可以帮助工程项目施工队伍树立良好的成本核算意识，缩减工程项目施工成本投入，提升施工效率，帮助施工企业赢得更多的经济利益。

2.建立项目承包责任制

在工程项目施工时，可以进行对工程进行内部承包制，促使经营管理者自主经营、自负盈亏、自我发展，自我约束。内部承包的基本原则是："包死基数，确保上缴，超收多留，歉收自补"，工资与效益完全挂钩。这样，可以使成本在一定范围内得到有效控制，并为工程施工项目管理积累经验，并且可操作性极强，方便管理。采取承包制，在具体操作上必须切实抓好组织发包机构、合同内容确定、承包基数测定、承包经营者选聘等环节的工作。由于是内部承包，如发生重大失误导致成本严重超支时则不易处理。因此，要抓好重要施工部位、关键线路的技术交底和质量控制。

3.严格过程控制

建筑工程项目如何加强成本管理，首先就必须从人、财、物的有效组合和使用全过程中狠下功夫，严格过程控制，加强成本管理。比如，对施工组织机构的设立和人员、机械设备的配备，在满足施工需要的前提下，机构要精简直接，人员要精干高效，设备要充分有效利用。对材料消耗、配件的更换及施工序控制，都要按规范化、制度化、科学化进行。这样，既可以避免或减少不可预见因素对施工的干扰，也使自身生产经营状况在影响工程成本构成因素中的比例降低，从而有效控制成本，提高效益。过程控制要全员参与、全过程控制，这与施工人员的素质、施工组织水平有很大关系。

三、建筑工程项目成本管理信息化

（一）信息化管理的定义及作用

工程项目的信息化管理是指在工程项目管理中，通过充分利用计算机技术、网络技术等高科技技术，实现项目建设、人工、材料、技术、资金等资源整合，并对信息进行收集、存储、加工等，帮助企业管理层决策，从而达到提高管理水平、降低管理成本的目标。项目管理者可以根据项目的特点，及时并准确地做出有效的数据信息整理，实现对项目的监控能力，进而在保障施工进度、安全和质量的前提下实现降低成本的最大化。工程项目成本控制信息化管理的重要作用主要体现在以下几个方面。

1.有效提高建筑工程企业的管理水平

通过信息化管理实现对建筑工程的远程监控，能够及时有效地发现建设过程中成本管理所存在的问题和不足，从而不断改进，不断提高建筑工程企业的管理水平，实现全面的、完善的管理系统，提高企业效益。

2.为工程项目管理决策提供重要的依据

在项目管理中，管理者可以根据信息化管理系统中的信息，及时、准确地对各种施工环境做出准确有效的决策和判断，为管理者提供可靠有效的信息，并实现对工程项目管理水平进行评估。

3.提高工程项目管理者的工作效率

通过高科技技术实现信息化管理，是项目工程成本管理的重要举措。工程项目成本控制的信息化管理能够实现相关信息的共享，提高工程施工人员工作的强度和饱和度，从而减少工作的出错率，并通过宽松的时间和合作单位保持有效的沟通，从而使得双方达到满意的状态。

（二）建筑工程项目成本管理信息化的意义

建筑企业良好的社会信誉和施工质量无疑能增强企业的市场竞争优势，但是，就充分竞争的建筑行业、高度同质化的施工产品来说，价格因素越来越成为决定业主选择承建商的最重要因素。因此，如何降低建筑工程项目的运营成本，加强建筑工程项目成本管理是目前建筑企业增强竞争力的重要课题之一。

建筑工程项目成本管理信息化必须适应建筑行业的特点和发展趋势，以先进的管理理念和方法为指导，依托现代计算机工具，建立一条操作性强的、高速实时的、信息共享的操作体系，贯穿工程项目的全过程，形成各管理层次、各部门、全员实时参与，信息共享、相互协作的，以项目管理为主线，以成本管理为核心，实现建筑企业财务和资金统筹管理的整体应用系统。

建筑工程项目成本管理信息化也就当然成为建筑工程项目管理信息化的焦点和突破口。为了更有效地完成建筑工程项目成本管理，从而在激烈的市场竞争中保持建筑企业竞争的价格优势，在工程项目管理中引入成本管理信息系统是必要的，也是可行的。

建筑工程项目成本管理信息系统的应用及其控制流程和系统结构信息网络化的冲击，不仅大大缩短了信息传递的过程，使上级有可能实时地获取现场的信息和做出快速反应，并且由于网络技术的发展和应用，大大提高了信息的透明度，削弱了信息不对称性，对中间管理层次形成压力，从而实现有效的建筑工程项目成本管理。

（三）建筑工程项目成本管理中管理信息系统的应用

1.系统的应用层次

工程项目管理信息系统在运作体系上包含三个层次：总公司、分公司以及工程项目部。其中总公司主要负责查询工作，而分公司将所有涉及工程的成本数据都存储在数据库服务器上，工程项目部则是原始数据采集之源。这个系统包括系统管理、基础数据管理、机具管理、采购与库存管理、人工分包管理、合同管理中心、费用控制中心、项目中心等共计八个模块。八个模块相辅相成，共同构成一个有机的整体。

2.工程项目管理流程

项目部通过成本管理系统软件对施工过程中产生的各项费用进行控制、核算、分析和查询。通过相关程序以及内外部网络串联起各个独立的环节，使其实现有机化，最终汇总到项目部。由总部实现数据的实时掌控，通过对数据的详细分析，能够进行成本优化调节。

3.工程项目成本管理系统的软件结构

成本管理系统软件由以下部分组成：预算管理程序、施工进度管理程序、成本控制管理程序、材料管理程序、机具管理程序、合同事务管理程序以及财务结算程序等组成。

预算管理又包含预算书及标书的管理、项目成本预算的编制。其中的预算书为制订生产计划的重要依据，而项目成本预算是制订成本计划的依据之一。

4.成本核算系统

成本核算作为成本管理的核心环节，居于主要地位。成本核算能够提供费用开支的依据，同时根据它可以对经济效益进行评价。工程项目成本核算的目的是取得项目管理所需要的信息，而"信息"作为一种生产资源，同劳动力、材料、施工机械一样，获得它是需要成本的。工程项目成本核算应坚持形象进度、产值统计、成本归集三同步的原则。项目经理部应按规定的时间间隔进行项目成本核算。成本核算系统就是帮助项目部及公司根据工程项目管理和决策需要进行成本核算的软件，称为工程项目成本核算软件。

第九章　建筑工程项目安全管理

第一节　建筑工程项目安全管理概述

一、安全管理

安全管理是一门技术科学，它是介于基础科学与工程技术之间的综合性科学。它强调理论与实践的结合，重视科学与技术的全面发展。安全管理的特点是把人、物、环境三者进行有机的联系，试图控制人的不安全行为、物的不安全状态和环境的不安全条件，解决人、物、环境之间不协调的矛盾，排除影响生产效益的人为和物质的阻碍事件。

（一）安全管理的定义

安全管理同其他学科一样，有它自己特定的研究对象和研究范围。安全管理是研究人的行为与机器状态、环境条件的规律机器相互关系的科学。安全管理涉及人、物、环境相互关系协调的问题，有其独特的理论体系，并运用理论体系提出解决问题的方法。与安全管理相关的学科包括劳动心理学、劳动卫生学、统计科学、计算科学、运筹学、管理科学、安全系统工程、人机工程、可靠性工程、安全技术等。在工程技术方面，安全管理已广泛地应用于基础工业、交通运输、军事及尖端技术工业等。

安全管理是管理科学的一个分支，也是安全工程学的一个重要组成部分。安全工程学包括安全技术、工业卫生工程及安全管理。

安全技术是安全工程的技术手段之一。它着眼于对生产过程中物的不安全因素和环境的不安全条件，采用技术措施进行控制，以保证物和环境安全、可靠，达到技术安全的目的。

工业卫生工程也是安全工程的技术手段之一。它着眼于消除或控制生产过程中对人体健康产生影响或危害的有害因素，从而保证安全生产。

安全管理则是安全工程的组织、计划、决策和控制过程，它是保障安全生产的一种管理措施。

总之，安全管理是研究人、物、环境三者之间的协调性，对安全工作进行决策、计划、组织、控制和协调；在法律制度、组织管理；技术和教育等方面采取综合措施，控制人、物、环境的不安全因素，以实现安全生产为目的的一门综合性学科。

（二）安全管理的目的

企业安全管理是遵照国家的安全生产方针、安全生产法规，根据企业实际情况，从组织管理与技术管理上提出相应的安全管理措施，在对国内外安全管理经验教训、研究成果的基础上，寻求适合企业实际的安全管理方法。而这些管理措施和方法的作用都在于控制和消除影响企业安全生产的不安全因素、不卫生条件，从而保障企业生产过程中不发生人身伤亡事故和职业病，不发生火灾、爆炸事故，不发生设备事故。因此，安全管理的目的如下。

1.确保生产场所及生产区域周边范围内人员的安全与健康

即要消除危险、危害因素，控制生产过程中伤亡事故和职业病的发生，保障企业内和周边人员的安全与健康。

2.保护财产和资源

即要控制生产过程中设备事故和火灾、爆炸事故的发生，避免由不安全因素导致的经济损失。

3.保障企业生产顺利进行

提高效率，促进生产发展，是安全管理的根本目的和任务。

4.促进社会生产发展

安全管理的最终目的就是维护社会稳定、建立和谐社会。

（三）安全管理的主要内容

安全与生产是相辅相成的，没有安全管理保障，生产就无法进行；反之，没有生产活动，也就不存在安全问题。通常所说的安全管理，是针对生产活动中的安全问题，围绕着企业安全生产所进行的一系列管理活动。安全管理是控制人、物、环境的不安全因素，所以安全管理工作主要内容大致如下。

第一，安全生产方针与安全生产责任制的贯彻实施。

第二，安全生产法规、制度的建立与执行。

第三，事故与职业病预防与管理。

第四，安全预测、决策及规划。

第五，安全教育与安全检查。

第六，安全技术措施计划的编制与实施。

第七，安全目标管理、安全监督与监察。

第八，事故应急救援。

第九，职业安全健康管理体系的建立。

第十，企业安全文化建设。

随着生产的发展，新技术、新工艺的应用，以及生产规模的扩大，产品品种的不断增多与更新，职工队伍的不断壮大与更替，加之生产过程中环境因素的随时变化，企业生产会出现许多新的安全问题。当前，随着改革的不断深入，安全管理的对象、形式及方法也随着市场经济的要求而发生变化。因此，安全管理的工作内容要不断适应生产发展的要求，随时调整和加强工作重点。

（四）安全管理的产生和发展

1.安全管理的产生

（1）安全意识的出现

科学的产生和发展，从开始起便是由生产所决定的。安全管理这门科学和其他科学一样，也是随生产的发展，特别是工业生产的发展而发展的。

自人类出现开始，安全问题就存在。人类需要保护自己，要与自然灾害做斗争，警惕凶猛野兽的袭击和强大邻居的骚扰，他们有觉察危险迹象的本能，并且知道评价危险程度和做出防护反应。

科学技术的进步、生产的发展，提高了生产力，促进了社会的发展。然而，在技术进步和生产发展的同时，也会产生许多威胁人类安全与健康的问题。而要解决这些问题就需要从安全管理、安全技术、职业卫生等方面采取措施。

（2）安全隐患

火的发明和应用，改变了人类饮食、促进了人类文明，为生产和生活提供热源等，但由于在使用过程中往往会引起灼烫、火灾、爆炸等事故。为防止灼烫、火灾、爆炸等事故发生，需要有消防管理、防火防爆安全技术措施来应对。

电的发明和应用，电是能源、动力，现代社会离不开电，但人们在发电、送电、变配电和用电过程中往往会发生触电、电气火灾、电离辐射等事故和职业危害。为防止触电、电气火灾等事故，以及电离辐射危害，需要对电气设备加强安全管理，需要采取电气安全技术措施保证安全。

空压机、球磨机的发明和应用，提高了生产效率。但空压机、球磨机在运行过程中所生产的噪声、振动等给作业人员健康带来一定的影响，这就需要采取管理与技术措施，解决噪声及振动的问题。

2.安全管理的发展

（1）18世纪中叶

18世纪中叶，蒸汽机的发明促进了工业革命的发展，大规模的机械化生产开始出现，作业人员在极其恶劣的环境中每天从事超过10小时的劳动，作业人员的安全和健康时刻受到机器的威胁，伤亡事故和职业病不断出现。为了确保生产过程中作业人员的安全和健康，一些学者开始研究劳动安全卫生问题，采用的多种管理和技术手段改善作业环境和作业条件，丰富了安全管理和安全技术的内容。

（2）20世纪初

20世纪初，现代工业兴起和快速发展，重大事故和环境污染相继发生，造成了大量的人员伤亡和巨大的财产损失，给社会带来了极大危害，使人们不得不在一些企业设置专职安全人员和安全机构，开展安全检查、安全教育等安全管理活动。

（3）20世纪30年代

20世纪30年代，很多国家设立了安全生产管理的政府机构，颁布了劳动安全卫生的法律法规，逐步建立了较完善的安全教育、安全检查、安全管理等制度，这些内容更进一步丰富了安全生产管理的内容。

（4）20世纪50年代

进入20世纪50年代，经济的快速增长，使人们的生活水平迅速提高，创造就业机会、改善工作条件、公平分配国民生产总值等问题，引起了越来越多经济学家、管理学家、安全工程专家和政治家的注意。工人强烈要求不仅要有工作机会，还要有安全和健康的工作环境。一些工业化国家，进一步加强了安全生产法律法规体系建设，在安全生产方面投入了大量资金进行科学研究，产生了一些安全生产管理原理、事故预防原理和事故模式理论等风险管理理论，以系统安全理论为核心的现代安全管理思想、方法、模式和理论基本形成。

（5）20世纪末

20世纪末，随着现代制造业和航空航天技术的飞速发展，人们对职业安全卫生问题的认识也发生了很大变化，安全生产成本、环境成本等成为产品成本的重要组成部分，职业安全卫生问题成为非官方贸易壁垒的利器。在这种背景下，"持续改进""以人为本"的健康安全管理理念逐渐被企业管理者所接受，以职业健康安全管理体系为代表的企业安全生产风险管理思想开始形成，现代安全生产管理的内容更加丰富，现代安全生产管理理论、方法、模式以及相应的标准、规范更加成熟。

（五）安全管理的原理与原则

安全管理作为管理的重要组成部分，既遵循管理的普遍规律，服从管理的基本原理与原则，又有其特殊的原理与原则。

原理是对客观事物实质内容及其基本运动规律的表述。原理与原则之间存在内在的、逻辑对应的关系。安全管理原理是从生产管理的共性出发，对生产管理工作的实质内容进行科学分析、综合、抽象与概括所得出的生产管理规律。

原则是根据对客观事物基本规律的认识引发出来的，是需要人们共同遵循的行为规范和准则。安全生产原则是指在生产管理原则的基础上，指导生产管理活动的通用规则。

原理与原则的本质与内涵是一致的。一般来说，原理更基本，更具有普遍意义；原则更具体，对行动更有指导性。

1.系统原理

（1）系统原理的含义

系统原理是指运用系统论的观点、理论和方法来认识和处理管理中出现的问题，对管理活动进行系统分析，以达到管理的优化目标。

系统是由相互作用和相互依赖的若干部分组成，具有特定功能的有机整体。任何管理对象都可以作为一个系统。系统可以分为若干子系统，子系统可以分为若干要素，即系统是由要素组成的。按照系统的观点，管理系统具有6个特征，即集合性、相关性、目的性、整体性、层次性和适应性。

安全管理系统是生产管理的一个子系统，包括各级安全管理人员、安全防护设备与设施、安全管理规章制度、安全生产操作规范和规程，以及安全生产管理信息等。安全贯穿于整个生产活动过程中，安全生产管理是全面、全过程和全员的管理。

（2）运用系统原理的原则

①动态相关性原则

动态相关性原则表明：构成管理系统的各要素是运动和发展的，它们相互联系又相互制约。如果管理系统的各要素都处于静止状态，就不会发生事故。

②整分合原则

高效的现代安全生产管理必须在整体规划下明确分工，在分工基础上有效综合，这就是整分合原则。运用该原则，要求企业管理者在制订整体目标和进行宏观策划时，必须将安全生产纳入其中，在考虑资金、人员和体系时，都必须将安全生产作为一个重要内容考虑。

③反馈原则

反馈是控制过程中对控制机构的反作用。成功、高效的管理，离不开灵活、准确、快速的反馈。企业生产的内部条件和外部环境是不断变化的，必须及时捕获、反馈各种安全生产信息，以便及时采取行动。

④封闭原则

在任何一个管理系统内部，管理手段、管理过程都必须构成一个连续封闭的回路，才能形成有效的管理活动，这就是封闭原则。封闭原则告诉我们，在企业安全生产中，各管理机构之间、各种管理制度和方法之间，必须具有紧密的联系，形成相互制约的回路，才能有效。

2.人本原理

（1）人本原理的含义

在安全管理中把人的因素放在首位，体现以人为本，这就是人本原理。以人为本有两层含义：一是一切管理活动都是以人为本展开的，人既是管理的主体，又是管理的客体，每个人都处在一定的管理层面上，离开人就无所谓管理；二是管理活动中，作为管理对象的要素和管理系统各环节，都需要人掌管、运作、推动和实施。

（2）运用人本原理的原则

①动力原则

推动管理活动的基本力量是人，管理必须有能够激发人的工作能力的动力，这就是动力原则。对于管理系统，有三种动力，即物质动力、精神动力和信息动力。

②能级原则

现代管理认为，单位和个人都具有一定的能量，并且可按照能量的大小顺序排列，形成管理的能级，就像原子中电子的能级一样。在管理系统中，建立一套合理能级，根据单位和个人能量的大小安排其工作，发挥不同能级的能量，保证结构的稳定性和管理的有效性，这就是能级原则。

③激励原则

管理中的激励就是利用某种外部诱因的刺激，调动人的积极性和创造性。以科学的手段，激发人的内在潜力，使其充分发挥积极性、主动性和创造性，这就是激励原则。人的工作动力来源于内在动力、外部压力和工作吸引力。

3.预防原理

（1）预防原理的含义

安全生产管理工作应该做到预防为主，通过有效的管理和技术手段，减少和防止人的不安全行为和物的不安全状态，达到预防事故的目的。在可能发生人身伤害、设备或设施损坏和环境破坏的场合，事先采取措施，防止事故发生。

（2）运用预防原理的原则

①事故是可以预防

生产活动过程都是由人来进行规划、设计、施工、生产运行的，人们可以改变设计、改变施工方法和运行管理方式，避免事故发生。同时可以寻找引起事故的本质因素，采取措施，予以控制，达到预防事故的目的。

②因果关系原则

事故的发生是许多因素互为因果连锁发生的最终结果，只要诱发事故的因素存在，发生事故是必然的，只是时间或迟或早而已，这就是因果关系原则。

③3E原则

造成人事故的原因可归纳为4个方面，即人的不安全行为、设备的不安全状态、环境的不安全条件，以及管理缺陷。针对这4方面的原因，可采取3种防止对策，即工程技术（Engineering）对策、教育（Education）对策和法制（Enforcement）对策，即所谓3E原则。

④本质安全化原则

本质安全化原则是指从一开始和从本质上实现安全化，从根本上消除事故发生的可能性，从而达到预防事故发生的目的。

4.强制原理

（1）强制原理的含义

采取强制管理的手段控制人的意愿和行为，使人的活动、行为等受到安全生产管理要求的约束，从而实现有效的安全生产管理。所谓强制就是绝对服从，不必经过被管理者的同意便可采取的控制行动。

（2）运用强制原理的原则

①安全第一原则

安全第一就是要求在进行生产和其他工作时把安全工作放在一切工作的首要位置。当生产和其他工作与安全发生矛盾时，要以安全为主，生产和其他工作要服从于安全。

②监督原则

监督原则是指在安全活动中，为了使安全生产法律法规得到落实，必须设立安全生产监督管理部门，对企业生产中的守法和执法情况进行监督，监督主要包括国家监督、行业管理、群众监督等。

二、建筑工程项目安全管理内涵

（一）建筑工程安全管理的概念

建筑工程安全管理是指为保护产品生产者和使用者的健康与安全，控制影响工作场所内员工、临时工作人员、合同方人员、访问者和其他有关部门人员健康和安全的条件和因素，考虑和避免因使用不当对使用者造成健康和安全的危害而进行的一系列管理活动。

（二）建筑工程安全管理的内容

建筑工程安全管理的内容是建筑生产企业为达到建筑工程职业健康安全管理的目的，所进行的指挥、控制、组织、协调活动，包括制订、实施、实现、评审和保持职业健康安全所需的组织机构、计划活动、职责、惯例、程序、过程和资源。

不同的组织（企业）根据自身的实际情况制订方针，并为实施、实现、评审和保持（持续改进）建立组织机构、策划活动、明确职责、遵守有关法律法规和惯例、编制程序控制文件，实行过程控制并提供人员、设备、资金和信息资源，保证职业健康安全管理任务的完成。

（三）建筑工程安全管理的特点

1.复杂性

建筑产品的固定性和生产的流动性及受外部环境影响多，决定了建筑工程安全管理的复杂性。

（1）建筑产品生产过程中生产人员、工具与设备的流动性，主要表现如下。

①同一工地不同建筑之间的流动。

②同一建筑不同建筑部位上的流动。

③一个建筑工程项目完成后，又要向另一新项目动迁地流动。

（2）建筑产品受不同外部环境影响多，主要表现如下。

①露天作业多。

②气候条件变化的影响。

③工程地质和水文条件变化的影响。

④地理条件和地域资源的影响。

由于生产人员、工具和设备的交叉和流动作业，受不同外部环境的影响因素多，使健康安全管理很复杂，若考虑不周就会出现问题。

2.多样性

产品的多样性和生产的单件性决定了职业健康安全管理的多样性。建筑产品的多样性决定了生产的单件性。每一个建筑产品都要根据其特定要求进行施工，主要表现如下。

（1）不能按同一图样、同一施工工艺、同一生产设备进行批量重复生产。

（2）施工生产组织及结构的变动频繁，生产经营的"一次性"特征特别突出。

（3）生产过程中实验性研究课题多，所碰到的新技术、新工艺、新设备、新材料给职业健康安全管理带来不少难题。

因此，对于每个建筑工程项目都要根据其实际情况，制订健康安全管理计划，不可相互套用。

3.协调性

产品生产过程的连续性和分工性决定了职业健康安全管理的协调性。建筑产品不能像其他许多工业产品一样，可以分解为若干部分同时生产，而必须在同一固定场地，按严格程序连续生产，上一道程序不完成，下一道程序不能进行，上一道工序生产的结果往往会被下一道工序所掩盖，而且每一道程序由不同人员和单位完成。因此，在建筑施工安全管理中，要求各单位和专业人员横向配合和协调，共同注意产品生产过程接口部分安全管理的协调性。

4.持续性

产品生产的阶段性决定职业健康安全管理的持续性。一个建筑项目从立项到投产要经过设计前的准备阶段、设计阶段、施工阶段、使用前的准备阶段（包括竣工验收和试运行）、保修阶段等五个阶段。这五个阶段都要十分重视项目的安全问题，持续不断地对项目各个阶段可能出现的安全问题实施管理。否则，一旦在某个阶段出现安全问题就会造成投资的巨大浪费，甚至造成工程项目建设的夭折。

第二节　建筑工程项目安全管理问题

一、建筑工程施工的不安全因素

施工现场各类安全事故潜在的不安全因素主要有施工现场人的不安全因素和施工现场物的不安全状态。同时，管理的缺陷也是不可忽视的重要因素。

（一）事故潜在的不安全因素

人的不安全因素和物的不安全状态，是造成绝大部分事故的两个潜在的不安全因素，通常也可称作事故隐患。事故潜在的不安全因素是造成人身伤害、物的损失的先决条件，各种人身伤害事故均离不开人与物，人身伤害事故就是人与物之间产生的一种意外现象。在人与物中，人的因素是最根本的，因为物的不安全状态的背后，实质上还是隐含着人的因素。分析大量事故的原因可以得知，单纯由于物的不安全状态或者单纯由于人的不安全行为导致的事故情况并不多，事故几乎都是由多种原因交织而形成的，总的来说，安全事故是由人的不安全因素和物的不安全状态以及管理的缺陷等多方面原因结合而形成的。

1.人的不安全因素

人的不安全因素是指影响安全的人的因素，是使系统发生故障或发生性能不良事件的人员自身的不安全因素或违背设计和安全要求的错误行为。人的不安全因素可分为个人的不安全因素和人的不安全行为两个大类。个人的不安全因素，是指人的心理、生理、能力中所具有不能适应工作、作业岗位要求而影响安全的因素；人的不安全行为，通俗地讲，就是指能造成事故的人的失误，即能造成事故的人为错误，是人为地使系统发生故障或发生性能不良事件，是违背设计和操作规程的错误行为。

（1）个人的不安全因素

①生理上的不安全因素

生理上的不安全因素包括患有不适合作业岗位的疾病、年龄不适合作业岗位要求、体能不能适应作业岗位要求的因素，疲劳和酒醉或刚睡醒觉、感觉朦胧、视觉和听觉等感觉器官不能适应作业岗位要求的因素等。

②心理上的不安全因素

心理上的不安全因素是指人在心理上具有影响安全的性格、气质和情绪（如急躁、懒散、粗心等）。

③能力上的不安全因素

能力上的不安全因素包括知识技能、应变能力、资格等不适应工作环境和作业岗位要求的影响因素。

（2）人的不安全行为

①产生不安全行为的主要因素

主要因素有工作上的原因、系统、组织上的原因以及思想上责任性的原因。

②主要工作上的原因

主要工作上的原因有作业的速度不适当、工作知识的不足或工作方法不适当，技能不熟练或经验不充分、工作不当，且又不听或不注意管理提示。

2.物的不安全状态

物的不安全状态是指能导致事故发生的物质条件，包括机械设备等物质或环境所存在的不安全因素。通常，人们将此称为物的不安全状态或物的不安全条件，也有直接称其为不安全状态。

（1）物的不安全状态的内容

①安全防护方面的缺陷。

②作业方法导致的物的不安全状态。

③外部的和自然界的不安全状态。

④作业环境场所的缺陷。

⑤保护器具信号、标志和个体防护用品的缺陷。

⑥物的放置方法的缺陷。

⑦物（包括机器、设备、工具、物资等）本身存在的缺陷。

（2）物的不安全状态的类型

①缺乏防护等装置或有防护装置但存在缺陷。

②设备、设施、工具、附件有缺陷。

③缺少个人防护用品用具或有防护用品但存在缺陷。

④生产（施工）场地环境不良。

（二）管理的缺陷

施工现场的不安全因素还存在组织管理上的不安全因素，通常也可称为组织管理上的缺陷，它也是事故潜在的不安全因素。

二、建筑工程施工现场的安全问题

（一）建筑施工现场的安全隐患

1.安全管理存在的安全隐患

安全管理工作不到位，是造成伤亡事故的原因之一。安全管理存在的安全隐患主要有以下几点。

（1）安全生产责任制不健全。

（2）企业各级、各部门管理人员生产责任制的系统性不强，没有具体的考核办法，或没有认真考核，或无考核记录。

（3）企业经理对本企业安全生产管理中存在的问题没有引起高度重视。

（4）企业没有制订安全管理目标，且没有将目标分解到企业各部门，尤其是项目经理部、各班组，也没有分解到人。

（5）目标管理无整体性、系统性，无安全管理目标执行情况的考核措施。

（6）项目部单位工程施工组织设计中，安全措施不全面、无针对性，而且在施工安全管理过程中，安全措施没有具体落实到位。

（7）没有工程施工安全技术交底资料，即使有书面交底资料，也不全面，针对性不强，未履行签字手续。

（8）没有制订具体的安全检查制度，或未认真进行检查，在检查中发现的问题没有及时整改。

（9）没有制订具体的安全教育制度，没有具体安全教育内容，对季节性和临时性工人的安全教育很不重视。

（10）项目经理部不重视开展班前安全活动，无班前安全活动记录。

（11）施工现场没有安全标志布置总平面图，安全标志的布置不能形成总的体系。

2.土石方工程存在的安全隐患

（1）开挖前未摸清地下管线，未制订应急措施。

（2）土方施工时放坡和支护不符合规定。

（3）机械设备施工与槽边安全距离不符合规定，又无措施。

（4）开挖深度超过2米的沟槽，未按标准设围栏防护和密目安全网封挡。

（5）超过2米的沟槽，未搭设上下通道，危险处未设红色标志灯。

（6）地下管线和地下障碍物未明或管线1米内机械挖土。

（7）未设置有效的排水、挡水措施。

（8）配合作业人员和机械之间未有一定的距离。

（9）打夯机传动部位无防护。

（10）打夯机未在使用前检查。

（11）电缆线在打夯机前经过。

（12）打夯机未用漏电保护和接地接零。

（13）挖土过程中土体产生裂缝，未采取措施而继续作业。

（14）回土前拆除基坑支护的全部支撑。

（15）挖土机械碰到支护、桩头，挖土时动作过大。

（16）在沟、坑、槽边沿1米内堆土、堆料、停置机具。

（17）雨后作业前未检查土体和支护的情况。

（18）机械在输电线路下未空开安全距离。

（19）进出口的地下管线未加固保护。

（20）场内道路损坏未整修。

（21）铲斗从汽车驾驶室上通过。

（22）在支护和支撑上行走、堆物。

3.砌筑工程存在的安全隐患

（1）基础墙砌筑前未对土体的情况进行检查。

（2）垂直运转的吊笼绳索不符合要求。

（3）人工传砖时脚手板过窄。

（4）砖输送车在平地上间距小于2米。

（5）操作人员踩踏砌体和支撑上下基坑。

（6）破裂的砖块在吊笼的边沿。

（7）同一块脚手板上操作人员多于2人。

（8）在无防护的墙顶上作业。

（9）站在砖墙上进行作业。

（10）砖筑工具放在临边等易坠落的地方。

（11）内脚手板未按有关规定搭设。

（12）砍砖时向外打碎砖，从而导致人员伤亡事故。

（13）操作人员无可靠的安全通道上下。

（14）脚手架上的冰霜积雪杂物未清除就作业。

（15）砌筑楼房边沿墙体时未安设安全网。

（16）脚手架上堆砖高度超过3皮侧砖。

（17）砌好的山墙未做任何加固措施。

（18）吊重物时用砌体做支撑点。

（19）砖等材料堆放在基坑边1.5米内。

（20）在砌体上拉缆风绳。

（21）收工时未做到工完场清。

（22）雨天未对刚砌好的砌体做防雨措施。

（23）砌块未就位放稳就松开夹具。

4.脚手架工程存在的安全隐患

（1）脚手架无搭设方案，尤其是落地式外脚手架，项目经理将脚手架的施工承包给架子工，架子工有的按操作规程搭设，有的凭经验搭设，根本未编制脚手架施工方案。

（2）脚手架搭设前未进行交底，项目经理部施工负责人未组织脚手架分段及搭设完毕的检查验收，即使组织验收，也无量化验收内容。

（3）门形等脚手架无设计计算书。

（4）脚手架与建筑物的拉结不够牢固。

（5）杆件间距与剪刀撑的设置不符合规范的规定。

（6）脚手板、立杆、大横杆、小横杆材质不符合要求。

（7）施工层脚手板未铺满。

（8）脚手架上材料堆放不均匀，荷载超过规定。

（9）通道及卸料平台的防护栏杆不符合规范规定。

（10）地式和门形脚手架基础不平、不牢，扫地杆不符合要求。

（11）挂、吊脚手架制作组装不符合设计要求。

（12）附着式升降脚手架的升降装置、防坠落、防倾斜装置不符合要求。

（13）脚手架搭设及操作人员，经过专业培训的未上岗，未经专业培训的却上岗。

5.钢筋工程存在的安全隐患

（1）在钢筋骨架上行走。

（2）绑扎独立柱头时站在钢箍上操作。

（3）绑扎悬空大梁时站在模板上操作。

（4）钢筋集中堆放在脚手架和模板上。

（5）钢筋成品堆放过高。

（6）模板上堆料处靠近临边洞口。

（7）钢筋机械无人操作时不切断电源。

（8）工具、钢箍短钢筋随意放在脚手板上。

（9）钢筋工作棚内照明灯无防护。

（10）钢筋搬运场所附近有障碍。

（11）操作台上未清理钢筋头。

（12）钢筋搬运场所附近有架空线路临时用电气设备。

（13）用木料、管子、钢模板穿在钢箍内作立人板。

（14）机械安装不坚实稳固，机械无专用的操作棚。

（15）起吊钢筋规格长短不一。

（16）起吊钢筋下方站人。

（17）起吊钢筋挂钩位置不符合要求。

（18）钢筋在吊运中未降到1米就靠近。

6.混凝土工程存在的安全隐患

（1）泵送混凝土架子搭设不牢靠。

（2）混凝土施工高处作业缺少防护、无安全带。

（3）2米以上小面积混凝土施工无牢靠立足点。

（4）运送混凝土的车道板搭设两头没有搁置平稳。

（5）用电缆线拖拉或吊挂插入式振动器。

（6）2米以上的高空悬挑未设置防护栏杆。

（7）板墙独立梁柱混凝土施工时，站在模板或支撑上。

（8）运送混凝土的车子向料斗倒料，无挡车措施。

（9）清理地面时向下乱抛杂物。

（10）运送混凝土的车道板宽度过小。

（11）料斗在临边时人员站在临边一侧。

（12）井架运输小车把伸出笼外。

（13）插入式振动器电缆线不满足所需的长度。

（14）运送混凝土的车道板下，横楞顶撑没有按规定设置。

（15）使用滑槽操作部位无护身栏杆。

（16）插入式振动器在检修作业间未切断电源。

（17）插入式振动器电缆线被挤压。

（18）运料中相互追逐超车，卸料时双手脱把。

（19）运送混凝土的车道板上有杂物、有砂等。

（20）混凝土滑槽没有固定牢靠。

（21）插入式振动器的软管出现断裂。

（22）站在滑槽上操作。

（23）预应力墙砌筑前未对土体的情况检查。

7.模板工程存在的安全隐患

（1）无模板工程施工方案。

（2）现浇混凝土模板支撑系统无设计计算书，支撑系统不符合规范要求。

（3）支撑模板的立柱材质及间距不符合要求。

（4）立柱长度不一致，或采用接短柱加长，交接处不牢固，或在立柱下垫几皮砖加高。

（5）未按规范要求设置纵横向支撑。

（6）木立柱下端未锯平，下端无垫板。

（7）混凝土浇灌运输道不平稳、不牢固。

（8）作业面孔洞及临边无防护措施。

（9）垂直作业上下无隔离防护措施。

（10）2米以上高处作业无可靠立足点。

（二）建筑工程施工整体过程中存在的安全问题

1.建设单位方面不履行基本建设程序

国家确定的基本建设程序，指的是在建筑的过程中应该符合相应的客观规律和表现形式，符合国家法律法规规定的程序要求。目前来看，建筑市场存在着违背国家确定程序的现象，建筑行业相对来说较为混乱。一部分业主违背国家的建设规定，不严格按照既定的法律法规来走立项、报建、招标等程序，而是通过私下的交易承揽建筑施工权。在建筑施工阶段，建设单位、工程总包单位违法转包、分包，并且要求最终施工承建单位垫付工程款或交纳投标保证金、履约保证金等。在采购环节，为了省钱而购买假冒伪劣材料设备，导致质量和安全问题不断产生。

目前，比较突出的问题部分是建设单位没有按照规定先取得施工许可即开工。根据相关规定，项目开工必须取得施工许可证，取得施工许可证以后还应该将工程安全施工管理措施整理成文提交备案。但是，由于建设单位为了赶进度后开工，同时政府部门监管不能够及时到位，管理机制不够严格，导致部分工程开工的时候手续不全，工程不顺，责任不明，发生事故的时候就互相推诿。一些建设单位通过关系，强行将建筑工程包下之后则不注重安全管理，随意降低建筑修筑质量，以低价将工程分包给水平低、包工价格低的施工队伍，这样的做法完全不能保证建筑修筑过程中的安全，以及所修筑的建筑的本身质量，极易在施工过程中发生事故。

2.强行压缩合理工期

工期的概念就是工程的建设期限，工期要通过科学论证的计算。工期的时间应该符合基本的法律与安全常识，不可以随意更改和压缩。在建筑工程施工中，存在着大干快上，盲目地赶进度或赶工期，而这种情况有时还被作为工作积极的表现进行宣扬，这也造成了某种程度上部分建设单位认为工期是能够随意调整的现象。而媒体的大肆宣传，有时也会造成豆腐渣工程的产生。过快的完成工期，最后很容易演变成"豆腐渣"工程，不得不推倒重来。一些建设单位通过打各种旗号，命令施工队伍夜以继日地施工作业，强行加快建筑修筑的进度，而忽略了安全管理方面的工作。建设单位不顾施工现场的实际情况，有些地点存在障碍，比如带电的高压线，强行要求施工单位进行施工作业，施工人员因为夜以继日地工作，建设单位要求加快进度的压力以及部分施工地点的危险源，如果不采取合理的安全管理措施，很容易因为赶进度、不注意危险源而产生安全事故。

3.缺少安全措施经费

工程建设领域存在不同程度的"垫资"情况，施工企业对安全管理方面的资金投入有限，导致安全管理的相关技术和措施没有办法全部执行到位，有的甚至连安全防护用品都不能够全部及时更换，施工人员的安全没有办法得到保障。施工单位处于建筑市场的最底层，安全措施费得不到足额发放，而很多建设单位发放安全措施费也只是走个流程，方便工地顺利施工。甚至有些施工单位为了能够把工程揽到自己的施工队伍里面，自愿将工程的费用足额垫付，以便能得到工程的施工权，在这种情况下，其他费用，如安全管理费则显得捉襟见肘。因此，施工人员在施工现场极易发生安全事故。

4.建筑施工从业人员安全意识、技能较低

大量的农民工进入建筑业，他们大都刚刚完成从农民到工人的转变，缺乏比较基本的安全防护意识和操作技能。他们不熟悉施工现场的作业环境，不了解施工过程中的不安全因素，缺乏安全生产知识，安全意识及安全技能较低。

5.特种作业操作人员无证上岗

目前，一些特种作业的操作人员并未持特种作业证上岗作业，如起重机械司索、信号工种施工现场严重缺乏，场内机动车辆无证驾驶人员较多等。这些关键岗位的人员，如未经过系统安全培训，不持证上岗，作业时极易造成违章行为，造成重大事故。

6.违章作业及心态分析

部分施工作业人员对于安全生产认识不足，缺乏应有的安全技能，盲目操作，违章作业，冒险作业，自我防护意识较差，违反安全操作规程，野蛮施工，导致事故频频发生。分析他们违章作业的行为，主要存在以下几点心态。

（1）自以为是的态度

部分作业人员，不愿受纪律约束，嫌安全规程麻烦，危险的部位甚至逞英雄、出风头；喜欢凭直观感觉，认为自己什么都懂，暴露出浮躁、急功近利、自行其是的共性特征。

（2）习以为常的习惯

习以为常的习惯，实质是一种麻痹侥幸心理作怪。违章指挥、违章作业、违反劳动纪律的"三违"行为，是这些违章作业人员的家常便饭，违章习惯了，认为没事；认为每天都这样操作，都没有出事，放松了对突发因素的警惕；对隐患麻痹大意，熟视无睹，不知道隐患后暗藏危机。

（3）安全责任心不强

一部分施工人员对生命的意义理解还没有达到根深蒂固的地步，没有深刻体会事故会给所在家庭带来无法弥补的伤害，给企业造成巨大的损失，以及给社会带来不稳定、不和谐，不会明白安全事关家庭责任、企业责任及社会责任。

7.建筑施工企业安全责任不落实

安全生产责任制不落实，管理责任脱节，是安全工作落实不下去的主要原因。虽然企业建立了安全生产的责任制，但是由于领导和部门安全生产责任不落实，"开会时说起来重要，工作时做起来次要"的现象比较普遍，安全并没有真正引起广大员工的高度重视。发生事故以后，虽然对责任单位的处罚力度不断加大，但是对于相关责任人，与事故密切相关的生产、技术、器材、经营等相关责任部门的处罚力度不够，也直接导致责任制不能够有效落实。

安全管理手段单一，一些企业未建立职业安全健康管理体系，管理仍然是停留在过去的经验做法上。有些企业为了取得《安全生产许可证》，也建立了一些规章制度，但是建立的安全生产制度是从其他企业抄袭来的，不是用来管理，而是用来应付检查的，谈不上管理和责任落实。施工过程当中的安全会议，是项目安全管理的一个十分重要的组成部分。通过调研发现，目前施工项目有一小部分能够召开一周一次安全会议，主要是讨论上周安全工作存在的问题以及下周的计划，一般不会超过一小时，但是更多的项目并不召开专门的安全会议，而是纳入整个项目的项目会。

8.分包单位安全监管不到位

《建设工程安全生产管理条例》第二十四条要求：总承包单位依法将建设工程

分包给其他单位的，分包合同中应当明确各自的安全生产方面的权利、义务。总承包单位和分包单位对分包工程的安全生产承担连带责任；分包单位应当服从总承包单位的安全生产管理，分包单位不服从管理导致生产安全事故的，由分包单位承担主要责任。

部分总包单位对专业分包或劳务分包队伍把关不严、安全培训教育不够重视、安全监督检查不严格，对分包队伍的安全管理工作疏于管理，也有相当一部分总包单位将工程进行分包以后以包代管。多数专业分包单位是业主直接选择或行业主管部门指定的，都拥有较为特殊的背景，基本上我行我素，不服从总包的管理，总包也没有很好的控制手段来制约它们，加上这些专业分包单位对自身的安全管理不重视，安全管理体系不健全，现场安全管理处在失控状态，导致分包队伍承建工程安全隐患突出。

9.安全教育培训严重不足

现场从业人员整体素质偏低，缺乏系统培训，是安全隐患产生的最大根源。现场作业人员大多是农民工，他们安全意识淡薄，安全知识缺乏，自我保护能力比较低下，侥幸心理重，很容易出现群体违章或习惯性违章情况，这是安全生产中最大隐患。目前，绝大部分项目的新工人在进行之前的安全培训时间一般不会超过两小时，一般是以老师傅带的形式来进行，不组织专门的安全培训，有近六成的农民工没有接受过正规的安全培训。

尽管企业的培训资料比较齐全，但是班组长和工人接受过正规的培训非常少，企业在培训方面多数倾向于做表面文章。另一方面，现场工人来源于劳务分包企业，总包企业和劳务分包企业直接签订分包合同，总包只进行入场安全教育，不直接负责工人的安全培训。直接用工单位劳务分包企业应负责对工人进行系统安全培训，但大多数劳务分包企业对工人根本不进行培训，从农村招工过来直接到工地，工人对安全生产认识不足，缺乏应有的安全技能，盲目操作，违章作业，冒险作业，自我防护意识较差，导致事故频发。

10.建设单位对建筑工程安全管理法规执行不力

当前，建筑市场中一些建设单位为了获得更多利益而忽视建筑工程安全管理法规，严重违反了建筑工程安全管理规定，将建筑工程项目分解为多个小项目，分包给多家的建筑施工单位。而且，建设单位还依靠权力逼迫建筑施工单位签订不公平的建筑工程合约。一些建设单位为了获得更大的经济利益，而将建设工程项目直接承包给没有建筑施工资格的建筑施工单位或个人。

此外，建设单位还经常存在拖欠建筑施工单位工程款项的行为，以及拒付建筑施工单位安全管理费用等情况，建设单位由于工程款迟迟不能到位，建筑施工单位需要垫付巨大的工程施工资金款，而建筑施工单位由于资金的限制，其能够投入建筑工程安全管理的资金更少，导致建筑工程施工单位的安全管理条件变得更差，从而使得建筑工程单位安全管理的水平更低。而且一些建设单位为了彰显政绩而大量压缩建筑工程施工单位的工期，其使得施工单位的本来紧凑的施工工期压得更紧，使得施工单位只能牺牲安全管理来进行赶施工进度。

11.建筑安全管理机制不完善

现阶段，我国建筑业还没有真正形成有效、完善的安全管理机制，安全管理员配置存在严重不合理，体现在建筑安全管理员的安全意识较低、数量不够、权责不明确等，对建筑安全生产管理监管、防控不到位。另外，由于监管机制不健全，建筑必要的原材料、设备等不能够得到有效保证，在建筑工程施工过程中出现偷工减料现象，"豆腐渣"工程屡见不鲜，安全隐患的大幅滋生，导致了工程质量不合格，甚至造成建筑大型安全事故的发生。

12.设备、原材料的隐患

由于缺乏严格、有效的建筑工程质量监管，导致了一系列安全隐患的产生。相关单位为了压缩设备、材料成本，在进行租赁采购相关机械设备、原材料时，会混入一些劣质机械设备、原材料，甚至在不进行日常检查的情况下实施操作，一些老化的机械设备、施工技术得不到及时更新，安全生产隐患大大增加，建筑工程质量大打折扣。

13.监督执法力量不足

目前，我们各地工程安全监督机构，监管能力与日益增长的工程建设规模不相适应，建筑施工安全监督管理也较为薄弱，监督人员远远不能够满足工程规模急剧增长的需要，而且现有的建筑安全监督资源的配置也亟待进一步提高。

监督人员的专业结构、技术层次"青黄不接"。真正能够胜任工作，又懂技术熟悉专业的专业人员较少；工程安全监督执法是接受政府部门的委托而开展工作的，国家有关部门取消了监督费的收取，部分地区监督机构在人员编制、参与改革等问题上没有得到落实，造成日常工作经费不足，影响了安全监督机构的正常运转和生存。从监督执法检查的形式、内容以及手段上，不能有效地发挥安全监督执法的震慑力。

第三节 建筑工程安全管理优化

一、施工安全控制

（一）施工安全控制的特点

1.控制面广

由于建筑工程规模较大，生产工艺比较复杂、工序多，在建造过程中流动作业多、高处作业多、作业位置多变、遇到的不确定因素多，安全控制工作涉及范围大、控制面广。

2.控制的动态性

第一，由于建筑工程项目的单件性，使得每项工程所处的条件都会有所不同，所面临的危险因素和防范措施也会有所改变，员工在转移工地以后，熟悉一个新的工作环境需要一定的时间，有些工作制度和安全技术措施也会有所调整，员工同样有个熟悉的过程。

第二，建筑工程项目施工具有分散性。因为现场施工是分散于施工现场的各个部位，尽管有各种规章制度和安全技术交底的环节，但是面对具体的生产环境的时候，仍然需要自己的判断和处理，有经验的人员还必须适应不断变化的情况。

3.控制系统交叉性

建筑工程项目是一个开放系统，受自然环境和社会环境影响很大，同时也会对社会和环境造成影响，安全控制需要把工程系统、环境系统及社会系统结合起来。

4.控制的严谨性

由于建筑工程施工的危害因素较为复杂、风险程度高、伤亡事故多，所以预防控制措施必须严谨，如有疏漏就可能发展到失控，而酿成事故，造成损失和伤害。

（二）施工安全控制程序

施工安全控制程序，包括确定每项具体建筑工程项目的安全目标，编制建筑工程项目安全技术措施计划，安全技术措施计划的落实和实施，安全技术措施计划的验证、持续改进等。

（三）施工安全技术措施一般要求

1.施工安全技术措施必须在工程开工前制订

施工安全技术措施是施工组织设计的重要组成部分，应当在工程开工以前与施工组织设计一同进行编制。为了保证各项安全设施的落实，在工程图样会审的时候，就应该特别注意考虑安全施工的问题，并在开工前制订好安全技术措施，使得有较充分的时间对用于该工程的各种安全设施进行采购、制作和维护等准备工作。

2.施工安全技术措施要有全面性

根据有关法律法规的要求，在编制工程施工组织设计的时候，应当根据工程特点制订相应的施工安全技术措施。对于大中型工程项目、结构复杂的重点工程，除了必须在施工组织设计中编制施工安全技术措施以外，还应编制专项工程施工安全技术措施，详细说明有关安全方面的防护要求和措施，确保单位工程或分部分项工程的施工安全。对爆破、拆除、起重吊装、水下、基坑支护和降水、土方开挖、脚手架、模板等危险性较大的作业，必须编制专项安全施工技术方案。

3.施工安全技术措施要有针对性

施工安全技术措施是针对每项工程的特点制订的，编制安全技术措施的技术人员必须掌握工程概况、施工方法、施工环境、条件等一手资料，并熟悉安全法规、标准等，才能制订有针对性的安全技术措施。

4.施工安全技术措施应力求全面、具体、可靠

施工安全技术措施应该把可能出现的各种不安全因素考虑周全，制订的对策措施方案应力求全面、具体、可靠，这样才能真正做到预防事故的发生。但是，全面具体并不等于罗列一般通常的操作工艺、施工方法以及日常安全工作制度、安全纪律等。这些制度性规定，安全技术措施中不需要再做抄录，但必须严格执行。

5.施工安全技术措施必须包括应急预案

由于施工安全技术措施是在相应的工程施工实施之前制订的，所涉及的施工条件和危险情况大都是建立在可预测的基础之上，而建筑工程施工过程是开放的过程，在施工期间的变化是经常发生的，还可能出现预测不到的突发事件或灾害（如地震、火灾、台风、洪水等）。所以，施工技术措施计划必须包括面对突发事件或紧急状态的各种应急设施、人员逃生和救援预案，以便在紧急情况下，能及时启动应急预案，减少损失，保护人员安全。

6.施工安全技术措施要有可行性和可操作性

施工安全技术措施应能够在每个施工工序之中得到贯彻实施，既要考虑保证安全要求，又要考虑现场环境条件和施工技术条件能够做得到。

二、施工安全检查

（一）安全检查内容

第一，查思想。检查企业领导和员工对安全生产方针的认识程度，建立健全安全生产管理和安全生产规章制度。

第二，查管理。主要检查安全生产管理是否有效，安全生产管理和规章制度是否真正得到落实。

第三，查隐患。主要检查生产作业现场是否符合安全生产要求，检查人员应深入作业现场，检查工人的劳动条件、卫生设施、安全通道，零部件的存放、防护设施状况，电气设备、压力容器、化学用品的储存，粉尘及有毒有害作业部位点的达标情况，车间内的通风照明设施，个人劳动防护用品的使用是否符合规定等。要特别注意对一些要害部位和设备加强检查，如锅炉房、变电所以及各种剧毒、易燃、易爆等场所。

第四，查整改。主要检查对过去提出的安全问题和发生生产事故及安全隐患是否采取了安全技术措施和安全管理措施，进行整改的效果如何。

第五，查事故处理。检查对伤亡事故是否及时报告，对责任人是否已经做出严肃处理。在安全检查中，必须成立一个适应安全检查工作需要的检查组，配备适当的人力、物力；检查结束后，应编写安全检查报告，说明已达标项目、未达标项目、存在问题、原因分析，做出纠正和预防措施的建议。

（二）施工安全生产规章制度的检查

为了实施安全生产管理制度，工程承包企业应当结合本身的实际情况，建立健全一整套本企业的安全生产规章制度，并且落实到具体的工程项目施工任务中。在安全检查的时候，应对企业的施工安全生产规章制度进行检查。施工安全生产规章制度一般应包括：安全生产奖励制度；安全值班制度；各种安全技术操作规程；危险作业管理审批制度；易燃、易爆、剧毒、放射性、腐蚀性等危险物品生产、储运使用的安全管理制度；防护物品的发放和使用制度；安全用电制度；加班加点审批制度；危险场所动火作业审批制度；防火、防爆、防雷、防静电制度；危险岗位巡回检查制度；安全标志管理制度。

三、建筑工程项目安全管理评价

（一）安全管理评价的意义

1.开展安全管理评价有助于提高企业的安全生产效率

对于安全生产问题的新认识、新观念，表现在对事故的本质揭示以及规律认识上，对于安全本质的再认识和剖析上，所以，应该将安全生产基于危险分析和预测评价的基础上。安全管理评价是安全设计的主要依据，其能够找出生产过程中固有的或潜在的危险、有害因素及其产生危险、危害的主要条件与后果，并及时提出消除危险、有害因素的最佳技术、措施与方案。

开展安全管理评价，能够有效督促、引导建筑施工企业改进安全生产条件，建立健全安全生产保障体系，为建设单位安全生产管理的系统化、标准化以及科学化提供依据和条件。同时，安全管理评价也可以为安全生产综合管理部门实施监察、管理提供依据。开展安全管理评价能够变纵向单因素管理为横向综合管理，变静态管理为动态管理，变事故处理为事件分析与隐患管理，将事故扼杀于萌芽之前，总体上有助于提高建筑企业的安全生产效率。

2.开展安全管理评价能预防、减少事故发生

安全管理评价是以实现项目安全为主要目的，应用安全系统工程的原理和方法，对工程系统当中存在的危险、有害因素进行识别和分析，判断工程系统发生事故和急性职业危害的可能性及其严重程度，提出安全对策建议，进而为整个项目制订安全防范措施和管理决策提供科学依据。

安全评价与日常安全管理及安全监督监察工作有所不同，传统安全管理方法的特点是凭经验进行管理，大多为事故发生以后再进行处理。安全评价是从技术可能带来的负效益出发，分析、论证和评估由此产生的损失和伤害的可能性、影响范围、严重程度以及应采取的对策措施等。安全评价从本质上讲是一种事前控制，是积极有效的控制方式。安全评价的意义在于，通过安全评价，可以预先识别系统的危险性，分析生产经营单位的安全状况，全面地评价系统及各部分的危险程度和安全管理状况，可以有效地预防、减少事故发生，减少财产损失和人员伤亡或伤害。

（二）工程项目安全管理评价体系

1.管理评价指标构建原则

（1）系统性原则

指标体系的建立，首先应该遵循的是系统性原则，从整体出发全面考虑各种因素对安全管理的影响，以及导致安全事故发生的各种因素之间的相关性和目标性选取指标。同时，需要注意指标的数量及体系结构要尽可能系统全面地反映评价目标。

（2）相关性原则

指标在进行选取的时候，应该以建筑安全事故类型及成因分析为基础，忽略对安全影响较小的因素，从事故高发的类型当中选取高度相关的指标。这一原则

可以从两方面进行判断：一是指标是否对现场人员的安全有影响；二是选择的指标如果出现问题，是否影响项目的正常进行及影响的程度。所以，评价以前要有层次、有重点地选取指标，使指标体系既能反映安全管理的整体效果，又能体现安全管理的内在联系。

（3）科学性原则

评价指标的选取应该科学规范。这是指评价指标要有准确的内涵和外延，指标体系尽可能全面合理地反映评价对象的本质特征。此外，评分标准要科学规范，应参照现有的相关规范进行合理选择，使评价结果真实客观地反映安全管理状态。

（4）客观真实性原则

评价指标的选取应该尽量客观，首先应当参考相关规范，这样保证了指标有先进的科学理论做支撑。同时，结合经验丰富的专家意见进行修正，这样保证了指标对施工现场安全管理的实用性。

（5）相对独立性原则

为了避免不同的指标间内容重叠，从而降低评价结果的准确性，相对独立性原则要求各评价指标间应保持相互独立，指标间不能有隶属关系。

2.工程项目安全管理评价体系内容

（1）安全管理制度

建筑工程师一项复杂的系统工程，涉及业主、承包商、分包商、监理单位等关系主体，建筑工程项目安全管理工作需要从安全技术和管理上采取措施，才能确保安全生产的规章制度、操作章程的落实，降低事故的发生频率。

安全管理制度指标包括五个子指标：安全生产责任制度、安全生产保障制度、安全教育培训制度、安全检查制度和事故报告制度。

（2）资质、机构与人员管理

建筑工程建设过程中，建筑企业的资质、分包商的资质、主要设备及原材料供应商的资质、从业人员资格等方面的管理不严，不但会影响到工程质量、进度，而且会容易引发建筑工程项目安全事故。

资质、机构与人员管理指标包括企业资质和从业人员资格、安全生产管理机构、分包单位资质和人员管理及供应单位管理这四个子指标。

（3）设备、设施管理

建筑工程项目施工现场涉及诸多大型复杂的机械设备和施工作业配备设施，由于施工现场场地和环境限制，对于设备、设施的堆放位置、布局规划、验收与日常维护不当容易导致建筑工程项目发生事故。

设备、设施管理指标包括设备安全管理、大型设备拆装安全管理、安全设施和防护管理、特种设备管理和安全检查测试工具管理这五个子指标。

（4）安全技术管理

通常来说，建筑工程项目主要事故有高处坠落、触电、物体打击、机械伤害、坍塌等。据统计，因高处坠落、触电、物体打击、机械伤害、坍塌这五类事故占事故总数的85%以上。造成事故的安全技术原因主要有安全技术知识的缺乏、设备设施的操作不当、施工组织设计方案失误、安全技术交底不彻底等。

安全技术管理指标包括六个子指标危险源控制、施工组织设计方案、专项安全技术方案、安全技术交底、安全技术标准、规范和操作规程及安全设备和工艺的选用。

第十章　建筑工程项目风险管理

第一节　建筑工程项目风险管理概述

一、风险

（一）风险的概念

风险一词代表发生危险的可能性或是进行有可能成功的行为。目前，大多数有风险的事件指的是有可能带来损失的危险事件，这些损失一般与某种自然现象和人类社会活动特征有关。

风险不仅是研究安全问题的前提，它通常还被看成不良影响客观存在的可能性，这种不良影响可能作用于个人、社会、自然，可能带来某种损失、使现状恶化、阻碍它们的正常发展（速度、形式等的发展）。技术类风险是一种状态，其基础是技术体系、工业或者交通设施，这种状态由技术原因引发，在危急情况时会以一种对人类和环境产生巨大反作用力的形式出现，或是在正常使用这些设施的过程中，以对人类或环境造成直接或间接损失的形式出现。

（二）建筑工程项目风险

《建设工程项目管理规范》中对项目风险的解释是："在企业经营和项目施工过程中存在大量的风险因素，如自然风险、政治风险、经济风险、技术风险、社会风险、国际风险、内部决策与管理风险等。风险具有客观存在性、不确定性、可预测性、结果双重性等特征。工程承包事业是一项风险事业，承包人和项目经理要面临一系列的风险，必须在风险面前做出决策。决策正确与否，与承包人对风险的判断和分析能力密切相关。"

建筑工程项目的一次性特征使其不确定性要比一般的经济活动大许多，也决定了其不具有重复性项目所具有的风险补偿机会，一旦出现问题则很难补救。项目多种多样，每一个项目都有各自的具体问题，但有些问题是很多项目所共有的。

建筑工程项目的不同阶段会有不同的风险，风险大多数随着项目的进展而变化，不确定性会随之逐渐减少。最大的不确定性存在于项目的早期，早期阶段做出的决策对以后阶段和项目目标的实现影响最大。项目各种风险中，进度拖延往往是费用超支、现金流出及其他损失的主要原因。

二、风险管理

（一）风险管理的概念

风险管理作为一门专门的科学管理技术是由西方国家首先提出的。作为一门新的管理科学，它既涉及一些数理观念，又涉及大量非数理的艺术观念。不同的学者有着不同的看法，但总的来说，风险管理能降低纯粹风险所带来的损失，是在风险发生之前的风险防范和风险发生之后的风险处置。

风险管理是指对组织运营中要面临的内部的、外部的可能危害组织利益的不确定性，采用各种方法进行预测、分析与衡量，制订并执行相应的控制措施，以获得组织利润最大化的过程。

从本质上讲，风险管理是一种特殊的管理，也是一种管理职能，是在清楚自己企业的力量和弱点的基础上，对会影响企业的危险和机遇进行的管理。任何管理工作都是为实现某一特定目标而展开的，风险管理同样要围绕所要完成的目标进行。风险管理目标应该是在损失发生前保证经济利润的实现，在损失发生后有令人满意的复原。换个角度说，损失是不可避免的，风险就是这种损失的不确定性。就是要通过采取一些科学的方法、手段，将这种不确定的损失尽量转化为确定的、"合理"的损失。

（二）风险管理的过程

风险管理的过程一般由若干主要阶段组成，这些阶段不仅相互作用，而且相互影响。具体来说，风险管理的过程一般可以分为六个环节：风险管理规划、风险识别、风险估计、风险评价、风险应对、风险监控。

1.风险管理规划

把风险事故的后果尽量限制在可接受的水平上，是风险管理规划和实施阶段的基本任务。整体风险只要未超过整体评价基准就可以接受。对于个别风险，则可接受的水平因风险而异。风险后果是否可被接受，主要从两个方面考虑：即损失大小和为规避风险而采取的行动，如果风险后果很严重，但是规避行动不复杂，代价也不大，则此风险后果还是可被接受的。

风险规划是规划和设计风险管理活动的策略以及具体措施和手段。在制订风险管理规划之前，首先，要确定风险管理部门的组织结构、人员职责和风险管理范围，其次，主要考虑两个问题：第一，风险管理策略本身是否正确、可行。第二，风险管理实施管理策略的措施和手段是否符合总目标。

接下来是进入风险管理规划阶段，并把前面已经完成的工作归纳成一份风险管理规划文件。在制订风险管理计划时，应当避免用高层管理人员的愿望代替项目现有的实际能力。风险管理规划文件中应当包括项目风险形势估计、风险管理计划和风险规避计划。

2.风险识别

风险识别就是企业管理人员就企业经营过程中可能发生的风险进行感知、预测的过程。首先，风险识别应根据风险分类，全面观察事物发展过程，并从风险产生的原因入手，将引起风险的因素分解成简单的、容易识别的基本单元，找出影响预期目标实现的主要风险。风险识别的过程分三步骤：确认不确定性的客观存在，建立风险清单，进行风险分析。

进行风险识别不仅要辨认所发现或推测的因素是否存在不确定性，而且确认此种不确定性是否是客观存在的。只有符合这两点的因素才可视为风险。将识别出的所有风险一一列举就建立了风险清单。建立的风险清单必须全面客观，特别是不能遗漏主要风险。然后，将风险清单中的风险因素再分类，使风险管理者更好地了解，在风险管理中更有目的性，为下一步做好准备。

3.风险估计

风险估计是在风险规划和识别之后，通过对所有不确定和风险要素的充分、系统而又有条理的考虑，确定事件的各种风险发生的可能性以及发生之后的损失程度。风险估计主要是对以下几项内容的估计。

（1）风险事件发生的可能性大小。

（2）可能的结果范围和危害程度。

（3）预期发生的时间。

（4）风险因素所产生的风险事件的发生概率的可能性。

在采取合理的风险处置之前，必须估计某项风险可能引起损失的影响。在取得致损事件发生的概率、损坏程度、保险费和其他成本资料的基础上，对风险做出合理的评估。

4.风险评价

风险评价是针对风险估计的结果，应用各种风险评价技术来判定风险影响大小、危害程度高低的过程。风险评价的方法必须与使用这种方法的模型和环境相适应，没有一种方法可以适合于所有的风险分析过程。所以在分析某一风险问题时，应该具体问题具体分析。

在风险评价的过程中，可以通过各种方法得出各种备选方案。另外，风险评价是协助风险管理者管理风险的工具，并不能代替风险管理者的判断。所以风险管理者还要辩证地看待风险评价的结果。

风险评价过程中的一个重要工作就是风险预警。在对事件进行风险识别、分析和评估之后，就可得出事件风险发生的概率、风险损失大小、风险的影响范围以及主要的风险因素，针对风险评价的结果与已有的决策者所能承受的或公认的安全指标、风险指标进行比较，如超过了决策者的忍受限度，则发出报警，提醒决策者尽快采取适当的风险控制措施，达到规避或降低风险的目的。

5.风险应对

风险应对就是对风险事件提出处置意见和办法。通过对风险事件的识别、评估和分析，把风险发生的概率、损失严重程度以及其他因素综合考虑，就可得出事件发生风险的可能性及其危害程度，再与公认的安全指标相比较，就可确定事件的危险等级，从而决定应采取什么样的措施以及控制措施应采取到什么程度。

风险应对可以从改变风险后果的性质、风险发生的概率和风险后果大小三个方面提出以下多种风险规避与控制的策略，主要包括：风险回避、风险转移、风险预防、风险抑制、风险自留和风险应急。对不同的风险可采用不同的处置方法和策略，对同一个项目面临的各种风险，可综合运用各种策略进行处理。

6.风险监控

风险监控就是通过对风险规划、识别、估计、评价，应对全过程的监视与控制，从而保证风险管理达到预期的目标，它是风险管理实施过程中的一项重要工作。

风险监控就是要跟踪可能变化的风险、识别剩余风险和新出现的风险，在必要时修改风险管理计划，保证风险管理计划的实施，并评估风险管理的效果。

在风险监控过程中及时发现那些新出现的以及随着时间推延而发生变化的风险，然后及时反馈，并根据对事件的影响程度，重新进行风险规划、识别、估计、评价和应对。

三、建筑工程项目风险管理

（一）建筑工程项目风险类型

1.政治风险

政治风险是指政治方面的各种事件和原因所带来的风险，主要包括战争、动乱、国际关系紧张、政策多变、政府管理部门的腐败和专制等。

2.经济风险

经济风险主要指的是在经济领域中各种导致企业经营遭受厄运的风险，即在经济实力、经济形势及解决经济问题的能力等方面潜在的不确定因素构成经营方面的可能后果。有些经济风险是社会性的，对各个行业的企业都产生影响，如经济危机和金融危机、通货膨胀或通货紧缩、汇率波动等；有些经济风险的影响范围限于建筑行业内的企业，如国家基本建设投资总量的变化、房地产市场的销售行情、建材和人工费的涨落；还有的经济风险，是伴随工程承包活动而产生的，仅影响具体施工企业，如业主的履约能力等。

3.社会风险

社会风险是指由不断变化的道德信仰、价值观，人们的行为方式、社会结构的变化等社会因素产生的风险。社会风险影响面极广，它涉及各个领域、各个阶层和各个行业。建设项目所在地的宗教信仰、社会治安，公众对项目建设行动的认知程度和态度，工作人员文化素质是社会风险的主要原因。

4.工程风险

工程风险指的是一项工程在设计、施工与移交运行的各个阶段可能遭受的、影响项目系统目标实现的风险。工程风险主要由以下原因引起。

（1）自然风险

自然风险是指由于大自然的影响而造成的风险，主要原因有恶劣的天气情况、恶劣的现场条件、未曾预料到的工程水文地质条件、未曾预料到的一些不利地理条件、工程项目建设可能造成对自然环境的破坏、不良的运输条件可能造成供应的中断等。

（2）决策风险

决策风险主要是指在投资决策、总体方案确定、设计施工队伍的选择等方面，若决策出现偏差，将会对工程产生决定性的影响。

（3）组织与管理风险

组织风险是指由于项目有关各方关系不协调以及其他不确定性而引起的风险。管理风险是指项目管理人员管理能力不强、经验不足、合同条款不清楚、不按照合同履约、工人素质低、劳动积极性低、管理机构不能充分发挥作用造成的风险。

（4）技术风险

技术风险是指伴随科学技术的发展而来的风险。一般表现在方案选择、工程设计及施工过程中，由于技术标准的选择、计算模型的选择、安全系数的确定等方面出现偏差而形成的风险。

（5）责任风险

责任风险是指由于项目管理人员的过失、疏忽、侥幸、恶意等不当行为造成财产毁损、人员伤亡的风险。

5.法律风险

法律风险是指法律不健全，有法不依，执法不严，相关法律的内容的频繁变化，法律对项目的干预，可能对相关法律未能全面、正确理解，工程中可能有触犯法律的行为等。

（二）建筑工程项目建设中对风险的应对处理

针对建筑工程项目的不同风险可以采取不同的应对措施，从而减少风险的发生，降低风险的损失后果，具体的措施主要从四个方面进行。

第一，是指风险的规避与预防，在对风险进行评估分析后，采取有效的措施避免风险的发生，制订具体的计划与措施规避风险的可能诱使条件，这种风险处理方式是指杜绝任何风险的发生。

第二，是指有些风险是不可以完全避免的，只有在施工实施的过程中，采取一定的措施尽可能地减少风险所带来的后果，例如经济损失以及安全事故等。

第三，要进行风险的改变与转移，有时候风险不可避，但是又与机会并存时，可以将风险转移到可以承担的机构中，降低风险造成的不可控性。

第四，建筑工程项目的风险若是程度比较小，带来的后果损失也比较小时，若是这些细小的风险处理会导致更大的经济损失，比如延长工期等，就对其不进行较大的处理，避免造成更大的损失。

（三）加强建筑工程项目风险管理的基本措施

加强对建筑工程项目风险管理的基本措施可以促进建筑工程建设的发展，主要的管理措施分为以下几点。

1.加强建筑工程项目管理的设计规划阶段的风险

管理措施建筑工程项目管理的前期设计与规划阶段是控制与规避风险发生的重要阶段，在此，要综合各种风险可能出现的可能性，考虑到各种外在的风险以及内在的风险，加强对风险措施的可行性分析，确保建筑工程项目设计方案的合理。

2.加强建筑工程项目招投标的风险管理措施

建筑工程项目招投标的管理过程是项目管理的重要内容，对这一阶段的风险管理可以有效地提高项目的经济效益，加强招投标风险管理的主要措施为：要在招投标之前进行基本的咨询与编制，确定建筑工程项目的实施工程量，从而合理地规划建筑工程项目实施施工的全部内容，要根据市场经济条件选择招投标的底价，规范招投标的规范管理，从而降低风险的发生。

3.加强建筑工程项目实施施工过程中的风险管理

措施对建筑工程的施工过程进行风险管理措施的研究，及时监督管理，控制建筑工程的施工过程，把握好建筑工程的质量，重要的是要对建筑工程的施工过程加强非现场的管理，避免风险的发生。

4.加强建筑工程项目竣工完成后的风险管理措施

在建筑工程项目竣工后，还要对其进行质量的验收，要加强对该阶段的风险管理，保证施工单位上交的资料与档案的科学、真实，保证工作的流程规范化地进行，降低风险的产生。

第二节　建筑工程项目风险管理技术

一、建筑工程风险识别方法

（一）专家调查法

专家调查法又分为几类，如专家个人判断法、德尔菲法、智暴法等。这些方法主要是通过各领域专家的专业理论以及丰富的实践经验的利用，对潜在风险进行预测和分析，并估计其产生的后果。德尔菲法的应用，最早是在20世纪40年代末的美国兰德公司，此方法的使用程序大致为：首先，进行与项目相关的专家选定工作，并与这些专家建立直接的咨询关系，利用函询的方式实现对专家意见的收集，之后对这些意见进行整合，再向专家进行反馈，并再度进行意见征询。如此反复，直到各专家的意见大致一致，就参考最后意见进行风险识别。德尔菲法在各个领域都具有非常广泛的应用，通常情况下，该方法也有着理想的应用效果。

（二）故障树分析法

此方法又被称为分解法，其是通过对图解形式的利用，对大的故障进行分解，使其细化为不同的小故障，或者分析引起故障的各种原因。在直接经验较少的风险辨识当中，这一方法的应用非常广泛。通过不断分解投资风险，使项目管理人员可以更加全面地认识与了解投资风险因素，并基于此采取具有针对性的措施以加强对主要风险因素的管理。当然，这一方法也存在一定的不足，就是在大系统中的应用出现漏洞与失误的可能性较大。

（三）情景分析法

这一方法能够对引起风险的关键因素及其影响程度进行分析。其通过图表或者曲线等形式，对由于项目的影响因素发生变化而导致整个项目情况发生变化及其后果进行描述，以此为人们的比较研究提供便利。

（四）　财务报表法

财务报表可以帮助企业确定可能遭受的损失，或是在特定的情况下面会产生的损失。对资产负债表、现金的流量表等相关资料进行分析，这样可以了解目前资产存在的风险。然后将这些报表与财务报表等结合起来，这样就能够了解企业在未来的发展过程中将会要遇到的风险。借助财务报表来识别风险，这就需要对报表里面的各项科目进行深刻的研究，并完成分析报告。这样才能够分析可能出现的风险，还需要进行调查，这样才能够补充完整财务信息。因为工程的财务报表和企业的财务报告存在相似性，因此，需要借助财务报表的特点进行工程风险的识别。

（五）　流程图法

流程图法是经营活动根据一定的顺序进行划分，最终组成一个流程图系列，在每一个模块当中都标注出来潜在威胁，这样可以为决策者提供一个相对的整体印象。在一般情况下，对于各阶段的划分较为容易，但是需要找出各个阶段当中的风险因素或者事件。因为工程的各个阶段是确定的，所以关键问题是识别各个阶段的风险因素或事件。因为流程图存在篇幅的限制，使用这种方法得到的风险识别结果比较宽广。

（六）　初始清单法

如果对不同的工程进行风险识别的时候，需要从头做起，通常会存在以下三个方面的问题：一是时间和精力的花费大，但是识别的效率低；二是识别工作具有主观性，很有可能促发识别工作的随意性，导致识别解决不规范；三是识别工作的结果不能存储，这样就无法指导以后的风险识别工作。所以说，为了避免出现上面的缺陷，需要建立初步的风险清单。工程部门在建立初始清单的时候，具有如下两种路径。

一般情况下使用的是保险公司红字，其是风险管理学会公布的损失纵观表，也就是企业可能发生的风险表。然后将这个当作基础，风险管理员工再结合工程正在面临的危险把损失具体化，这样就建立了风险一览表。

通过比较合适的分解方法建立工程的初始清单。对于那些比较复杂的工程项目，一般需要对它的单个工程进行分解，然后再对单位工程进行维的分解，这样就能够比较容易地知道工程建设当中存在的主要风险。从初始清单的作用来看，对风险进行因素的分解是不够的，还需要对各种风险因素进行分解，把它们分解为风险事件。其实，初始的风险清单只是可以更加好地了解到风险的存在，不会遗漏重要的工程风险，但是这也不是最终的风险结论。在建立初始清单的时候，还需要结合具体的工程状况进行识别，这样就能够对清单进行补充和修正。所以说，需要参照相同工程建设的风险数据，或者进行风险调查。

（七）经验数据法

经验数据法又叫作资料统计法，也就是根据已经建立的工程风险资料来识别工程风险。不一样的风险管理都存在自己的经验数据与资料。在工程建设当中，具有工程经验数据的主体比较多，可以是承包商，也可以是项目的业主等。但是由于业主的角度不一样，信息的来源也有所不同，所以刚开始的风险清单会存在差别。但是，工程建设风险是客观的事实，存在一定的规律，当存在足够的数据或者资料的时候，这种差距就会大大减小，还有对工程的风险识别是一种初步的二维定性方法。所以说，在数据基础上面建立的风险清单，能够满足工程风险识别的需要。

二、建筑工程项目风险监控

（一）建筑工程项目投资风险监控

1.建筑工程项目投资风险监控的地位

建筑工程投资风险监控，从过程的角度来看，处于建筑工程项目风险管理流程的末端，但这并不意味着项目风险控制的领域仅此而已。实际上，建筑工程项目投资风险监控是建筑工程项目投资风险管理的重要内容，一方面是对投资风险识别、分析和应对等投资风险管理的继续；另一方面通过投资风险监控采取的活动和获得的信息也对上述活动具有反馈作用，从而形成了一个建筑工程项目投资风险管理的动态过程。正因为如此，投资风险管理应该面向项目风险管理全过程。它的任务是根据整个项目风险管理过程规定的衡量标准，全面跟踪并评价风险处理活动的执行情况。缺乏建筑工程项目投资风险监控的风险管理是不完整的风险管理。

2.建筑工程项目投资风险监控的意义

建筑工程项目投资风险监控是建筑工程项目风险管理中必不可少的环节，在建筑工程项目投资风险监控中具有重要意义。

（1）有助于适应建筑风险投资情况的变化

风险的存在是由于不确定性造成的，即人们无法知道将来建筑工程项目发展的情况。但随着建筑工程项目的进展和时间的推移，这种不确定性逐渐变得清晰，原来分析处理的风险会随之发生变化。因此，建筑工程项目投资风险需要随时进行监控，以掌握风险变化的情况，并根据风险变化情况决定如何对其进行处理。

（2）有助于检验已采用的风险处理措施

已采取的风险处理措施是否适当，需要通过风险监控对其进行客观的评价。

若发现已采取的处理措施是正确的，则继续执行；若发现已采取的处理措施是错误的，则尽早采取调整行动，以减少不必要的损失。

（3）适应新的风险，需要进行风险监控

采取风险处理措施后，建筑工程项目投资风险可能会留下残余风险或产生以前未识别的新风险。对于这些风险，需要进行风险监控以掌握其发展变化情况，并根据风险发展变化情况决定是否采取风险处理措施。

（二）建筑工程项目风险监控体系建设

1.建筑工程项目风险监控体系建设内容

建筑工程项目风险监控体系，是指以建筑企业内部监督资源（纪检、审计、内部监管）为依据，借助外部工程技术、工程造价力量，对工程廉政、程序、投资、质量、进度、安全以及工程量清单造价控制等方面进行监审把关，以监控为手段，从工程项目监控角度进行流程设计，实现了对工程项目风险的全过程、全方位、立体式监控。

2.建筑工程项目风险监控体系建设环节

（1）建立监管机构，提供工程项目监管的组织保障

根据建筑行业施工及项目监管的需要，成立以企业负责人为领导的工程项目建设监督领导小组、下设办公室，办公室由内部纪检、内部审计、外聘技术、外聘造价等四个监督组组成。监督领导小组负责对各监督小组上报重大问题进行决策性研究、解决，对项目监督过程中出现的问题与工程建设各参与方进行协调。

（2）构建工程项目监控的机制保证

要严明纪律，加强对领导干部的监督监察，完善监督制度。以内部审计为出发点，强化审计监督。审计的职能就是做好企业运行管控，坚持以内审为抓手，不断强化审计的监督职能，实现企业管理流程的规范。以内部监管为基础，强化流程控制。规范是各项工作的前提，监督是各项工作的保障，而建立长效机制、规范运作流程，全方位全过程加强企业内部监管，是保证企业健康持续发展的根本要求。

同时企业对工程建设的项目决策阶段、规划设计阶段、招标阶段、合同签订阶段、施工阶段、竣工验收阶段、竣工审计阶段、项目运行阶段进行全方位监控，形成完整的工程项目风险监控体系。从工程建设流程全方位系统性地设置风险监控点，并进行了细化和采用流程化程序进行规范。

三、建筑工程项目保险

（一）建筑工程项目保险的概念

1.保险

保险本意是稳妥可靠保障；后延伸成一种保障机制，是用来规划人生财务的一种工具，是市场经济条件下风险管理的基本手段，是金融体系和社会保障体系的重要的支柱。

保险是指投保人根据合同约定，向保险人支付保险费，保险人对于合同约定的可能发生的事故因其发生所造成的财产损失承担赔偿保险金责任，或者被保险人死亡、伤残、疾病或者达到合同约定的年龄、期限等条件时承担给付保险金责任的商业保险行为。

2.建筑工程项目保险

建筑工程保险是以承保土木建筑为主体的工程，在整个建设期间，由于保险责任范围内的风险造成保险工程项目的物质损失和列明费用损失的保险。

（二）建筑工程项目保险的特征

第一，承保风险的特殊性。建筑工程保险承保的保险标的大部分都裸露于风险中。同时，在建工程在施工过程中始终处于动态过程，各种风险因素错综复杂，风险程度增加。

第二，风险保障的综合性。建筑工程保险，既承保被保险人财产损失的风险，又承保被保险人的责任风险，还可以针对工程项目风险的具体情况，提供运输过程中、工地外储存过程中、保证期间等各类风险。

第三，被保险人的广泛性。包括业主、承包人、分承包人、技术顾问、设备供应商等其他关系方。

第四，费率的特殊性。建筑工程保险采用的是工期费率，而不是年度费率。

（三）建筑工程项目保险的作用

1.具有防范风险的保障作用

建筑活动不同于其他工农业生产活动，建筑工程项目规模较大、建设周期长、投资量巨大，与人们的生命和财产息息相关，社会影响极其广泛，潜伏在整个建设过程中的危险因素更多，建筑企业和业主担负的风险更大。一方面，建筑工程受自然灾害的影响大；另一方面，随着生产的不断进步，新的机械设备、材料及施工方法不断推陈出新，工程技术日趋复杂，从而加大了工程投资者承担的风险。加上设计、工艺等方面的技术风险和政策法律、资金筹集等方面的非技术风险随时可能发生。而建筑工程保险就是着眼于在建筑过程中可能发生的不利情况和意外不测，从若干方面消除或补偿遭遇风险造成的一项特殊措施。

建筑工程项目保险能对建筑工程质量事故处理给予及时、合理的赔偿，避免由于工程质量事故而导致企业倒闭。尽管这种对于风险后果的补偿只能弥补整个建筑工程项目损失的一部分，但在特定的情况下，能保证建筑企业和业主不致因风险发生导致破产，从而使因风险给双方带来的损失降低到最低程度。

2.有利于对建筑工程风险的监管

保险不仅是简单的收取保险费，也不仅仅是发生保险责任范围内的损失后赔偿的支付。在保险期内，保险管理机构要组织有关专家随着工程的进度对安全和质量进行检查，会因为利益关系而通过经济手段要求有关当事人进行很有效的控制，以避免或减少事故，并提供合理的防灾防损意见，有利于防止或减少事故的发生。发生保险责任范围内的损失以后，保险机构会及时进行勘查，按工程实际损失给予补偿，为工程的尽快恢复创造条件。

3.有利于降低处理事故纠纷的协调成本

建筑工程保险让可能发生事故的损失事先用合同的形式制订下来，事故处理就可以简单、规范，避免了无谓的纠纷，降低了事故处理本身的成本，参加保险对于投保人来讲，虽然将会为获得此种服务付出额外的一笔工程保费，但由此而提高了损失控制效率，使风险达到最小化。此外，工程施工期间发生事故是不可预测的，这些事故可能会导致业主与承包商之间或承包商与承包商之间对事故所造成的经济损失由谁承担而相互扯皮。如果工程全部参加保险，工程的有关各方都是共同被保险人。只要是保险责任范围内的约定损失，保险人均负责赔偿，无须相互追偿，从而减少纠纷，保证工程的顺利进行。

4.有利于发挥中介机构的特殊作用，为市场提供良好的竞争环境

商业保险机制的确立，必然引入更强的监督机制，保险公司在自身利益的引导下，必然会对建筑工程各方当事人实行有效监督，必然会对投保的建筑企业进行严格的审查，对一个保险公司不予投保的建筑企业，业主是不敢相信的，这就是中介机构在市场中发挥的特殊作用。

第三节　建筑工程风险评估控制

一、建筑工程项目风险评估

（一）风险评估

1.风险评估的起源

国外风险评估技术起源较早，国外在风险评估方面的研究与应用相对成熟，

风险评估最早起源于美国。

20世纪30年代，美国保险协会开始从事风险评价（评估）。美国的保险行业收取的保险费用取决于所承担的风险大小，因此需要衡量风险程度，从而产生了风险评价。此为最早期的风险评估技术，并进而得到不同行业和不同国家的推广和应用。

20世纪70年代末，我国引入了安全系统工程，同时进行了安全评价方法的研究，这是风险评估技术在我国的初步研究和应用阶段。

几十年来，国内外不同行业风险评估的术语有安全评价、风险评价、危险度评估和危险度评价等，"风险评估（risk assessment）"术语第一次出现于1976年美国环境保护署（EPA）颁布的"致癌物风险评估准则"，1983年美国国家科学院《联邦政府的风险评估管理》的报告中对该术语进行了确认。此后，美国颁布了一系列风险评估相关的规范、准则，风险评估技术迅速发展，并在世界范围内广泛应用。

2.风险评估的定义

风险评估是指，在风险事件发生之前或之后（但还没有结束），该事件给人们的生活、生命、财产等各个方面造成的影响和损失的可能性进行量化评估的工作。即，风险评估就是量化测评某一事件或事物带来的影响或损失的可能程度。

3.风险评估的主要作用

（1）认识风险及其对目标的潜在影响。

（2）为决策者提供相关信息。

（3）增进对风险的理解，以利于风险应对策略的正确选择。

（4）识别那些导致风险的主要因素，以及系统和组织的薄弱环节。

（5）沟通风险和不确定性。

（6）有助于建立优先顺序。

（7）帮助确定风险是否可接受。

（8）有助于通过事后调查来进行事故预防。

（9）选择风险应对的不同方式。

（10）满足监管要求。

4.风险评估的基本步骤

风险评估是由风险识别、风险分析和风险评价构成的一个完整过程。不同的风险评估技术和方法的具体步骤略有差别，但均是围绕风险识别、风险分析和风险评价这3个基本步骤进行。

（1）风险识别

风险识别是发现、举例和描述风险要素（风险因子）的过程，包括风险源、风险事件及其原因和潜在后果的识别。其目的是确定可能影响系统或组织目标得以实现的事件或情况。

（2）风险分析

风险分析是要增进对风险的理解，为风险评价和决定风险是否需要应对以及最适当的应对策略和方法提供信息支持。风险分析需要考虑导致风险的原因和风险源、风险事件的后果及其发生的可能性、影响后果和可能性的因素、不同风险及其风险源的相互关系、风险的其他特性、是否存在控制措施及现有控制措施是否有效等。

（3）风险评价

风险评价包括将风险分析的结果与预先设定的风险准则相比较，或者在各种风险的分析结果之间进行比较，确定风险的等级。风险评价利用风险分析过程中获得的信息，考虑道德、法律和经济技术可行性等方面，对未来的行动进行决策。风险评价的结果应满足风险应对的需要，否则，应进行进一步分析。

（二）建筑工程项目风险评估

1.建筑工程项目风险评估的主要步骤

第一，建筑企业要针对工程概况收集相关数据，由于工程风险具有多层次性以及多样性，数据一定要保证真实、客观以及可靠；第二，通过构建风险分析模式，对收集的数据进行量化，进而对工程潜在的风险进行细致的评估；第三，通过风险分析模式能够帮助建筑企业对风险进行全面的评价，进而制订科学的风险管控措施。

2.建筑工程项目风险评估的主要方法

风险评估方法很多，建筑企业要根据工程类型的不同，科学选择评估方法。当前，我国主要采用的风险评估方法主要有模型分析以及知识分析两种方法，其中知识分析法主要是建筑企业根据以往的施工经验，找出安全标准与安全状况所存在的差距；模型分析法主要是对收集的数据进行定量以及定性分析，进而对潜在的风险进行全面而系统的评估。

3.建筑工程项目风险管控措施

（1）加强员工安全教育

在工程建设施工过程中，可能会遭遇各种恶劣的施工环境，针对这种情况，建筑企业一定要做好安全教育工作，对现有员工进行安全培训和安全宣传，保证所有员工按照既定操作规程进行施工，防止在恶劣天气下出现安全事故，进而对人身安全以及工程建设带来影响。同时，建筑企业还要加大安全管控，如果发现违规操作以及违规指挥等问题，要立即给予纠正，对于情节严重的行为，要追究相关人员的安全责任，并且给予一定的经济处罚。

（2）确保资金安全充足

建筑企业要针对汇率变动以及国家宏观调控等因素，确保资金安全充足，并且及时筹备资金，保证工程建设的有序以及顺利开展。同时，建筑企业还要针对恶劣天气制订科学的应急预案，对财力、物力以及人力进行合理调配，缩短工程应对恶劣天气的时间，减少经济损失以及人员伤害。

（3）做好工程施工管理

首先，建筑企业要进一步优化施工组织，对设计图纸进行严格审核，对施工材料进行检查复核工作；其次，如果在施工过程中出现技术变更的情况，要立即与设计部门进行沟通和交流，并且对成本预算进行分析；最后，加强施工过程中的安全管理，贯彻防范在先、预防为主的管理原则，对危险地点以及高危岗位进行重点管理，进而确保施工人员的安全。

（4）构建风险管理体系

建筑企业要加强风险管理，在组织施工之前开展调研工作，优化设计、合理布局，制订科学的施工方案以及成本预算，组建工程项目部，进一步完善工程管理机制。同时，建筑企业还要对可预见的风险进行有效评估和预测，做好风险应对预案以及具体措施，尽量消除以及预防风险。

二、建筑工程项目风险控制

（一）建筑工程项目风险控制概述

1.建筑工程项目风险控制含义

风险控制就是采取一定的技术管理方法避免风险事件的发生或在风险事件发生后减小损失。当前，建筑施工中的安全事故时有发生，成本急剧增加，其原因主要在于施工单位盲目赶进度、降成本，没有注意规避风险，风险控制的目的就是尽可能地减小损失，在施工中一般采取事前预防和事后控制。

2.建筑工程施工风险控制体系

施工风险控制地有效实施是建立在完备的施工控制体制之上的，建筑施工企业必须建立有效的动态风险管理体制，建筑企业要建立风险管理部门，利用阶段管理和系统规划，对施工的各个时期进行监督控制和决策，这主要应从以下几个方面入手。

（1）企业制度创新和建立风险控制秩序

企业的管理制度和组织形式的合理性是风险控制的基础，建筑施工企业必须建立灵活务实的制度形式。一般而言，施工风险的发生除了不可抗力之外，主要原因就是企业制度不健全和工作秩序混乱造成的，表现在管理出现盲区，决策得不到执行，权力交叉，工作推诿，责任不明，秩序混乱。因此，有必要在公司的组织形式和管理制度上进行适合本企业的创新，以提高公司的活力。同时，建立明晰、井然的工作秩序，使决策得以顺利、有效地实施0

（2）在组织上建立以风险部门和风险经理为主体的监督机制

参照国外成熟的风险控制经验，在建筑工程项目施工过程中建立风险部门，并设立风险经理。其作用是对项目的潜在风险进行分析、控制和监督，并制订相应的对策方案，为决策者提供决策依据。

（3）明确风险责任主体，加强目标管理

建筑工程项目风险管理的关键点，在于确立风险责任主体及相关的责任、权利和义务。有了明确的责任、权利和义务，工作的广度、宽度和深度就一目了然，易于监督和管理。

（4）确定最优资本结构

建筑企业资本结构，是指负债和权益及形成资产的比例关系，即相应的人、资金、材料、设备机械和施工技术方法的资本存在形式，确定最优的资本结构形式，利用财务杠杆和经营杠杆，对于获取最满意利润具有决定性的意义。

（二）建筑工程项目风险控制措施

1.风险回避

风险回避主要是中断风险源，使其不致发生或遏制其发展。回避风险有时需要做出一些必要的牺牲，但是较之承担风险，这些牺牲与风险真正发生时可能造成的损失相比，要小得多，甚至微不足道。比如，回避风险大的项目，选择风险小或适中的项目。因此，在项目决策时要注意，放弃明显导致亏损的项目。对于风险超过自己承受能力、成功把握不大的项目，不参与投标、不参与合资。回避风险虽然是一种风险防范措施，但应该承认，这是一种消极的防范手段。因为回避风险固然能避免损失，但同时也失去了获利的机会。

2.损失控制

损失控制是指要减少损失发生的机会或降低损失的严重性，使损失最小化。损失控制主要包括以下两方面的工作。

（1）预防损失

预防损失是指采取各种预防措施，以杜绝损失发生的可能。例如，房屋建造者通过改变建筑用料，以防止建筑物用料不当而倒塌；供应商通过扩大供应渠道，以避免货物滞销；承包商通过提高质量控制标准，以防止因质量不合格而返工或罚款；生产管理人员通过加强安全教育和强化安全措施，减少事故发生的机会等。

在工程承发包过程中，交易各方均将损失预防作为重要事项。业主要求承包商出具各种保函，就是为了防止承包商不履约或履约不力；而承包商要求在合同条款中赋予其索赔权利，也是为了防止业主违约或发生种种不测事件。

（2）减少损失

减少损失主要指的是在风险损失已经不可避免地发生的情况之下，通过种种措施，以遏制损失继续恶化或限制其扩展范围，使其不再蔓延或扩展，也就是使损失局部化。例如，承包商在业主付款误期超过合同规定期限的情况下，采取停工或撤出队伍并提出索赔要求，甚至提起诉讼；业主在确信某承包商无力继续实施其委托的工程的时候，立即撤换承包商；施工事故发生后采取紧急救护、安装火灾警报系统；投资者控制内部核算、制订种种资金运作方案等，都是为了达到减少损失的目的。控制损失应采取主动，以预防为主，防控结合。

3.风险分离

风险分离是指将各风险单位分隔开，以避免发生连锁反应或互相牵连。这种处理可以将风险限制在一定范围之内，从而达到减少损失的目的。

风险分离常用于承包工程中的设备采购。为了尽量减少因汇率波动而造成的汇率风险，承包商可在若干不同的国家采购设备，采用多种货币付款。这样即使发生大幅度波动，也不致出现全面损失。

在施工过程中，承包商对材料进行分隔存放，也是一种风险分离的手段。因为分隔存放无疑分离了风险单位。各个风险单位不会具有同样的风险源，而且各自的风险源也不会互相影响。这样，就可避免材料集中存放于一处时，可能遭受同样的损失。

4.风险分散

风险分散与风险分离不同，后者是对风险单位进行分隔、限制以避免互相波及，从而发生连锁反应；而风险分散则是通过增加风险单位，以减轻总体风险的压力，达到共同分担集体风险的目的。

对一个工程项目而言，其风险有一定的范围，这些风险必须在项目参与者（如投资者、业主、项目管理者、各承包商、供应商等）之间进行分配。每个参与者都必须有一定的风险责任，这样才有管理和控制的积极性和创造性。风险分配通常在任务书、责任书、合同文件中定义。在起草这些文件时，必须对风险做出预计、定义和分配。只有合理地分配风险，才能调动各方面的积极性，才能有项目的高效益。

5.风险转移

风险转移是风险控制的另一种手段。在项目管理实践中，有些风险无法通过上述手段进行有效控制，项目管理者只好采取转移手段，以保护自己。风险转移并非损失转嫁，这种手段也不能被认为是一种损人利己、有损商业道德的行为。因为有许多风险确实对一些人可能会造成损失，但转移后并不一定同样给他人造成损失。其原因是各人的优劣势不一样，因而对风险的承受能力也不一样。

风险转移的手段，常用于工程承包中的分包、技术转让或财产出租。合同、技术或财产的所有人通过分包工程、转让技术或合同、出租设备或房屋等手段，将应由其自身全部承担的风险部分或全部转移至他人，从而可以减轻自身的风险压力。

参考文献

[1] 姚谨英.建筑施工技术（土建类专业适用）［M］.北京：中国建筑工业出版社，2014

[2] 陈晋中.建筑施工技术［M］.北京：北京理工大学出版社，2013

[3] 孙鑫，刘晓星，韩琪.建筑施工技术［M］.上海：上海交通大学出版社，2014

[4] 周国恩.建筑工程施工技术（第2版）［M］.重庆：重庆大学出版社，2015

[5] 张厚先，王志清.建筑施工技术（第3版）［M］.北京：机械工业出版社，2017

[6] 钟汉华.建筑工程施工技术（第3版）［M］.北京：北京大学出版社，2016

[7] 张伟，徐淳.建筑施工技术（第2版）［M］.上海：同济大学出版社，2016

[8] 杨波.建筑工程施工手册［M］.北京：化学工业出版社，2012

[9] 孙翠兰.建筑工程施工技术［M］.北京：机械工业出版社，2015

[10] 宋功业，焦文俊，袁韶华.建筑工程施工技术［M］.北京：化学工业出版社，2016

[12] 龙飞.浅析建筑工程管理的信息化建设［J］.民营科技，2017，（5）：191-192

[13] 周纯.安全管理对建筑工程项目管理的意义［J］.城市建设理论研究（电子版），2017，（15）：42-42

[14] 马骏.浅谈建筑工程项目施工安全管理研究［J］.建筑知识，2017，37（15）：61-61

［15］薛利荣.浅析工程项目管理中风险控制方法［J］.城市建设理论研究（电子版），2017，（24）：26-27

［16］罗罕沙.建筑工程项目信息化管理的有效构建［J］.低碳世界，2017，（28）：189-190

［17］王祥.建筑企业工程项目管理模式分析［J］.未来与发展，2017，41（2）：76-79

［18］李伟.建设工程项目管理风险及对策［J］.安徽建筑，2016，23（5）：284-285

［19］吴书叶.建筑工程项目质量管理与控制措施分析［J］.山西建筑，2017，43（5）：216-217

［20］郑蕊.论建筑工程项目管理中施工进度的管理［J］.河南建材，2016，（5）：121-122

［21］陈赤.分析建筑施工现场管理的优化及质量监督［J］.建材与装饰，2017，（6）：204-205

［22］曹芳娣.建筑工程项目安全管理存在的问题与管理制度创新［J］.建材与装饰，2017，（16）：156-157

［23］曹亚男，赵世强.建筑企业工程项目管理信息化探讨［J］.中小企业管理与科技（中旬刊），2017，（1）：33-34

［24］柳茂.基于BIM技术的建筑施工进度优化研究［J］.现代电子技术，2017，40（3）：103-105+109

［25］梁明智，李世峰，滕飞.工程项目管理的信息化探析［J］.住宅与房地产，2017，（3）：137-138